中等职业学校计算机系列教材

常用工具软件

（第4版）

文静 胡文凯 ◎ 主编

人民邮电出版社

北京

图书在版编目（CIP）数据

常用工具软件 / 文静，胡文凯主编. -- 4版. -- 北京 : 人民邮电出版社，2018.8(2024.1重印)
中等职业学校计算机系列教材
ISBN 978-7-115-46193-3

Ⅰ. ①常… Ⅱ. ①文… ②胡… Ⅲ. ①软件工具－中等专业学校－教材 Ⅳ. ①TP311.56

中国版本图书馆CIP数据核字(2018)第043557号

内 容 提 要

本书系统地介绍了目前流行的常用工具软件的用途和使用技巧，主要包括系统维护工具、音频视频工具、文档翻译工具、办公社交工具、图像处理工具、磁盘光盘工具 6 类。本书内容全面、语言流畅、实例丰富、图文并茂、实用性强。通过本书的学习，读者可以迅速、轻松地掌握常用工具软件的用法。

本书既适合作为中等职业学校计算机相关专业“常用工具软件”课程的教材，同时也适合作为计算机短期培训班学员、办公人员和计算机初学者的参考资料。

◆ 主　　编　文　静　胡文凯
责任编辑　桑　珊
责任印制　马振武

◆ 人民邮电出版社出版发行　　北京市丰台区成寿寺路 11 号
邮编　100164　　电子邮件　315@ptpress.com.cn
网址　http://www.ptpress.com.cn
固安县铭成印刷有限公司印刷

◆ 开本：787×1092　1/16
印张：15　　　　2018 年 8 月第 4 版
字数：363 千字　　　　2024 年 1 月河北第 13 次印刷

定价：43.00 元

第 4 版前言

随着个人计算机的不断普及，各种常用工具软件的应用也日益普遍。利用这些软件可以充分发挥计算机的潜能，使用户操作和管理个人计算机更加方便、安全和快捷，还可以更好地体验 Internet 带来的极大便利。学会使用计算机上各种常用的工具软件，是跨入信息时代必不可少的一步。

本书是专门为中等职业学校学生编写的计算机工具软件入门教材，自出版以来一直受到广大师生的欢迎。书中精选目前同类工具中优秀的、使用频率高的软件作为讲解对象，详细介绍软件的使用方法。本书突出实用性，注重培养学生的实践能力，具有以下特色。

- 以软件的功能为主线，重点介绍软件的各种用途。在让学生明确该软件“能做什么”的同时，通过实例讲解具体“怎么做”。
- 以操作案例组织全书的内容，每个案例通过清晰的步骤和丰富的插图来展示，既便于学生自学，又便于教师授课。
- 全书内容丰富、选例典型，主要选取日常生活中使用频率高的软件进行讲解，不但详细介绍软件的用途，还为满足各种用途而配置相应的软件提供参考。

本书每一章自成一体，读者可以方便地选择自己感兴趣的内容阅读。章末配有适量的习题，便于读者巩固所学的知识。本书此次修订删除了介绍已过时软件的内容，涵盖了最新流行的常用软件。借助本书，相信读者可以在较短的时间内精通这些工具软件，成为信息时代的计算机高手。

本课程的教学时数为 72 学时，教学学时可参考下面的学时分配表。

章	课程内容	学时分配	
		讲授	实践训练
第 1 章	系统维护工具	6	6
第 2 章	音频视频工具	6	6
第 3 章	文档翻译工具	6	6
第 4 章	办公社交工具	6	6
第 5 章	图像处理工具	6	6
第 6 章	磁盘光盘工具	6	6
学 时 总 计		36	36

为了方便教学，我们为选用本书的教师提供配套电子课件和素材文件，教师可登录人邮教育社区（www.ryjiaoyu.com.cn）免费下载使用。

本书全面贯彻党的二十大精神，以社会主义核心价值观为引领，传承中华优秀传统文化，坚定文化自信，使内容更好体现时代性、把握规律性、富于创造性。

本书由文静、胡文凯主编，参加本书编写工作的还有沈精虎、黄业清、宋一兵、谭雪松、冯辉、郭英文、计晓明、董彩霞、滕玲等。由于编者水平有限，书中难免存在疏漏之处，敬请广大读者指正。

编者

2023 年 5 月

目录 CONTENTS

第 1 章 系统维护工具

在病毒横行、插件泛滥的今天，保护计算机系统安全已经成为计算机用户的日常工作之一，特别是对于连接了网络的计算机，更需要定期进行病毒扫描、插件清除和木马查杀等维护工作。本章将介绍 5 款针对计算机不同维护需求的系统维护工具。

学习目标

- 掌握杀毒工具——360 杀毒软件的使用方法。
- 掌握安全防范工具——360 安全卫士的使用方法。
- 掌握系统优化工具——Windows 优化大师的使用方法。
- 掌握系统还原工具—— 一键还原精灵的使用方法。
- 掌握木马查杀工具——木马专杀的使用方法。

1.1 杀毒工具——360 杀毒

360 杀毒是 360 安全中心出品的一款免费的云安全杀毒软件。360 杀毒具有查杀率高、资源占用少、升级迅速等优点。本例将介绍 360 杀毒 5.0 的基本用法。

要点提示

“云安全”是 360 云免费提供的安全服务，它通过网状的大量客户端对网络中软件行为的异常进行监测，获取互联网中木马、恶意程序的最新信息，传送到服务端进行自动分析和处理，再把病毒和木马的解决方案分发到每一个客户端，使整个互联网变成一个超级大的杀毒软件。

1.1.1 使用 360 杀毒软件杀毒

360 软件杀毒方式灵活，用户可以根据当前的工作环境自行选择适合的杀毒方式。快速扫描方式查杀病毒迅速，但是不够彻底；全盘扫描方式查杀病毒彻底，但是耗时长；自定义扫描方式可以对特定分区和存储单位进行查杀工作，从而有针对性地查杀病毒。

操作步骤

（1）认识 360 杀毒软件。

启动 360 杀毒软件，其主要界面元素如图 1-1 所示。

① 在主窗口中部有 3 项主要功能，分别是“全盘扫描”“快速扫描”和“功能大全”。其主要功能如表 1-1 所示。

② 单击主窗口左上方按钮，打开【360 多重防御系统】界面，即可对系统进行保护，如图 1-2 所示。单击图中的小圆点按钮可以返回上一界面。

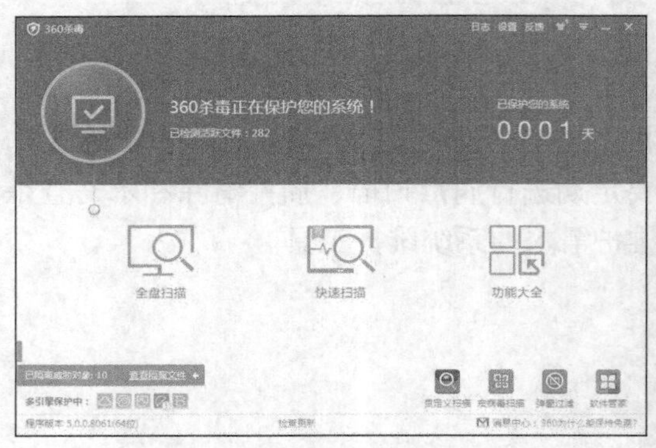

图 1-1　360 杀毒界面

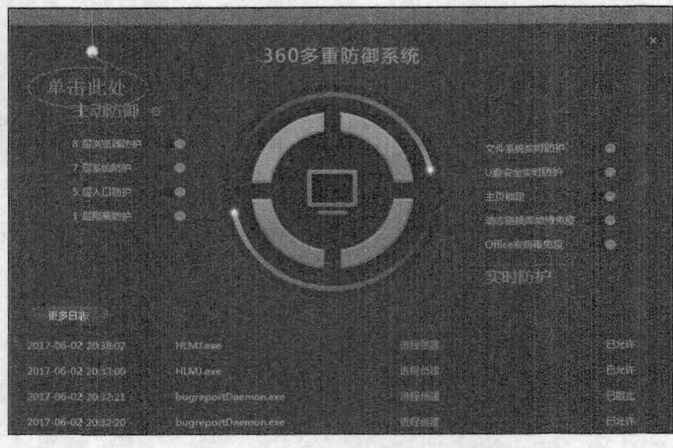

图 1-2　360 多重防御系统

表 1-1　3 种功能选项的对比

按钮	选项	含义
	全盘扫描	全盘扫描比快速扫描更彻底，但是耗费的时间较长，占用系统资源较多
	快速扫描	使用最快的速度对计算机进行扫描，迅速查杀病毒和威胁文件，节约扫描时间，一般用在时间不是很宽裕的情况下
	功能大全	可以进行系统安全、系统优化和系统急救等操作

③ 在主窗口左下方单击查看隔离文件选项，弹出【360 恢复区】对话框，可以查看被清除的文件，也可以恢复或者删除这些文件，如图 1-3 所示。

图 1-3　【360 恢复区】对话框

【知识链接】——病毒、威胁和木马。

扫描的结果通常包含病毒、威胁、木马等恶意的程序，其特点如表 1-2 所示。

表 1-2 病毒、威胁和木马的特点

恶意程序	解释
病毒	一种可以产生破坏性后果的恶意程序，必须严加防范
威胁	虽然不会立即产生破坏性影响，但是这些程序会篡改计算机设置，使系统产生漏洞，从而危害网络安全
木马	一种利用计算机系统漏洞侵入计算机后台窃取文件的恶意程序。木马程序伪装成应用程序安装在计算机上（这个过程称为木马种植）后，可以窃取计算机用户上的文件、账户密码等重要信息

④ 在主窗口右下方有 4 个选项，分别是【自定义扫描】、【宏病毒扫描】、【弹窗过滤】和【软件管家】，其用途如表 1-3 所示。

表 1-3 4 个选项的用途

按钮	选项	作用
	自定义扫描	扫描指定的目录和文件
	宏病毒扫描	查杀文件中的宏病毒
	弹窗过滤	强力拦截各种弹窗广告
	软件管家	打开“360 软件管家”，对计算机上安装的软件进行管理

宏病毒（常见于 Office 软件）是一种寄存在文档或模板的宏中的计算机病毒。一旦打开这样的文档，其中的宏就会被执行，于是宏病毒被激活，转移到计算机上，并驻留在 Normal 模板上。

弹窗是指打开网页、软件、手机 App 等自动弹出的窗口，通过这些窗口可以为用户快速进入网页提供快捷的途径，但是也会为用户带来各种困扰。

（2）全盘扫描。

① 在图 1-1 所示的主窗口中单击按钮开始全盘扫描硬盘，扫描过程如图 1-4 所示。

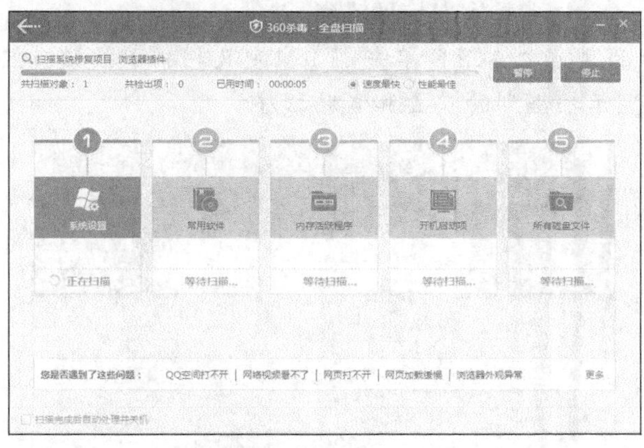

图 1-4 【全盘扫描】过程

② 扫描结束后显示扫描到的病毒和威胁程序，选中需要处理的选项，单击立即处理按钮进行处理，如图 1-5 所示。

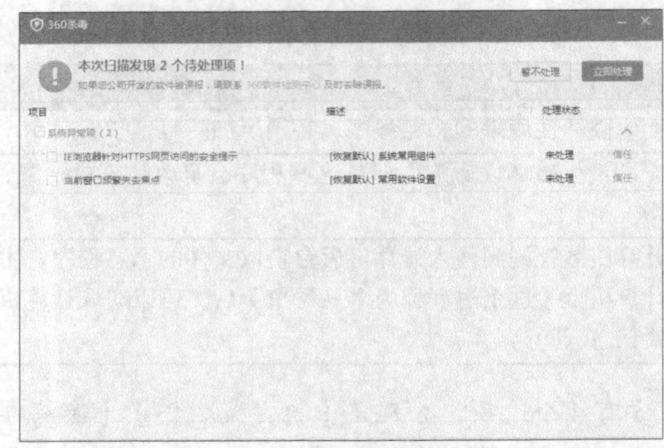

图 1-5　显示扫描结果

要点提示

扫描时，在图 1–4 所示的界面中可以根据需要选择【速度最快】和【性能最佳】两种扫描方式，前者可以获得最快的扫描速度，后者可以获得较高的扫描质量。单击 暂停 按钮可以暂停本次扫描，根据需要时再恢复本次操作；单击 停止 按钮可以终止本次操作。如果选中【扫描完成后自动处理并关机】复选框，则扫描完后自动处理威胁对象，随后关机。

（3）快速扫描。

快速扫描可以使用最快的速度对计算机进行扫描，迅速查杀病毒和威胁文件，节约扫描时间，一般用于时间不是很宽裕的情况下。

① 在图 1-1 所示的主窗口中单击按钮开始快速扫描硬盘，扫描结束后显示扫描到的病毒和威胁程序。

② 扫描完成后，按照与全盘扫描相同的方法处理威胁文件。

（4）自定义扫描。

自定义扫描可以指定扫描路径，然后对该路径下的文件进行扫描，从而节约扫描时间。通常可以指定某个磁盘或文件夹作为扫描路径。

① 在图 1-1 所示的主窗口右下角单击【自定义扫描】按钮，按照图 1-6 所示选择扫描路径，扫描结束后显示扫描到的病毒和威胁程序。

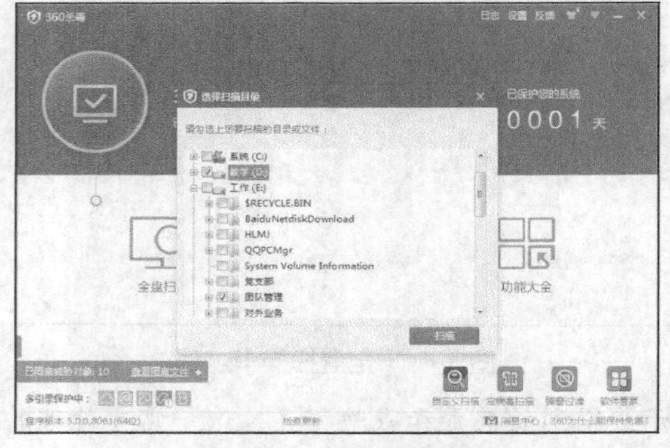

图 1-6　选择扫描路径

② 扫描完成后处理威胁文件，与前面两种扫描方法类似。

1.1.2 应用【功能大全】

在窗口上单击【功能大全】按钮，打开功能大全界面，如图 1-7 所示。各功能的具体用途如表 1-4 所示。

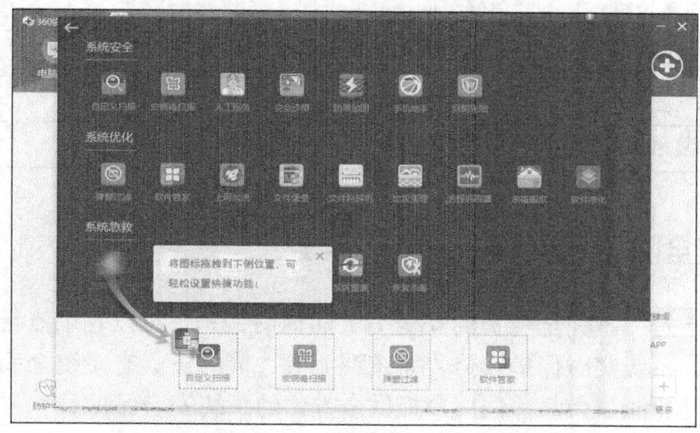

图 1-7　功能大全界面

表 1-4　360 杀毒的主要功能

分类	选项	作用
系统安全	自定义扫描	扫描指定的目录和文件
	宏病毒扫描	查杀 Office 文件中的宏病毒
	人工服务	通过搜索计算机问题查找解决方案或咨询计算机专家解决问题
	安全沙箱	自动识别可疑程序并把它放入隔离环境安全运行
	防黑加固	加固系统，防止被黑客袭击
	手机助手	通过 USB 等连接手机，用计算机管理手机
	网购先赔	当用户进行网购时进行保护
系统优化	弹窗过滤	强力拦截弹窗广告
	软件管家	管理计算机上已经安装的软件或安装新软件
	上网加速	快速解决上网时卡顿、变慢的问题
	文件堡垒	保护重要文件，以防被意外删除
	文件粉碎机	强力删除无法正常删除的文件
	垃圾清理	清理没有用的数据，优化计算机
	进程追踪器	追踪进程对 CPU、网络流量的占用情况
	杀毒搬家	帮助用户将 360 杀毒移动到任意硬盘分区，释放磁盘压力而不影响其功能
	软件净化	卸载捆绑软件安装，净化不需要的软件

续表

分类	选项	作用
系统急救	杀毒急救盘	用于紧急情况下系统启动或者修复
	系统急救箱	紧急修复严重异常的系统问题
	断网急救箱	紧急修复网络异常情况
	备份助手	对计算机上的数据进行备份和还原
	系统重装	快速安全地重装系统
	修复杀毒	下载最新版本，对360杀毒软件进行修复

1.2 安全防范工具——360安全卫士

360 安全卫士是一款完全免费的安全类上网辅助工具，可以查杀流行木马、清理系统插件、在线杀毒、系统实时保护及修复系统漏洞等，同时还具有系统全面诊断以及清理使用痕迹等特定辅助功能，为每一位用户提供全方位的系统安全保护。

1.2.1 使用常用功能

360 安全卫士拥有清理插件、修复漏洞、清理垃圾等诸多功能，可方便地对系统进行清理和维护。下面介绍其基本操作方法。

操作步骤

（1）启动360安全卫士。

启动360安全卫士，其界面如图1-8所示。

图1-8　360安全卫士软件界面

（2）计算机体检。

① 在图 1-8 所示的界面中单击立即体检按钮，可以对计算机进行体检。通过体检可以快速给计算机进行“身体检查”，判断计算机是否健康，是否需要“求医问药”。

② 体检结束后，单击一键修复按钮修复计算机中检测到的问题，如图 1-9 所示。

图 1-9　体检结果

要点提示

系统给出计算机的健康度评分，满分为 100 分，如果在 60 分以下，说明计算机已经不健康了。

（3）木马查杀。

① 查杀木马的主要方式有 3 种，具体用法如表 1-5 所示。

表 1-5　查杀木马的方法

按钮	名称	含义
	快速查杀	快速查杀可以使用最快的速度对计算机进行扫描，迅速查杀病毒和威胁文件，节约扫描时间，一般用在时间不是很宽裕的情况下
	全盘查杀	全盘查杀比快速查杀更彻底，但是耗费的时间较长，占用系统资源较多
	按位置查杀	扫描指定的硬盘分区或可移动存储设备

要点提示

木马是一种具有隐藏性、自发性的、可被用来进行恶意行为的程序。木马虽然不会直接对计算机产生破坏性危害，但是作为一种工具通常会被操纵者用来控制用户的计算机，不但会篡改用户的计算机系统文件，还会导致重要信息泄露，因此用户必须严加防范。

② 在图 1-9 所示的界面顶部单击【木马查杀】按钮，打开图 1-10 所示的软件界面。

图 1-10　查杀木马

③ 单击 快速查杀 按钮可以快速查杀木马，查杀过程如图 1-11 所示。

图 1-11　查杀木马过程

④ 操作完毕后显示查杀结果，如果没有发现病毒，结果如图 1-12 所示。单击 完成 按钮返回主界面。

图 1-12　查杀木马结果 1

⑤ 如果发现木马，界面如图 1-13 所示。选中需要处理的选项前的复选框处理查杀到的木马。

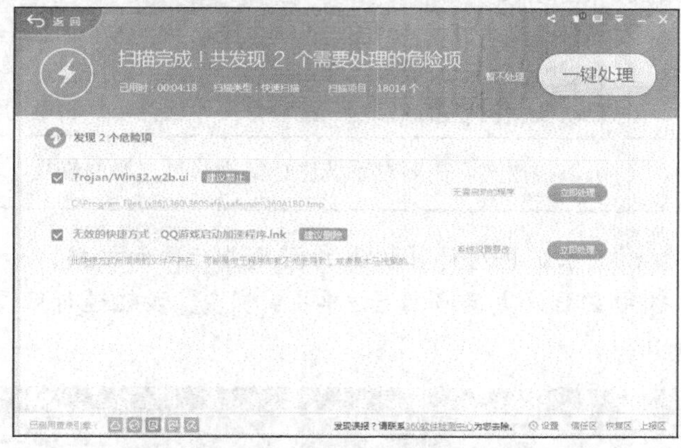

图 1-13 查杀木马结果 2

⑥ 处理完木马程序后，系统弹出图 1-14 所示的对话框提示重新启动计算机。为了防止木马反复感染，推荐单击好的，立刻重启按钮重启计算机。

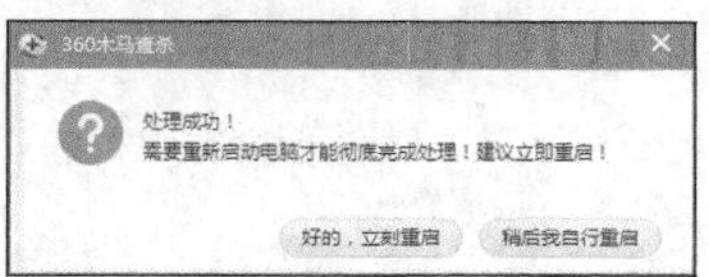

图 1-14 重启系统

要点提示

与查杀病毒相似，还可以在图 1–10 所示的界面中单击【全盘查杀】和【按位置查杀】选项，分别实现对整个磁盘上的文件进行彻底扫描及扫描指定位置的文件。

（4）系统修复。

① 在图 1-10 所示的界面左上角单击【系统修复】按钮进入系统修复界面，可以看到【全面修复】和【单项修复】两个选项，如图 1-15 所示。二者的用法如表 1-6 所示。

图 1-15 系统修复

表 1-6　常用修复方法

按钮	名称	含义
	全面修复	操作系统使用一段时间后，一些其他程序会在操作系统中增加插件、控件、右键弹出菜单改变等内容，可以对系统中的问题进行全面修复，实际就是自动依次执行常规修复、漏洞修复、软件修复和驱动修复
	单项修复	可以根据实际需要对系统进行常规修复、漏洞修复、软件修复和驱动修复

② 单击 全面修复 按钮，系统将对计算机上的问题进行曲面扫描，如图 1-16 所示。扫描结果如图 1-17 所示。选中需要修复的项目后，单击 一键修复 按钮进行修复。单击项目后的 忽略 按钮可以忽略该问题。

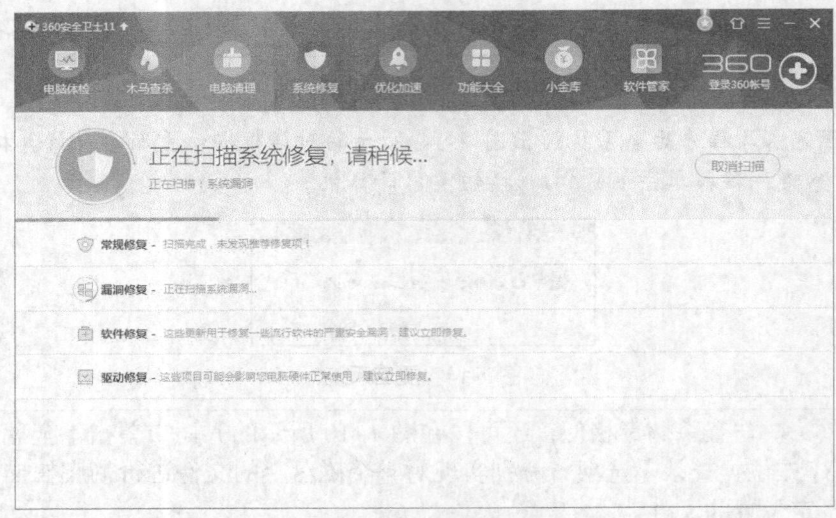

图 1-16　全面修复系统

图 1-17 【全面修复】的扫描结果

③ 在【单项修复】选项中单击【漏洞修复】选项可以对系统漏洞进行扫描和恢复，扫描结果与随后的处理方法与图 1-17 所示的结果相似。

漏洞是指系统软件存在的缺陷，攻击者能够在未授权的情况下利用这些漏洞访问或破坏系统。系统漏洞是病毒木马传播最重要的通道。如果系统中存在漏洞，就要及时修补，其中一个最常用的方法就是及时安装修补程序，这种程序称为系统补丁。

④ 在【单项修复】选项中单击【软件修复】选项可以对应用软件漏洞进行扫描，结果如图 1-18 所示，按照类似方法处理扫描结果。

⑤ 在【单项修复】选项中单击【驱动修复】选项可以驱动程序漏洞进行扫描，结果如图 1-19 所示，按照类似方法处理扫描结果。

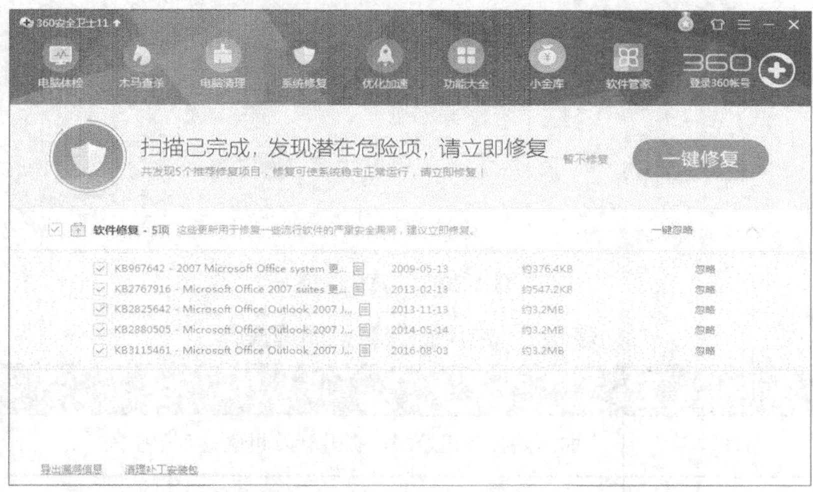

图 1-18 【软件修复】的扫描结果

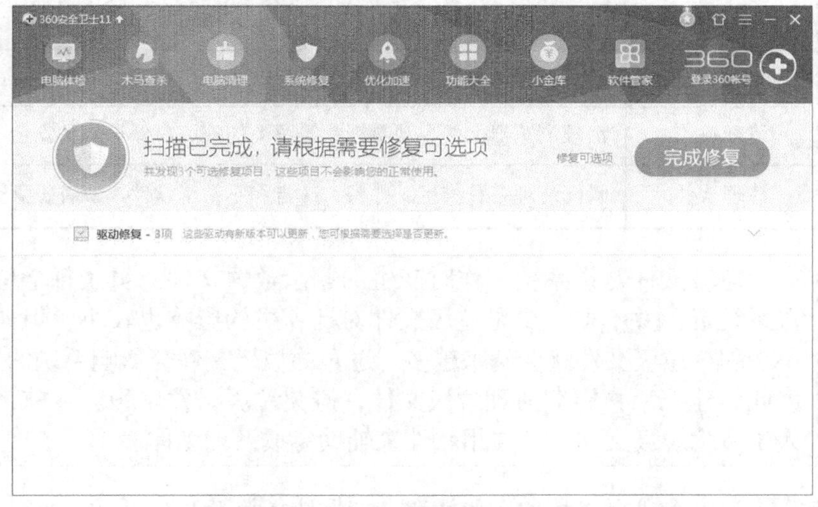

图 1-19 【驱动修复】的扫描结果

（5）计算机清理。

① 在主界面单击【计算机清理】按钮进入【计算机清理】界面，如图 1-20 所示。其中包括【全面清理】和【单项清理】两个选项。【单项清理】中又包括 6 项清理操作，具体用法如表 1-7 所示。

图 1-20　计算机清理

表 1-7　常用的计算机清理操作

按钮	名称	含义
	清理垃圾	全面清除计算机垃圾，提升计算机磁盘可用空间
	清理插件	清理计算机上各类插件，减少打扰，提高浏览器和系统的运行速度
	清理注册表	清除无效注册表项，使系统运行更加稳定流畅
	清理 Cookies	清理网页浏览、邮箱登录、搜索引擎等产生的 Cookies，避免泄露隐私
	清理痕迹	清理浏览器上网、观看视频等留下的痕迹，保护隐私安全
	清理软件	瞬间清理各种推广、弹窗、广告和不常用软件，节省磁盘空间

要点提示

垃圾文件是指系统工作时产生的剩余数据文件。虽然每个垃圾文件所占系统资源并不多，少量垃圾文件对计算机的影响也较小，但如果长时间不清理，垃圾文件就会越来越多。过多的垃圾文件会影响系统的运行速度。因此，建议用户定期清理垃圾文件，避免垃圾文件累积。目前，除了手动人工清除垃圾文件外，常用软件来辅助完成清理工作。

② 单击全面清理按钮开始系统的全面清理，扫描过程如图 1-21 所示。

图 1-21　全面清理系统

要点提示	插件是一种小型程序，可以附加在其他软件上使用。在 IE 浏览器中安装相关的插件后，IE 浏览器能够直接调用这些插件程序来处理特定类型的文件，如附着 IE 浏览器上的【Google 工具栏】等。过多的插件可能会导致 IE 故障，因此可以根据需要对插件进行清理。

③ 扫描完成后，选择需要清理的选项，单击界面右边的 一键清理 按钮清理垃圾，如图 1-22 所示。

图 1-22　一键清理扫描到的垃圾文件

④ 清理完成会弹出相关界面，可以看到本次清理的内容，如图 1-23 所示。完成后，返回软件主界面。

⑤ 如果有需要，在【单项清理】中选取选项进行单项清理。

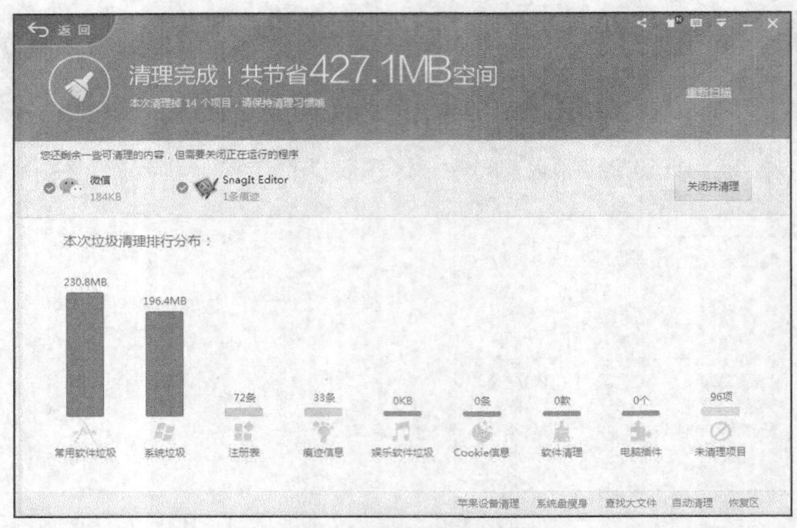

图 1-23　计算机清理完成

（6）优化加速。

① 在主界面顶部单击【优化加速】按钮进入【优化加速】界面，如图 1-24 所示。其中包括【全面加速】和【单项加速】两个选项。【单项加速】中又包括 4 项加速操作，其用途如表 1-8 所示。

图 1-24　优化加速界面

表 1-8　常用的优化加速方法

选项	含义
开机加速	对影响开机速度的程序进行统计，用户可以清楚地看到各程序软件所用的开机时间
系统加速	优化系统和内存设置，提高系统运行速度
网络加速	优化网络配置，提高网络运行速度
硬盘加速	通过优化硬盘传输效率、整理磁盘碎片等办法，提高计算机速度

② 单击 全面加速 按钮开始扫描系统，扫描结果如图 1-25 所示。

图 1-25　系统优化

③ 选中需要优化的选项，单击 立即优化 按钮进行系统优化，完成后返回主界面。

④ 如果有需要，在【单项加速】中选取选项进行单项清理。

（7）功能大全。

对于计算机上出现的一些特别的问题，若是一时无法解决的，则可以通过【功能大全】选项进行解决，或者通过网络搜索处理方法。

① 在主界面顶部单击【功能大全】按钮，打开【功能大全】窗口，如图 1-26 所示。

图 1-26　【功能大全】窗口

② 在右上角的【搜索工具】文本框中可以直接输入关键字进行搜索，通过“人工服务”按照给出的方案解决问题。

③ 如果需要详细了解问题的分类，可以从左侧【全部工具】列表中选取问题的类别，如【计算机安全】、【网络优化】、【系统工具】等，然后再使用其中的工具。图 1-27 所示为【数据安全】工具，图 1-28 所示为【网络优化】工具。

图 1-27 【数据安全】工具

图 1-28 【网络优化】工具

1.2.2 使用【软件管家】

在主界面上方单击【软件管家】按钮，打开【360 软件管家】窗口，如图 1-29 所示。在这里可以对软件进行安装、卸载和升级操作。

图 1-29　360 软件管家

操作步骤

（1）软件安装。

① 默认系统将自动进入软件【宝库】界面。

② 在左侧软件分类列表中选择软件分类，图 1-30 所示为选中【全部软件】后的显示结果，显示可以在计算机上安装的全部推荐软件。图 1-31 所示为选中【聊天软件】后的显示结果。

图 1-30　全部软件

图 1-31　聊天软件

③ 在软件名称后面列出当前软件的安装状态。对于已安装的软件，用户可以单击右侧操作列表对其执行【打开软件】【重装】和【分享】等操作，如图 1-32 所示。

图 1-32　软件操作

④ 对于尚未在本机中安装的软件，可以对其执行【下载】操作，具体又可分为【普通下载】和【高速下载】两种方式。图 1-33 所示为软件的下载进度。下载完成后，根据安装向导安装软件即可，如图 1-34 所示。

图 1-33 下载软件

图 1-34 安装软件

⑤ 对于已经在本机安装且有新版本的软件，可以在软件名称后面单击【一键升级】命令对其进行升级操作，如图 1-35 所示。随后，系统将自动下载升级软件包并执行升级操作，如图 1-36 所示。

图 1-35　升级软件

图 1-36　升级过程

⑥ 界面顶部有软件分类选项卡，选项卡按照用途对软件进行了详细分类。图 1-37 所示为社交聊天类软件，图 1-38 所示为网络电话类软件。用户可以根据需要选择要安装的软件。

图 1-37　社交聊天类软件

图 1-38　网络电话类软件

（2）软件升级。

① 单击界面顶部的升级按钮切换到【软件升级】选项界面，该界面会显示目前可以升级的软件列表，单击软件后的操作列表中的各种升级方式（如升级、一键升级、纯净升级等）可完成升级操作，如图 1-39 所示。

图 1-39　软件升级

② 随后开始下载软件升级包，如图 1-40 所示。

图 1-40　下载软件升级包

③ 下载完成后，系统自动开始安装工作并显示安装进度，这一步骤与安装新软件类似，如图 1-41 所示。

图 1-41　安装软件

④ 升级完成后，对应的项目会从可升级项目列表中消失，如图 1-42 所示。

图 1-42　升级完成

单击软件底部的 一键升级 按钮，可以一次完成全部软件的升级操作。

（3）软件卸载。

在窗口顶部单击【卸载】按钮，显示当前计算机中安装的所有软件列表，在界面左侧的分组框中选中项目可以按照类别筛选软件，单击软件后面的 卸载 按钮即可卸载软件，如图 1-43 所示。

图 1-43　卸载软件

1.3　系统优化工具——Windows 优化大师

Windows 优化大师是一款功能强大的系统辅助软件，它提供了全面、有效、简便、安全的系统检测、系统优化、系统清理、系统维护 4 大功能模块及数个附加的工具软件。Windows 优化大师能够有效地帮助用户了解自己的计算机软硬件信息，简化操作系统设置步骤，提升计算机运行效率，清理系统运行时产生的垃圾，修复系统故障及安全漏洞，维护系统使其正常运转。

本任务将以 Windows 优化大师 V7.99 版本为例，对其如下功能进行讲解。

1.3.1　系统检测

针对计算机的软、硬件情况和系统的性能，如 CPU 速度、内存速度、显卡速度等，Windows 优化大师系统信息检测功能可提供详细报告，让用户完全了解自己的计算机。下面将介绍使用 Windows 优化大师检测系统信息的方法与技巧。

操作步骤

（1）启动 Windows 优化大师 V7.99 版本，展开 开始 选项卡，选择 首页 选项，可以在该界面对计算机进行快速优化和清理，如图 1-44 所示。

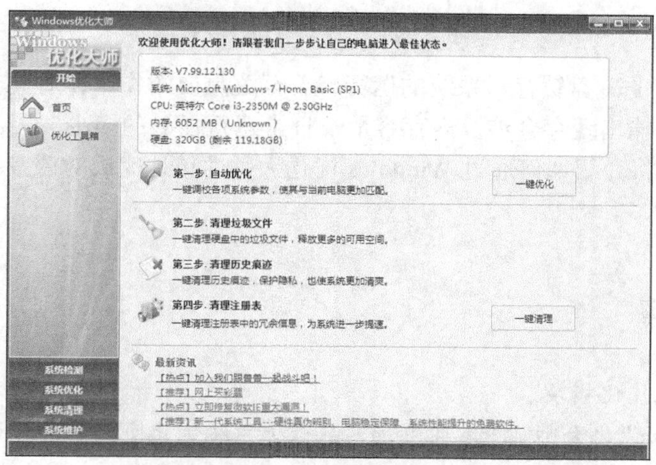

图 1-44　快速优化和清理

系统的优化、维护和清理常常让初学者头痛，即便使用各种系统工具，也常常感到无从下手。为了简便、有效地使用 Windows 优化大师，让计算机系统始终保持良好的状态，可以通过单击其首页上的 一键优化 按钮和 一键清理 按钮快速完成。

（2）在 开始 选项卡中选择 优化工具箱 选项，打开 Windows 优化大师工具箱界面，如图 1-45 所示。

（3）展开【系统检测】选项卡，此时可以看到 3 个选项按钮，如图 1-46 所示，其用法如表 1-9 所示。

图 1-45　优化大师工具箱

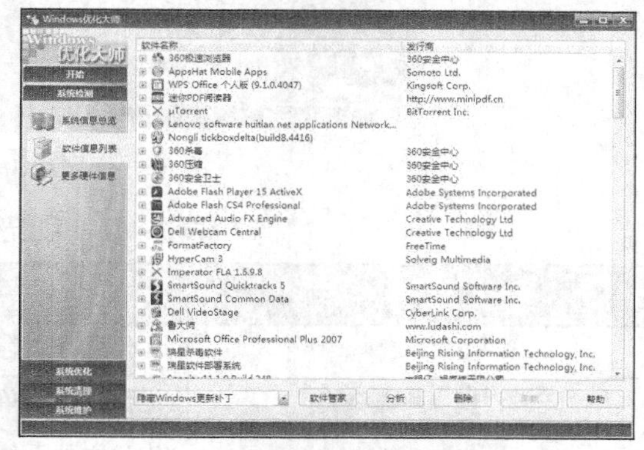

图 1-46　系统检测

表 1-9　系统检测项目的用途

按钮	功能
系统信息总览	显示该计算机系统和设备的总体情况
软件信息列表	显示计算机上的软件资源信息
更多硬件信息	显示计算机上的主要硬件信息

1.3.2 系统优化

Windows 系统的磁盘缓存对系统的运行起着至关重要的作用，对其合理的设置也相当重要。设置输入、输出缓存会涉及内存容量及日常运行任务的多少，因此，一直以来操作都比较烦琐。下面将介绍如何通过 Windows 优化大师简单地完成对磁盘缓存、内存以及文件等系统的优化。

操作步骤

（1）选择系统优化模块。

启动 Windows 优化大师，进入主界面。展开【系统优化】选项卡，如图 1-47 所示。主要优化项目的用法如表 1-10 所示。

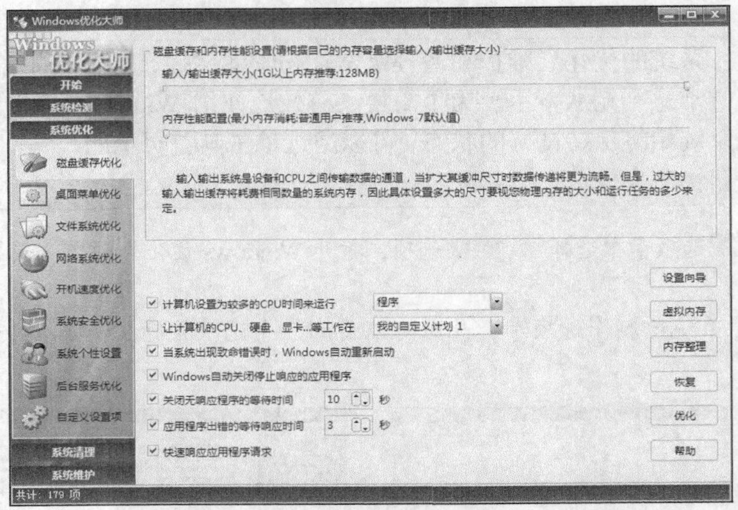

图 1-47 展开【系统优化】选项卡

表 1-10 系统优化项目的用途

按钮	功能
磁盘缓存优化	优化磁盘缓存，提高系统运行速度
桌面菜单优化	优化桌面菜单，使之有序整洁
文件系统优化	优化文件系统，便于文件管理和文件操作
网络系统优化	优化网络系统，提升网络速度
开机速度优化	优化开机速度，缩短开机时间
系统安全优化	优化系统安全，防止系统遭受侵害
系统个性设置	进行系统个性化配置，满足用户需求
后台服务优化	优化系统后台服务的项目
自定义设置项	自定义其他优化项目

（2）设置【磁盘缓存优化】参数。

① 左右移动【磁盘缓存和内存性能设置】选项下的滑块，可以完成对磁盘缓存和内存性能的设置，选中或取消选中窗口下方的复选框可完成对磁盘缓存的进一步优化，如图 1-48 所示。

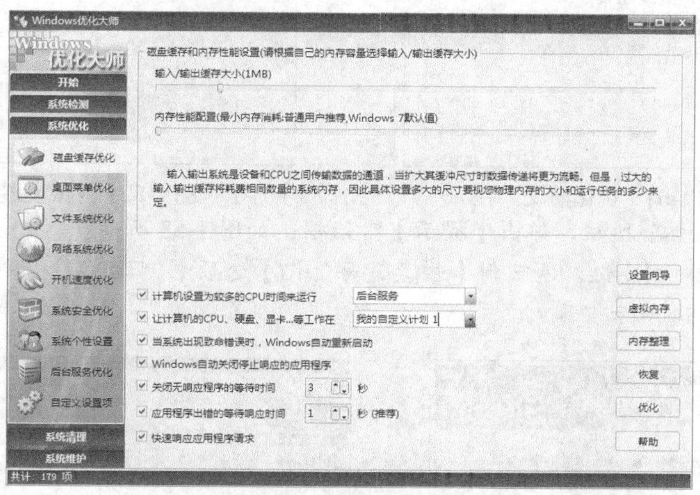

图 1-48　磁盘缓存优化设置

要点提示

在磁盘缓存优化的设置中，将【计算机设置为较多的 CPU 时间来运行】选项设置为“应用程序”，可以提高程序运行的效率。

② 单击 设置向导 按钮，打开【磁盘缓存设置向导】对话框，如图 1-49 所示。

③ 单击 下一步 按钮，设置磁盘缓存，进入选择计算机类型界面，如图 1-50 所示。根据用户的实际情况选择计算机类型，这里选中【Windows 标准用户】单选按钮。

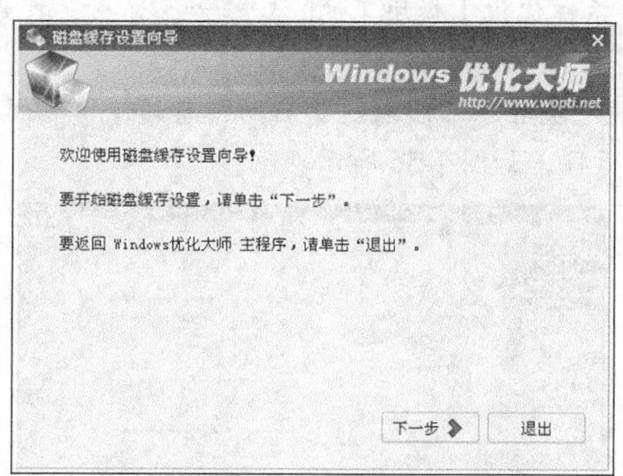

图 1-49 【磁盘缓存设置向导】对话框

图 1-50　选择计算机类型

④ 单击 下一步 按钮，进入优化建议界面，如图 1-51 所示。

⑤ 单击 下一步 按钮，完成磁盘优化设置向导，如图 1-52 所示。用户可以根据需要选中【是的，立刻执行优化】复选框，部分设置需要在重新启动计算机后才能生效。

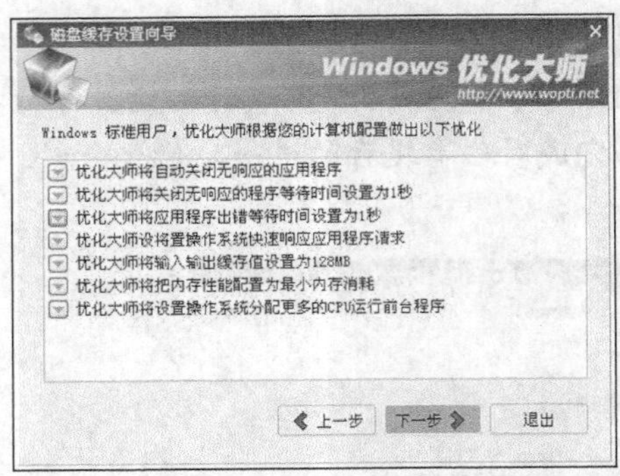

图 1-51　优化建议

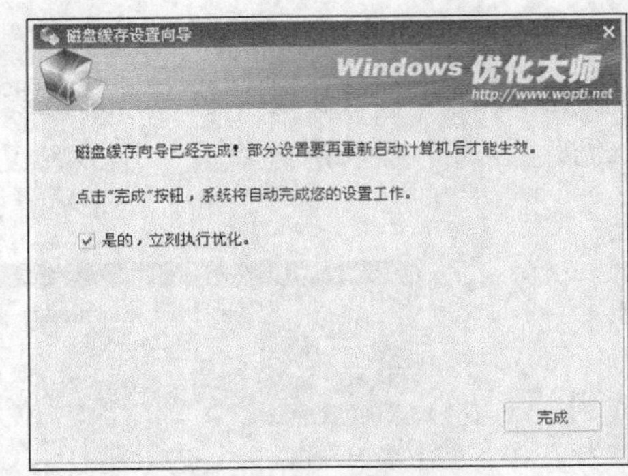

图 1-52　完成设置向导

⑥ 单击 完成 按钮，弹出【提示】对话框，如图 1-53 所示。

⑦ 单击 确定 按钮，返回到【磁盘缓存优化】选项卡，此时，相关优化参数已经设置完成，如图 1-54 所示。

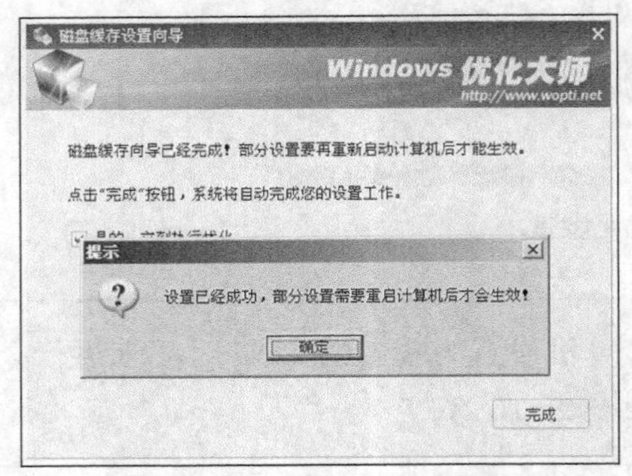

图 1-53 【提示】对话框

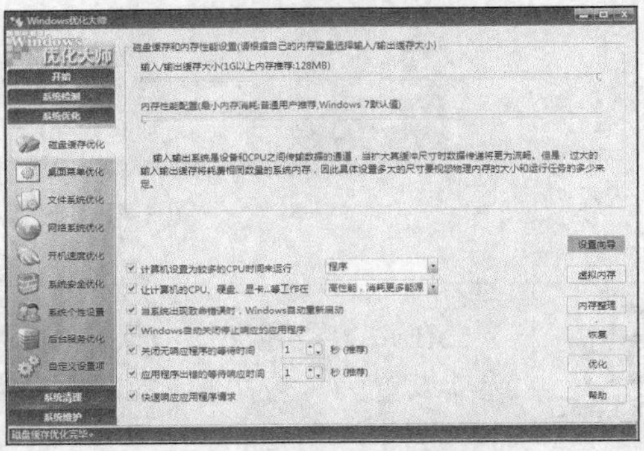

图 1-54　优化参数设置完成

⑧ 单击 优化 按钮即可进行磁盘缓存的优化。

（3）设置【开机速度优化】参数。

① 在 Windows 优化大师主界面上单击【系统优化】模块下的 开机速度优化 选项，打开【开机速度优化】选项卡，如图 1-55 所示。

② 左右移动【启动信息停留时间】选项下的滑块可以缩短或延长启动信息的停留时间，在【启动项】栏中可以选中开机时自动运行的项目，如图 1-56 所示。

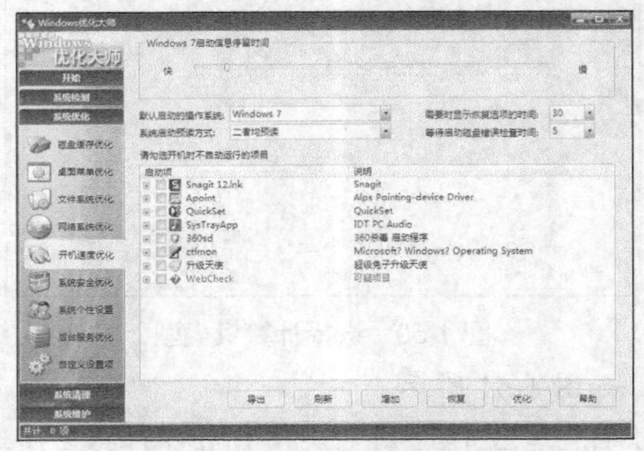

图 1-55 【开机速度优化】选项卡

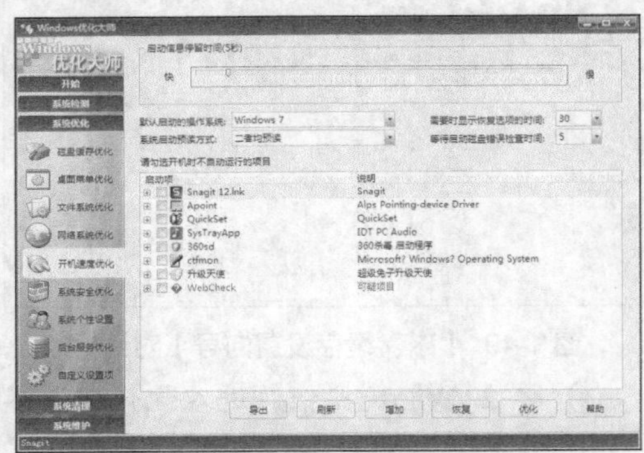

图 1-56　开机速度优化设置

③ 设置完成后，单击 优化 按钮，即可对开机速度进行优化。

1.3.3 系统清理

注册表中的冗余信息不仅影响其本身的存取效率，还会导致系统整体性能的降低。因此，Windows 用户有必要定期清理注册表。另外，为以防不测，备份注册表也是很有必要的。下面将具体介绍使用 Windows 优化大师完成注册表的优化和备份的技巧与方法。

操作步骤

（1）了解清理项目。

启动 Windows 优化大师，进入主界面。展开【系统清理】选项卡（见图 1-34），主要系统清理项目用法如表 1-11 所示。

表 1-11 主要系统清理项目的用法

按钮	功能
注册信息清理	清理注册表，为注册表瘦身
磁盘文件管理	管理磁盘文件，便于文件的存取
冗余DLL 清理	清理系统中多余的 DLL 文件，提升系统运行速度
ActiveX 清理	清理系统中的 ActiveX 控件，提升系统运行速度
软件智能卸载	对系统软件进行智能化卸载操作
历史痕迹清理	清理系统中的操作痕迹和历史记录信息
安装补丁清理	清理系统中软件补丁

（2）清理注册表信息。

① 单击 Windows 优化大师主界面上的【系统清理】模块下的 注册信息清理 按钮，打开【注册信息清理】选项卡，如图 1-57 所示。

② 在窗口上方的列表框中选择要删除的注册表信息，单击 扫描 按钮，在注册表中扫描符合选中项目的注册表信息。

③ 扫描完成后，窗口的下方会显示扫描到的冗余注册表信息，如图 1-58 所示。单击 删除 按钮或 全部删除 按钮将部分或全部删除扫描到的信息。

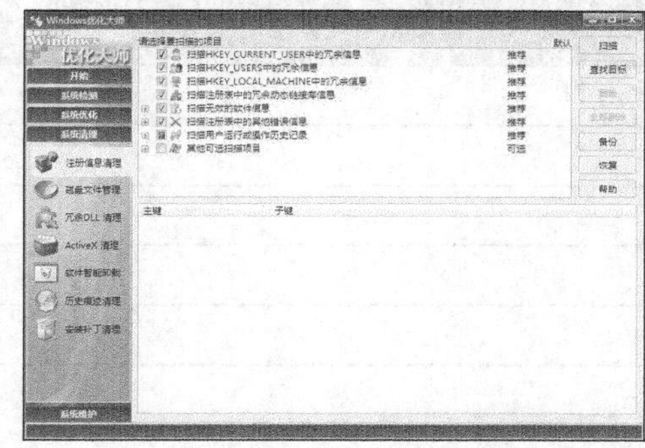

图 1-57 【注册信息清理】选项卡

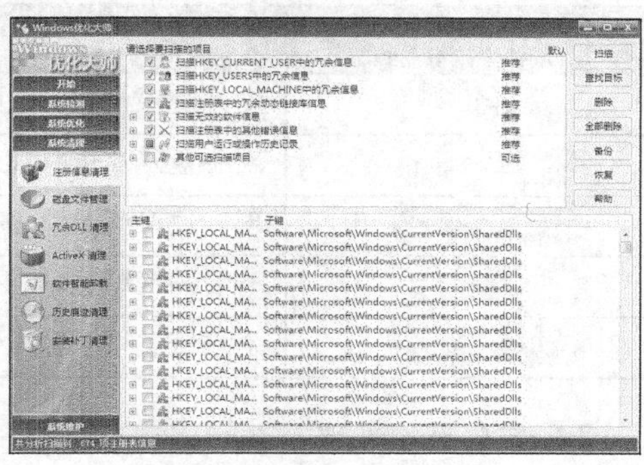

图 1-58 扫描到的冗余注册表信息

（3）备份注册表信息。

① 在【注册信息清理】选项卡中单击 备份 按钮，Windows 优化大师将自动为用户备份注册表信息，如图 1-59 所示。

② 备份完成后，会在窗口的左下角显示“注册表备份成功”字样，如图 1-60 所示。

图 1-59　备份注册表

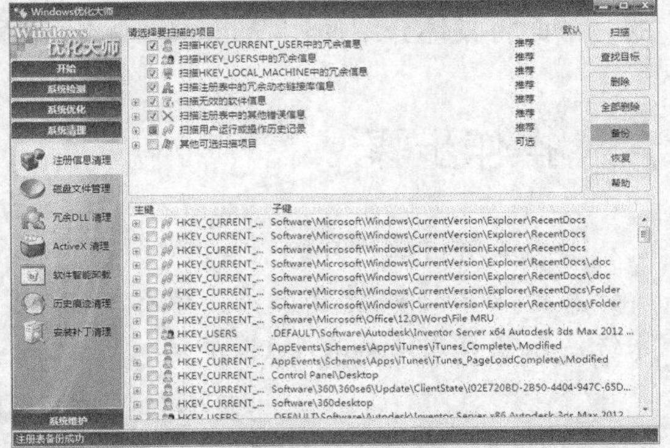

图 1-60　注册表备份成功

1.3.4　系统维护

系统使用时间长了，就会产生磁盘碎片，过多的碎片不仅会导致系统性能降低，还可能造成存储文件的丢失，严重时甚至缩短硬盘寿命，所以用户有必要定期对磁盘碎片进行分析和整理。Windows 优化大师作为一款系统维护工具，向 Windows 2000/XP/2003/7 用户提供了磁盘碎片的分析和整理功能，帮助用户轻松了解自己硬盘上的文件碎片并进行整理。下面将介绍利用 Windows 优化大师整理磁盘碎片的方法。

操作步骤

（1）启动 Windows 优化大师。

启动 Windows 优化大师，进入主界面，展开【系统维护】卷展栏（见图 1-38）。系统维护的主要内容如表 1-12 所示。

表 1-12　系统维护的主要内容

按钮	功能
系统磁盘医生	对系统磁盘进行故障检测和诊断
磁盘碎片整理	对磁盘碎片进行整理
其它设置选项	对其他设置选项进行配置
系统维护日志	查看系统维护日志
360 杀毒	对系统进行杀毒操作

（2）磁盘碎片整理。

① 单击 Windows 优化大师主界面上【系统维护】模块下的 磁盘碎片整理 选项，打开【磁

盘碎片整理】选项卡，如图 1-61 所示。

② 选中要整理的盘，单击右边的 分析 按钮，Windows 优化大师将自己分析所选中的盘，分析完成后单击【查看报告】选项，弹出图 1-62 所示的【磁盘碎片分析报告】对话框，对话框中给出 Windows 优化大师的建议、磁盘状态等相关信息。

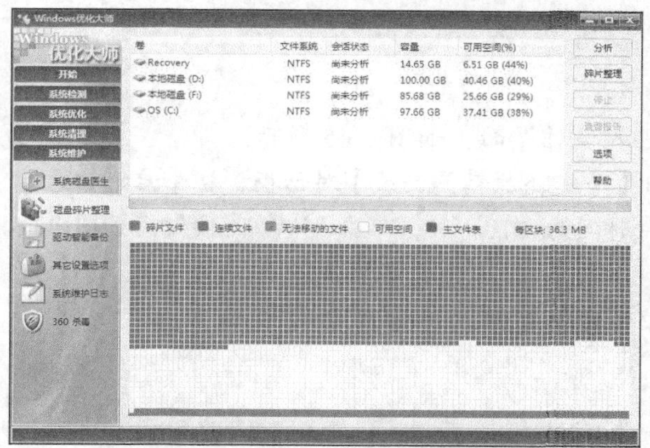

图 1-61 【磁盘碎片整理】选项卡

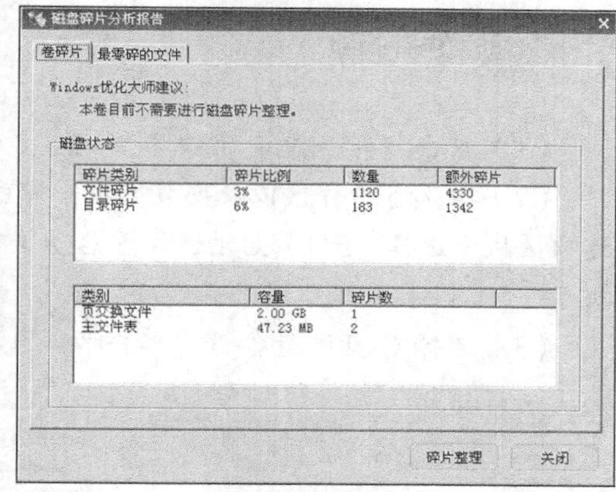

图 1-62 【磁盘碎片分析报告】对话框

③ 单击 碎片整理 按钮，进入磁盘碎片整理状态，如图 1-63 所示。

④ 整理完成后会弹出【磁盘碎片整理报告】对话框，如图 1-64 所示。

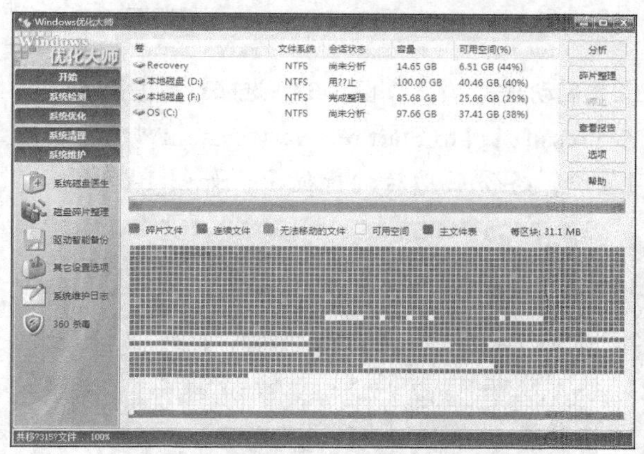

图 1-63 碎片整理状态

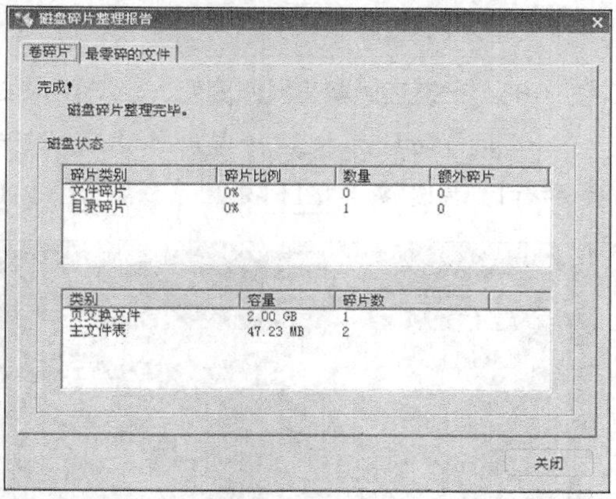

图 1-64 【磁盘碎片整理报告】对话框

⑤ 单击 关闭 按钮，返回【磁盘碎片整理】选项卡。

1.4 系统还原工具——一键还原精灵

如果用户想更加全面、永久性地备份自己的系统，则要使用第三方软件。一键还原精灵是一款方便简单的系统备份和还原工具，具有安全、快速、保密性强、压缩率高和兼容性好等特点，特别适合新手使用。当计算机被病毒、木马感染或因用户的误操作使系统崩溃时，启动计算机后按 F11 键，操作系统即可快速还原到健康状态。本节将以一键还原精灵专业版 V9.2.3 为例进行详细介绍。

1.4.1 备份系统

一键还原精灵能够为当前的系统制作一个备份，当系统出现问题后，就可以利用制作的备份把系统还原到备份时的状态。下面将介绍一键还原精灵使用备份的操作方法。

操作步骤

（1）双击打开一键还原精灵 V9.2.3，进入操作界面，如图 1-65 所示。

（2）勾选备份分区以及安装选项，弹出【一键还原精灵安装】对话框，在【启动方式】选项区域中选择“F11”启动，设置启动等待时间为“10”秒，单击 确定(O) 按钮，如图 1-66 所示。

（3）选择 C 盘进行备份，单击 确定(Y) 按钮开始备份，如图 1-67 所示。

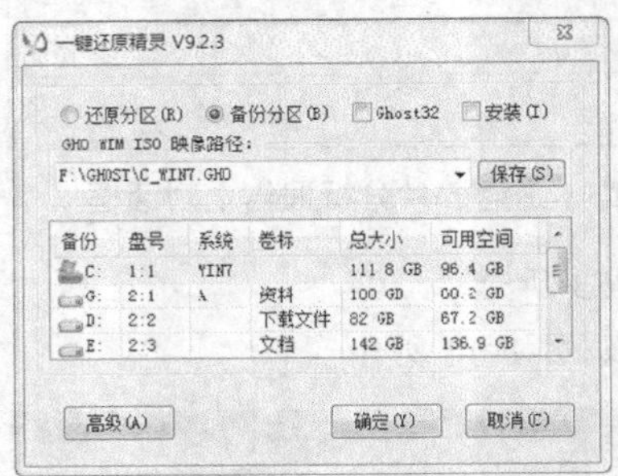

图 1-65 一键还原精灵操作界面

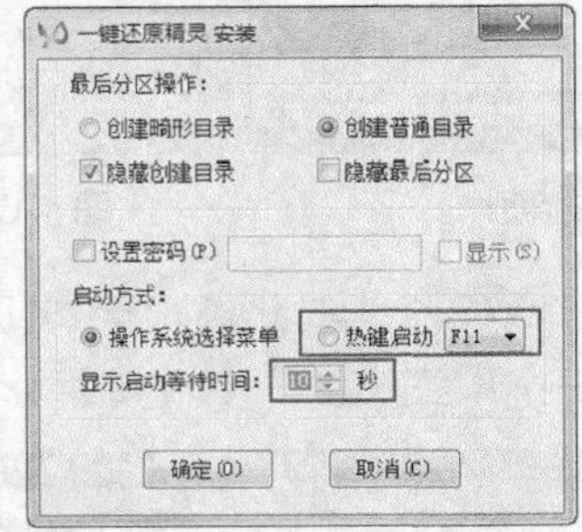

图 1-66 设置启动方式

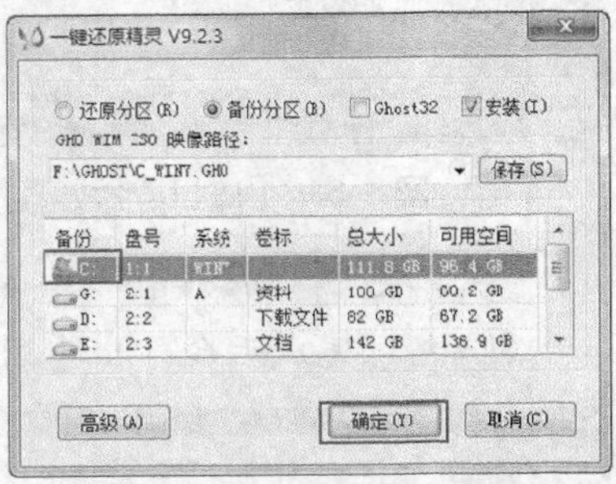

图 1-67 选择 C 盘进行备份

（4）启动计算机后，当屏幕出现“******Press [F11] to Start recovery system******”的提示行时迅速按下 F11 键，系统将开始自动备份，备份成功后进行提示，如图 1-68 所示。

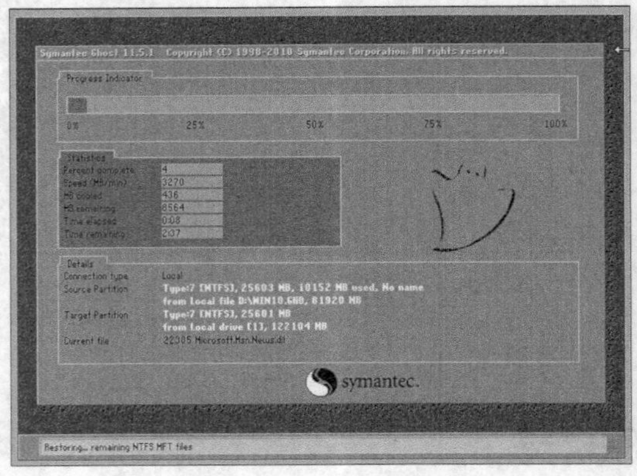

图 1-68 备份过程

1.4.2 还原系统

用户可以使用一键还原精灵的系统还原功能，利用前期制作的系统备份来还原系统，从而把系统还原到制作备份时的状态。其还原功能只还原系统盘，其他盘仍然保持当前状态，因此资料不会丢失。下面将介绍使用一键还原精灵还原系统的方法。

操作步骤

（1）双击打开一键还原精灵 V9.2.3，进入操作界面，如图 1-69 所示。

（2）勾选还原分区以及安装选项，弹出最后分区操作对话框，在【启动方式】选项区域中选择“F11”启动，设置启动等待时间为“10”秒，单击确定(O)按钮，如图 1-70 所示。

（3）选择刚刚进行备份的 C 盘，单击确定(Y)按钮开始还原，如图 1-71 所示。

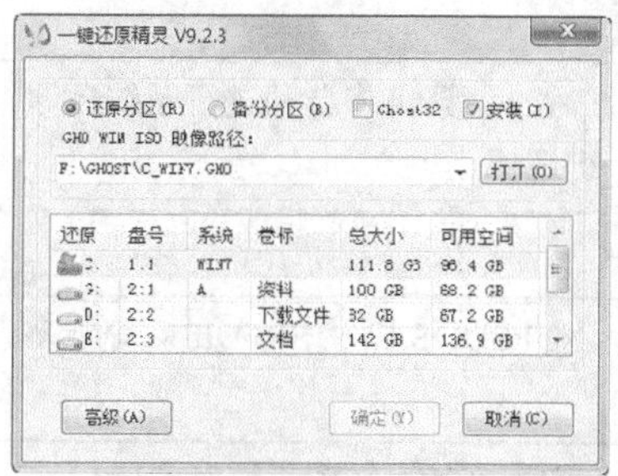

图 1-69　一键还原精灵操作界面

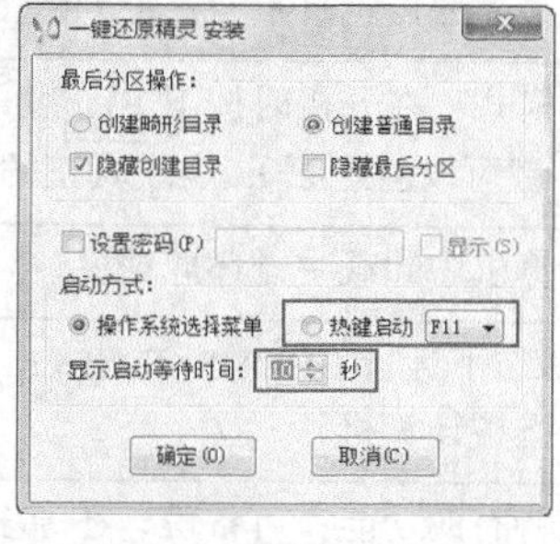

图 1-70　设置启动方式

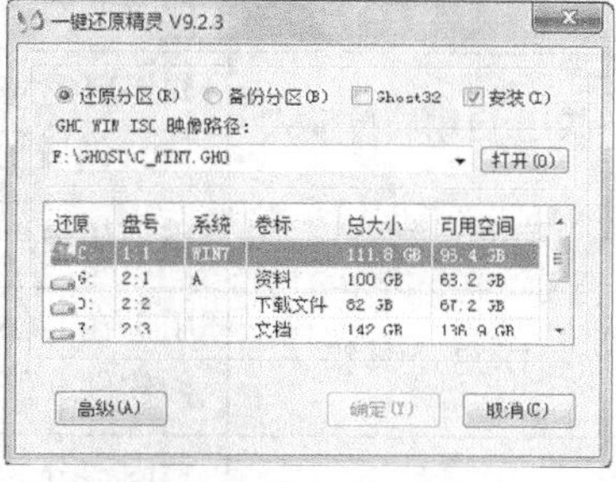

图 1-71　选择 C 盘开始还原

（4）还原成功后进行提示，如图 1-72 所示。

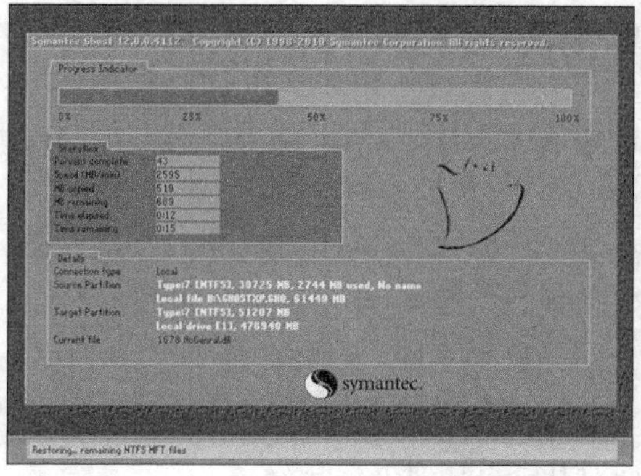

图 1-72　还原过程

进入一键还原精灵操作界面后，选择【设置】/【高级设置】命令，弹出【高级设置】对话框，如图 1–73 所示。其主要选项的功能如表 1–13 所示。

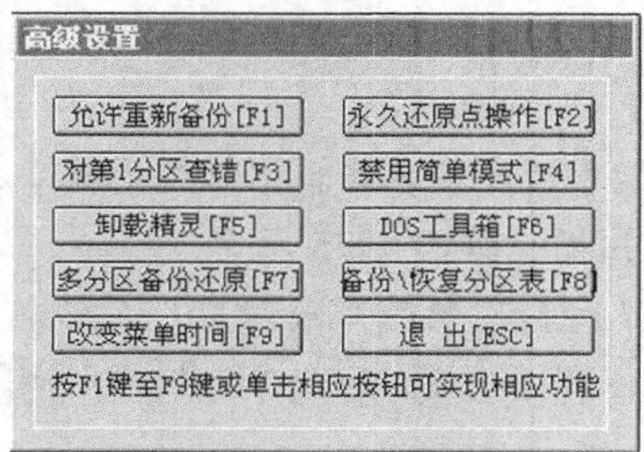

图 1-73　高级设置

表1-13　高级设置功能简介

按钮名称	功能
允许/禁止重新备份	用于允许或禁止用户使用菜单栏中的“重新备份系统”功能，避免覆盖原来的备份文件，以确保备份文件的健康
永久还原点操作	用于创建一个永久的、用户不能更改的（设置管理员密码后）还原点，加上操作界面的“备份系统”，共有两个备份文件。建议在刚安装好操作系统及常用软件后就创建永久还原点，且不要重复创建
禁用/启用简单模式	如果启用简单模式，在开机时按下F11键10s后，计算机将自动进行系统还原（10s内按Esc键可取消还原），实现真正的一键还原
卸载精灵	用于从用户计算机中卸载一键还原精灵
DOS 工具箱	用于在DOS状态下运行GHOST、DISKGEN、NTFSDOS以及SPFDISK等十多种软件，便于维护计算机
多分区备份还原	是固定分区版特有的功能，可备份、还原多个硬盘所有的分区，最多支持5个硬盘

1.5 木马专杀工具——木马专家2016

木马（Trojan house，其名称取自希腊神话的特洛伊木马记）是一种基于远程控制的黑客工具，具有隐蔽性和非授权性的特点。一旦用户的计算机被木马控制，将毫无秘密可言。

木马专家是一款智能化软件，可以查杀上万种国际木马、上百种电子邮件木马。软件运行后，会自动寻找并且清除木马，不需要复杂的人工设置。

本节将以木马专家2016为例进行详细介绍。

1.5.1　查杀木马

木马专家最基本的功能就是查杀木马，下面对其查杀功能进行介绍。

操作步骤

启动木马专家，进入其操作界面后，进行以下操作。

（1）启动内存。

① 启动软件，界面如图1-74所示。

② 在界面左侧【系统监控】功能区单击【扫描内存】按钮，弹出【扫描内存】对话框，单击确定按钮开始内存扫描，如图1-75所示。

③ 在扫描过程中会依次显示扫描到的可疑对象，最终给出结果，如图1-76所示。

④ 单击保存到文件按钮可以保存系统报告；单击可疑文件上报按钮可以上报扫描到的可疑文件。

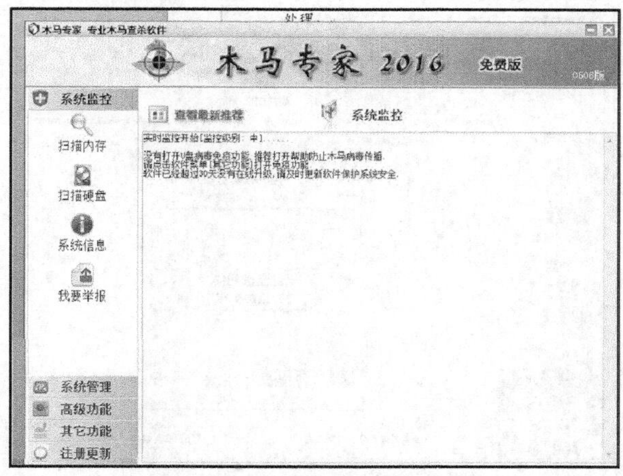

图 1-74　木马专家

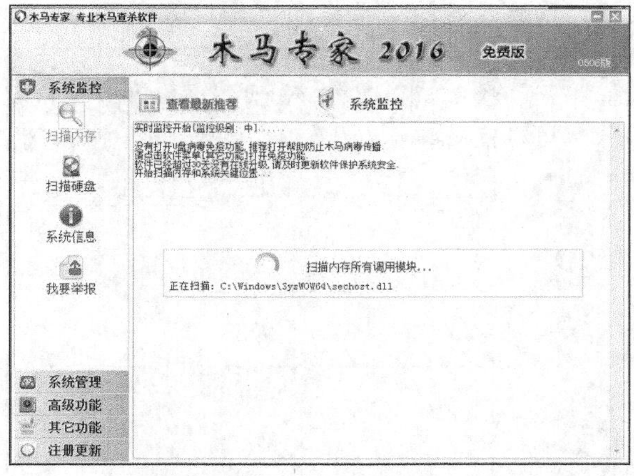

图 1-75　扫描内存

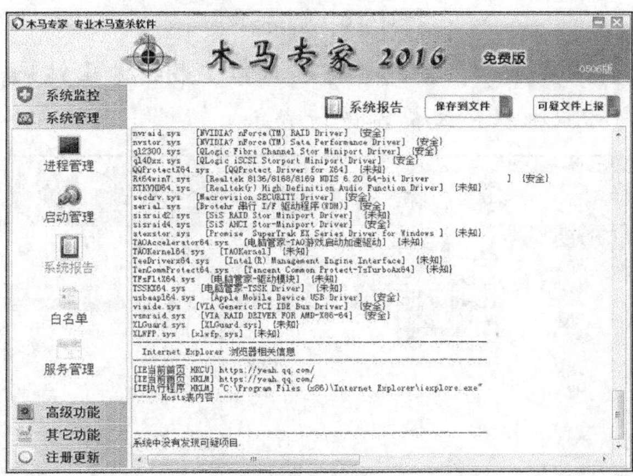

图 1-76　扫描内存结果

（2）扫描硬盘。

① 在界面左侧【系统监控】功能区单击【扫描硬盘】按钮，在弹出的界面中可以从 3 种扫描模式中选择一种进行扫描，如图 1-77 所示。

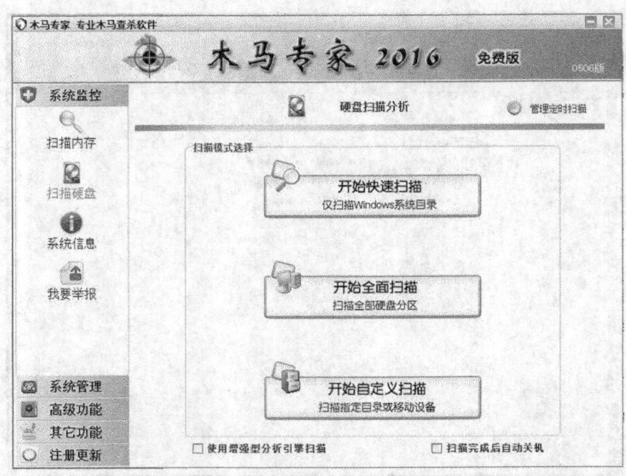

图 1-77　选择扫描模式

② 选取扫描模式后，系统开始扫描操作，如图 1-78 所示。

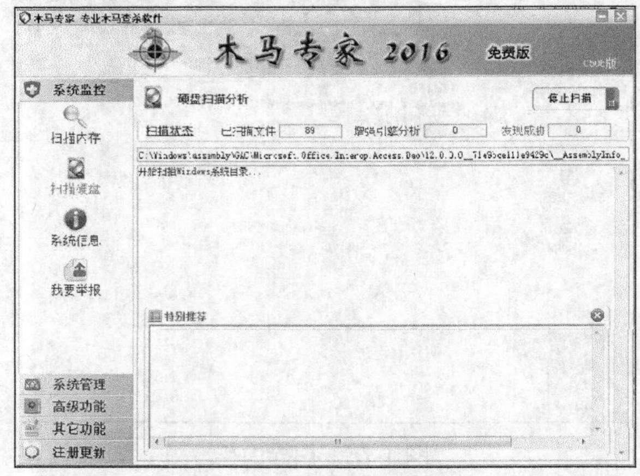

图 1-78　扫描硬盘

③ 在扫描过程中会依次显示扫描到的可疑对象，最终给出结果，如图 1-79 所示。如果发现木马病毒，用户可以根据系统提示进行查杀。

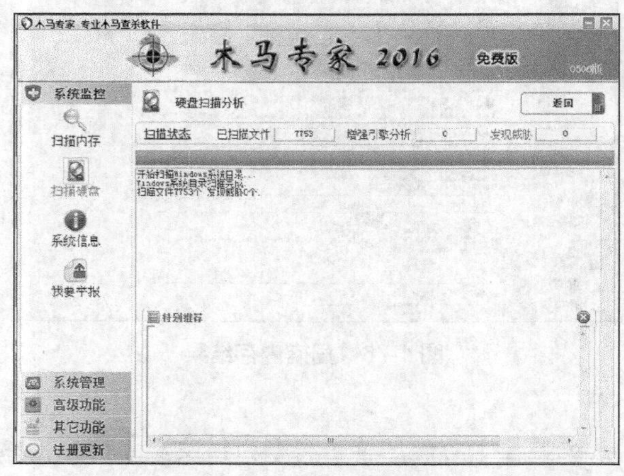

图 1-79　扫描结果

1.5.2　其他功能

与其他安全防护工具一样，木马专家也具有其他系统防护功能。

操作步骤

（1）启动木马专家，进入其操作界面。

（2）进程管理。选中进程后，单击 中止进程 按钮可以终止当前的进程，如图 1-80 所示。

图 1-80　进程管理

（3）启动管理。选中启动项后，单击 删除项目 按钮可以将其删除，如图 1-81 所示。

图 1-81　启动管理

（4）修复系统。可以根据需要执行软件的修复操作，如图1-82所示。

图1-82　修复系统

（5）增强卸载。可以强力卸载选定的软件，如图1-83所示。

图1-83　增强卸载

习题

一、简答题

1. 360 杀毒有哪些主要杀毒方式?
2. 360 安全卫士能实现哪些主要功能?
3. 简要说明 Windows 优化大师能执行哪些主要操作。
4. 一键还原精灵主要有什么用途?
5. 用木马专家查杀木马有什么优势?

二、操作题

1. 下载并安装 360 杀毒软件，对计算机进行一次全面杀毒。
2. 练习使用 360 安全卫士对系统进行体检并查杀本机木马。
3. 练习使用 Windows 优化大师对系统进行优化操作。
4. 练习使用一键还原精灵对系统进行备份和还原。
5. 练习使用木马专家对系统进行木马查杀。

第2章 音频视频工具

当代计算机凭借其强大的多媒体功能让人们的生活变得更加丰富多彩。在工作和学习之余，用计算机欣赏喜欢的音乐或者影视作品的确是一件十分惬意的事情。本章将介绍与媒体播放和编辑相关的一些软件的使用方法。

学习目标

- 掌握音乐播放工具——酷我音乐盒的使用方法。
- 掌握视频播放工具——暴风影音的使用方法。
- 掌握格式转换工具——格式工厂的使用方法。
- 掌握网络电视直播工具——PPLive 的使用方法。
- 掌握视频捕捉工具——HyperCam 的使用方法。

2.1 音乐播放工具——酷我音乐盒

酷我音乐盒集播放、音效、转换、歌词显示等功能于一身，操作便捷，功能强大，深受用户喜爱，是一款融歌曲和 MV 搜索、在线播放、同步显示歌词为一体的音乐播放器。

2.1.1 编辑歌曲

要使用酷我音乐盒来播放音乐，应先将音乐文件添加到软件中。用户可以创建自己的播放列表，添加自己喜爱的歌曲。

操作步骤

（1）添加歌曲。

酷我音乐盒提供了 3 种添加曲目的方法，用户可以根据需要选择不同的添加方式。

① 单击播放列表右上方的 导入 按钮，如图 2-1 所示，在弹出的菜单中选择【自动扫描全盘文件】命令，系统将自动扫描硬盘中的音乐文件，并将其添加到播放列表。

② 单击播放列表右上方的 导入 按钮，在弹出的菜单中选择【添加本地歌曲文件】命令，如图 2-2 所示。浏览并选择音乐文件，单击 打开(O) 按钮，此时，所选择的音乐文件便添加到列表中。

图 2-1　扫描全盘文件添加歌曲

图 2-2　添加本地歌曲文件

③ 单击播放列表右上方的 导入 按钮，在弹出的菜单中选择【添加本地歌曲目录】命令，如图 2-3 所示。浏览并选择想添加的音乐文件目录，单击 确定 按钮，此时，整个目录下的所有音频文件均会添加到列表中。

图 2-3　添加本地歌曲目录

可以直接将本地硬盘中的曲目（单个或多个）拖曳到酷我音乐盒的播放列表中的任意位置。

（2）删除歌曲。

① 单击【播放列表】面板中的 整理 按钮，在弹出的菜单中有 3 种删除歌曲的方式，如图 2-4 所示。

图 2-4　删除歌曲 1

- 删除选中歌曲：删除当前选中的歌曲。
- 删除错误歌曲：删除出现错误的歌曲。
- 清空当前列表：删除全部歌曲。

② 选中列表中的任意歌曲，单击鼠标右键，在弹出的菜单中有 4 种删除歌曲的方式，如图 2-5 所示。

图 2-5　删除歌曲 2

- 移出列表：将选定歌曲移出播放列表。
- 删除本地文件：删除该文件。
- 列表去重：删除重复的文件。
- 清空列表：清空播放列表。

（3）对歌曲进行排序。

① 右键单击列表中的任意歌曲，选择【歌曲排序】选项，可对当前列表中的文件进行排序。酷我音乐盒提供了多种排序方式，用户可以选择一种喜欢的方式对歌曲进行排序，如图 2-6 所示。

可以采用以下方式对歌曲进行排序。

- 按歌名。
- 按歌手。
- 按播放次数。
- 按添加时间。
- 随机排序。

② 单击【播放列表】面板中的 整理 按钮，在弹出的菜单中选择【歌曲排序】命令，可对当前列表中的文件进行排序，如图 2-7 所示。

图 2-6　排列歌曲顺序 1

图 2-7　排列歌曲顺序 2

（4）编辑列表。

默认情况下，在酷我音乐盒中添加的歌曲都会存放在【默认列表】中。当然，用户也可以根据自己的需要进行分类，创建不同的列表进行管理。

① 新建播放列表。

单击【播放列表】面板中的 + 按钮，新建一个列表并输入列表名称，以便更好地把自己喜欢的曲目归类，如图 2-8 所示。

图 2-8　新建列表

② 编辑播放列表。

右键单击【播放列表】面板中的任意列表，在弹出的菜单中可以进行播放、创建列表、导入列表、重命名列表、删除列表、还原列表等操作，如图 2-9 所示。

图 2-9　编辑播放列表

2.1.2　显示歌词

读者在欣赏音乐的时候，往往希望能同步看到歌词。这里主要介绍编辑歌词的方法，使播放音乐的时候显示合适的歌词。

操作步骤

（1）添加歌词。

① 显示歌词。

单击屏幕下方的【打开音乐详情页】命令，面板上会出现默认最匹配的歌词，如图 2-10 所示。

图 2-10 显示歌词

② 拖动歌词。

单击屏幕右下方的【词】命令，计算机显示屏上将出现默认最匹配的歌词。当酷我音乐盒最小化后，歌词依然存在，并且可以随意拖动来改变其位置，如图 2-11 所示。

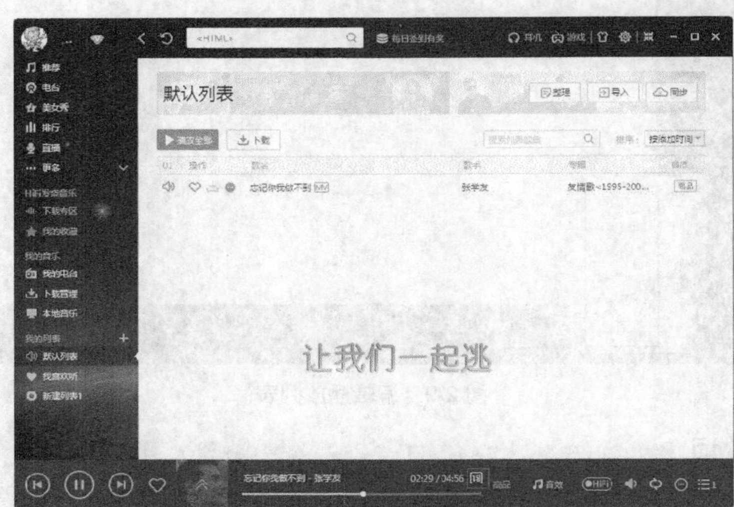

图 2-11 拖动歌词

（2）修改歌词。

① 如果发现歌词与歌曲速度不匹配，还可以在【歌词】面板上单击鼠标右键，在弹出的快捷菜单中选择【搜索并关联歌词】命令，如图 2-12 所示。

图 2-12　搜索并关联歌词

② 在弹出的对话框中可以重新搜索歌词，关联本地歌词，如图 2-13 所示。

③ 也可以选择【窗口歌词】选项卡，修改歌词的基本设置，如图 2-14 所示。

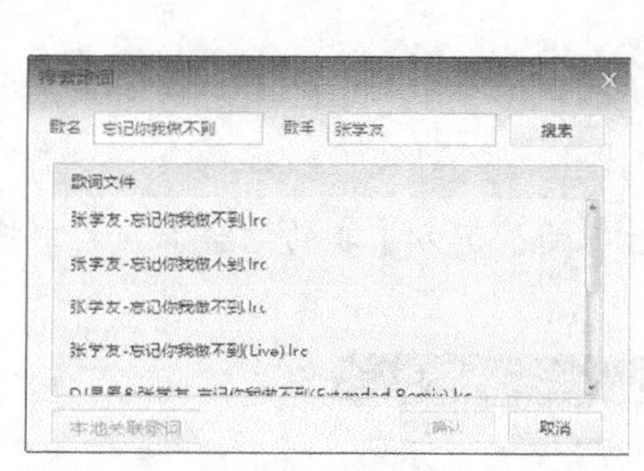

图 2-13　搜索歌词

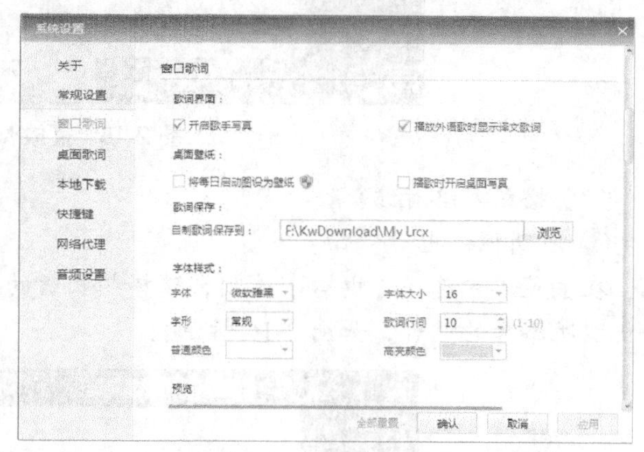

图 2-14　歌词基本设置

要点提示

歌词下载失败的原因如下。

① 可能是歌曲文件信息不正确导致搜索时无法正确匹配。解决的方法：选择该歌曲，打开【文件属性】对话框，设置正确的【标题】和【艺术家】选项即可。

② 可能是歌曲太新，歌词库还未收录最新歌词。

③ 可能是系统防火墙拒绝了网络请求而无法连接到歌词服务器。

④ 可能是无法连接网络，需要检查网络连接是否正常。

2.1.3 其他功能

酷我音乐盒不仅可以播放本地计算机上的音乐文件，还可以播放MV、在线音乐文件，以及管理音乐文件等。

操作步骤

（1）播放MV。

选中播放列表中的曲目，单击鼠标右键，在弹出的快捷菜单中选择【播放高清 MV】命令，即可开始播放相对应的MV，如图2-15所示。

图2-15 播放MV

（2）播放网络音频。

① 收听网络电台歌曲。

在主菜单中选择【电台】选项，选择想收听的电台歌曲，下方【我的电台】列表中将会出现所添加的电台，如图2-16所示。

图2-16 收听网络电台歌曲

② 下载网络电台歌曲。

如果用户想把正在收听的电台节目保存下来，可以通过酷我音乐盒来实现。在收听过程中，单击要下载电台下方的按钮，在弹出的菜单中选择【下载】命令，在弹出的对话框中确定保存路径和保存的资源类型，如图 2-17 所示。

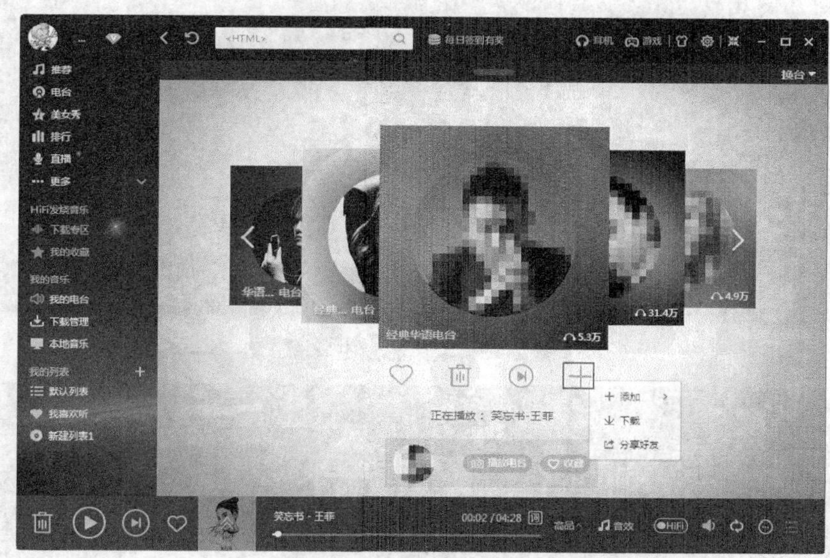

图 2-17 下载网络电台歌曲

2.2 视频播放工具——暴风影音

暴风影音（Media Player Classic）支持 RealONE、Windows Media Player、QuickTime、DVDRip、APE 等多种格式，有“万能播放器”的美称。其安装和维护简便，并对集成的解码器组合进行了尽可能的优化和兼容性调整，适合大多数以多媒体欣赏或简单制作为主要使用需求的普通用户。本任务将以暴风影音 5.70 为例，详细介绍该软件的操作技巧。

2.2.1 播放影音文件

暴风影音最突出的功能就是能播放 660 多种影音文件，下面主要介绍播放影音文件的基本方法。

操作步骤

（1）认识暴风影音的主界面。

① 下载并安装暴风影音后，双击桌面图标启动暴风影音，其主界面如图 2-18 所示。

② 单击按钮，选择【文件】菜单命令，在弹出的菜单中可以选择文件的打开方式，如图 2-19 所示。各种打开方式的用法如表 2-1 所示。

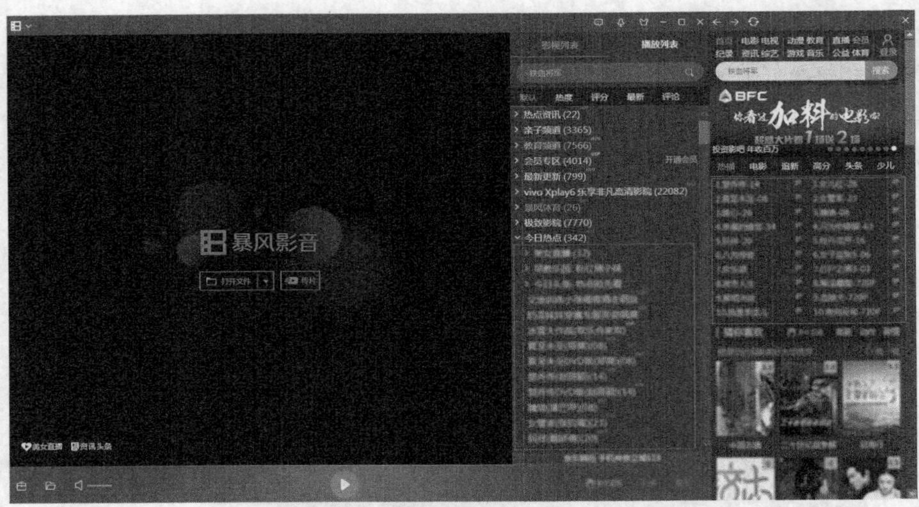

图 2-18　暴风影音主界面

图 2-19　选择文件的打开方式

表 2-1　文件打开方式

文件的打开方式	含义
打开文件	直接打开常用的视频播放文件
打开碟片/DVD	打开光驱中的视频内容，包括虚拟光驱的内容
打开 URL	利用得到的视频网络地址打开需要播放的影音文件

（2）打开需要播放的影音文件。

① 选择【文件】/【打开文件】命令，弹出【打开】对话框，选择需要播放的影音文件，如图 2-20 所示。

② 单击 打开(O) 按钮，选中的文件会在暴风影音中自动播放，并自动调整界面大小。在右侧的播放列表中也可以看到播放的内容，如图 2-21 所示。

图 2-20　选择需要播放的影音文件

图 2-21　正在播放的视频内容

2.2.2　优化播放环境

暴风影音的特点在于它强大的辅助功能，下面介绍其面板参数的设置方法。

操作步骤

（1）添加多个文件。

启动暴风影音，选择【文件】/【打开文件】命令，弹出【打开】对话框，选中多个视频文件，效果如图 2-22 所示。

图 2-22　添加多个视频

（2）调节播放效果。

① 选择【播放】菜单命令，在下级菜单中可以使用一些常见的命令，如图 2-23 所示。

② 在播放界面的上方移动鼠标时会出现按钮工具栏，如图 2-24 所示，分别为“从不置顶”“全屏”“最小界面”“1 倍尺寸”“2 倍尺寸”“剧场模式”，以及几种常用的播放调节按钮。这些工具的用法如表 2-2 所示。

图 2-23 【播放】菜单

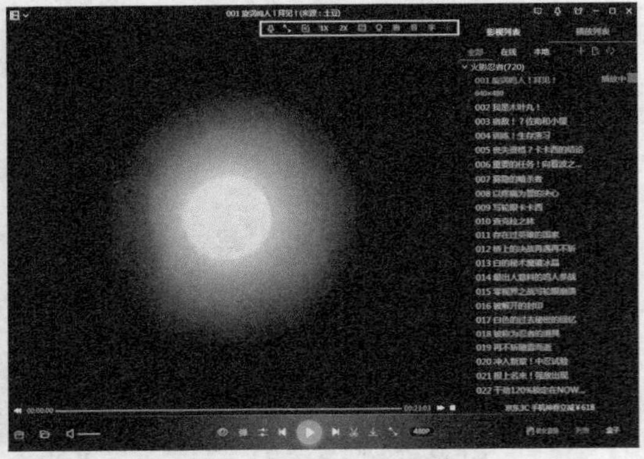

图 2-24　菜单栏

表 2-2　播放按钮的用法

按钮	名称	含义
	从不置顶	在用暴风影音看电影或视频时，打开其他网页或文件夹时，它不会始终在各窗口的前面，有可能会被其他窗口挡住
	全屏	单击该按钮后，播放界面为全屏显示
	最小界面	将当前播放器缩放到最小，简化播放器
	剧场模式	平均分布所观看影片的时长，中间自动暂停 5min。只有从头看到尾，没有快进、加速播放的时候才起作用
	关灯模式	选中该选项，计算机屏幕中除了暴风影音以外的其他应用程序变黑，整个计算机屏幕只能看到暴风影音

续表

按钮	名称	含义
画	【画质调节】	该选项卡指画质调节，它可以进行调节画质、比例和翻转、平移、缩放等操作，以使视频达到最佳效果，如图 2-25 所示
音	【音频调节】	该选项卡指音频调节，它可以进行放大音量、选择声道、提前或延后声音等操作，如图 2-26 所示
字	【字幕调节】	该选项卡指字幕调节，它可以进行载入字幕，修改字幕字体、字号、样式，提前或延后字幕，显示方式、位置，加入次字幕等操作，如图 2-27 所示
播	【播放调节】	该选项卡指播放调节，它可以修改播放核心、分离器、视频解码器、音频解码器、渲染器等，如图 2-28 所示

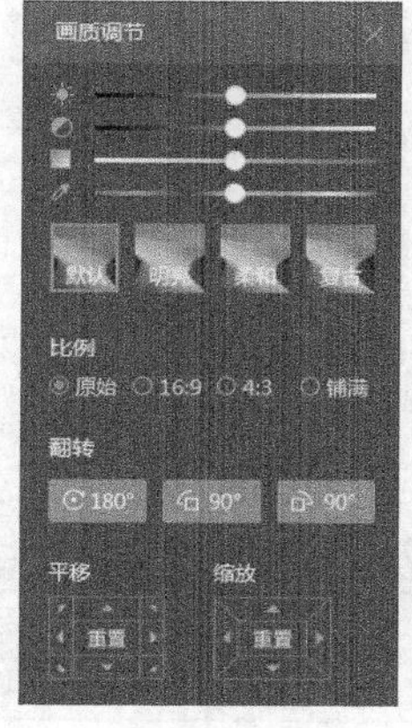

图 2-25　画质调节　　图 2-26　音频调节

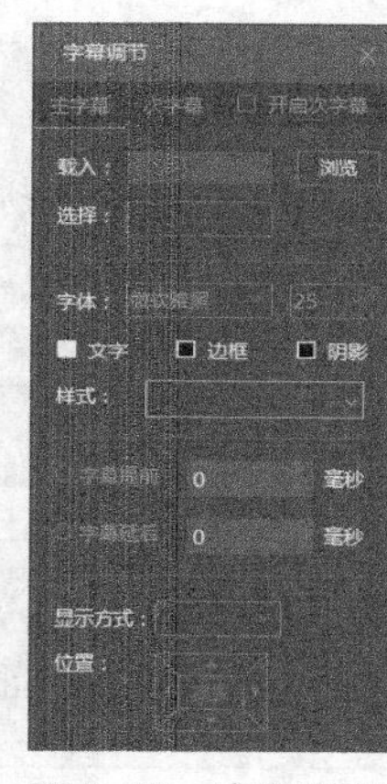

图 2-27　字幕调节

图 2-28　播放调节

（3）设置【高级选项】参数。

① 在屏幕上单击鼠标右键或单击主菜单，在弹出的菜单中选择【高级选项】命令，如图 2-29 所示。

② 打开【高级选项】对话框，可以进行热键设置、截图设置、隐私设置等操作，如图 2-30 所示。操作都比较简单，容易掌握。

图 2-29　选择【高级选项】命令

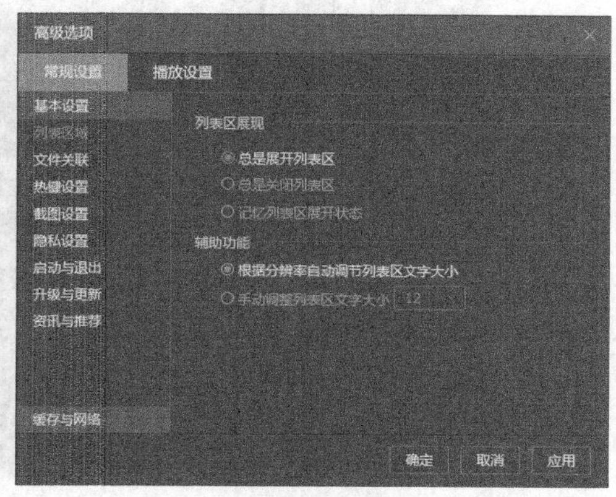

图 2-30　【高级选项】对话框

（4）【左眼】键的使用。

① 在播放界面的左下方单击图标打开【左眼】功能。

② 单击图标左方的工具箱按钮，打开【工具箱】对话框，如图 2-31 所示。单击图标，打开【左眼】对话框，如图 2-32 所示，根据需要进行详细设置。

图 2-31 【工具箱】对话框

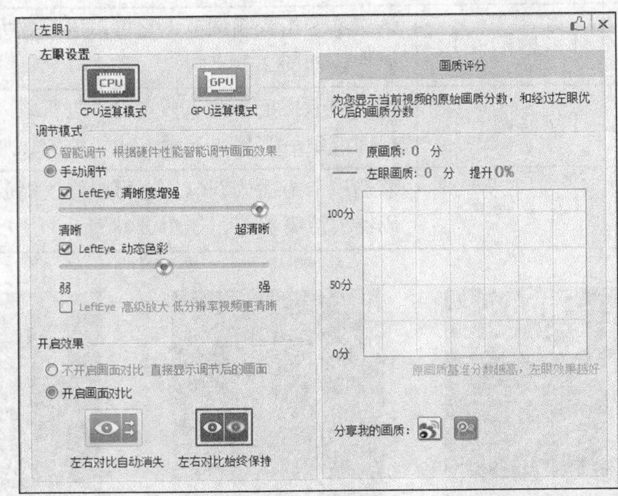

图 2-32 【左眼】设置

要点提示

简单来说，【左眼】功能就是提高画质、增强真彩色，把一般画质的电影换成高清画质的电影，同时提高色彩的分辨率。

③ 启用【左眼】功能前后的效果对比如图 2-33 所示。

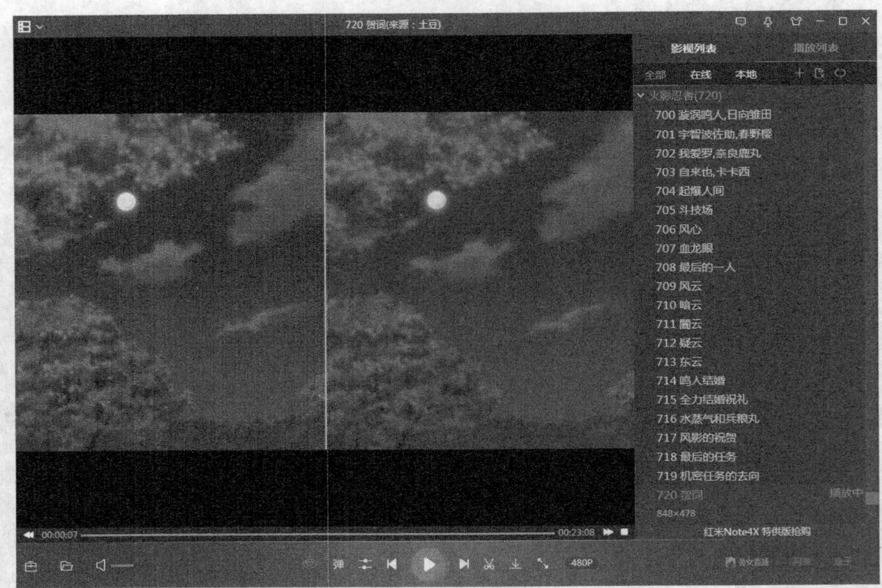

图 2-33 效果对比

【知识链接】——用命令行操作暴风影音。

在命令行中也能实现对暴风影音的操作，如要打开“D:\电影\电影 1.rmvb”文件，可以选择【开始】/【运行】命令，打开【运行】对话框，在【打开】文本框中输入“CMD”便可打开命令行模式。进入 storm.exe 所在的目录，运行“storm.exe D:\电影\电影 1.rmvb”即可。其格式为“storm.exe 文件路径参数”，常用的命令行参数如表 2-3 所示。

表 2-3 常用的命令行参数

命令行参数	含义
/sub "字幕文件"	载入一个附加的字幕
/cd	播放 CD 或(S)VCD 的全部音轨
/open	打开文件，但不自动开始播放
/shutdown	完成后关闭操作系统
/fullscreen	以全屏模式启动
/regvid	注册视频格式
/unregvid：	解除注册视频格式
/regaud：	注册音频格式
/unregaud	解除注册音频格式
/start ms	开始播放于 ms（毫秒）处

要点提示

有时，用户在看电影的途中需要关闭计算机，那么下次如何继续观看呢？其实，暴风影音已经为用户想到这一点了，它提供了一个类似于下载软件的“断点续传”功能。选择【主菜单】/【高级选项】/【播放设置】/【播放记忆】选项卡，在【播放记忆设置】栏选中【记住本地播放进度】复选框，单击 确定 按钮。这样，在下次播放时只需选择上次未看完的文件就可以继续观看了。

2.3 格式转换工具——格式工厂

格式工厂是一款万能的多媒体格式转换软件，可以实现大多数视频、音频以及图像不同格式之间的相互转换，在转换时可以设置文件输出配置，增添数字水印等功能。格式工厂在转换过程中可以修复损坏的视频文件，还具有 DVD 视频抓取功能，可以将 DVD 轻松备份到本地硬盘。本任务将以格式工厂 4.1.0 为例来讲解其功能和技巧。

2.3.1 转换视频格式

格式工厂可以将所有类型视频转换为 MP4、3GP、MPG、AVI、WMV、FLV、SWF、RMVB（该格式需要安装 Realplayer 或相关的译码器）等常用格式。

操作步骤

（1）转换视频。

格式工厂可以转换的格式很多，这里以把“.avi”格式视频转换成“.swf”格式为例进行说明。

① 在桌面双击图标，打开格式工厂软件，其软件界面如图 2-34 所示。

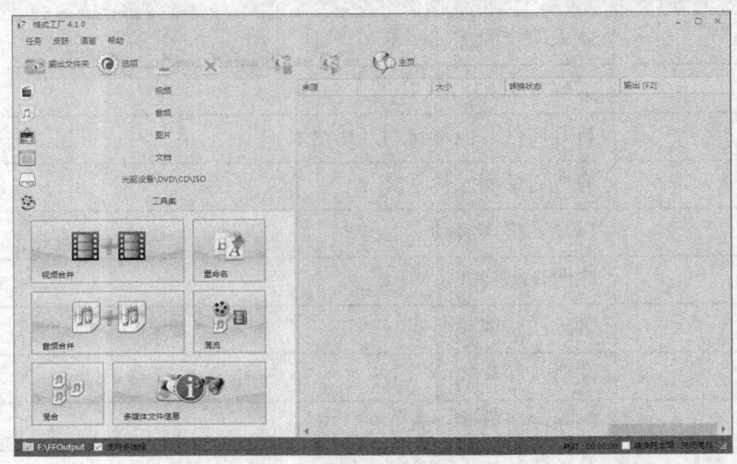

图 2-34　主界面

② 在主界面单击 视频 按钮，展开视频格式卷展栏，单击【->SWF】图标，如图 2-35 所示。

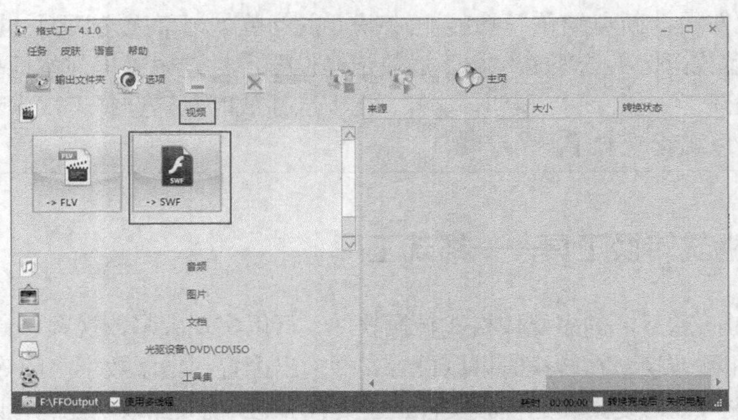

图 2-35　选择转换类型

③ 在【->SWF】对话框中单击 添加文件 按钮，打开需要转换的文件，如图 2-36 所示。

④ 单击 输出配置 按钮可以改变配置文件的分辨率、名称、图标等。完成后，单击 确定 按钮，如图 2-37 所示。

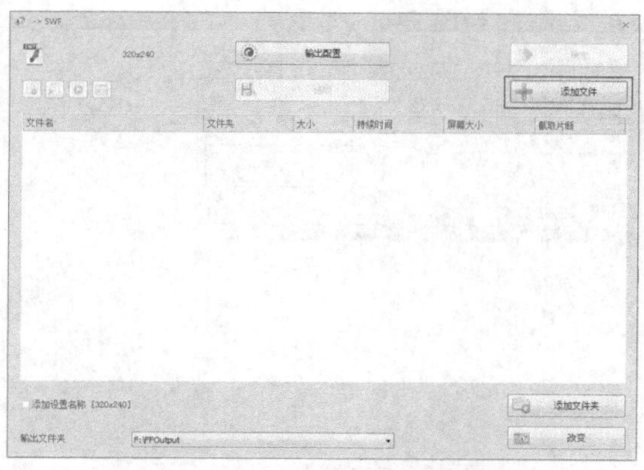

图 2-36　选择需要转换的文件

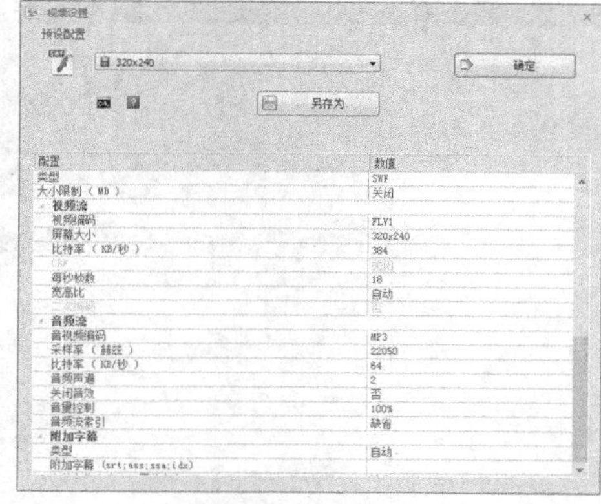

图 2-37　输出配置

⑤ 返回主界面，单击 开始 按钮开始转换视频，在【转换状态】栏中将显示转换进度。单击 停止 按钮可以停止转换，单击 移除 按钮可以删除该任务。转换完成后的效果如图 2-38 所示。

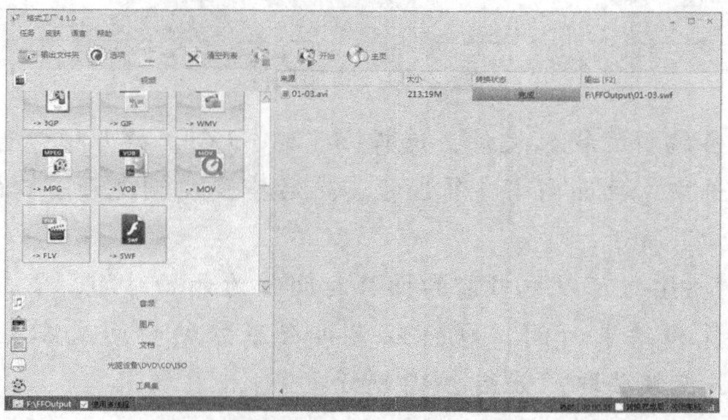

图 2-38　完成转换

（2）视频剪辑。

视频剪辑就是在原视频的基础上剪辑出所需要的部分，并在转换成所需要的格式后进行保存。

① 在主界面单击 视频 按钮，展开视频格式卷展栏，单击【->AVI】图标，如图 2-39 所示。

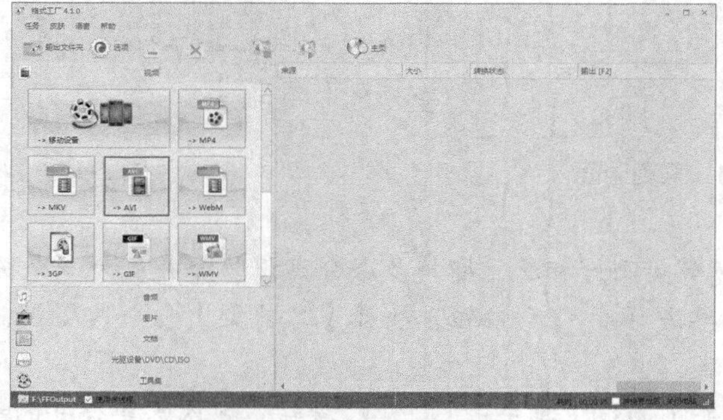

图 2-39　选择转换类型

② 单击 添加文件 按钮，打开需要转换的文件，如图 2-40 所示。

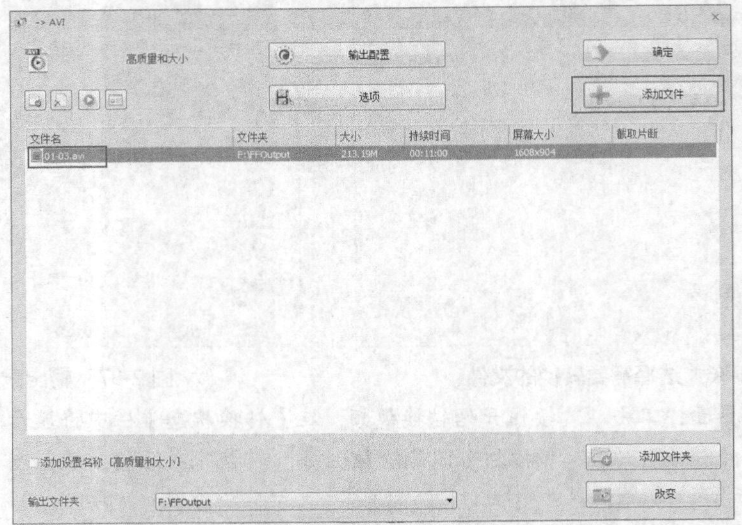

图 2-40　添加文件

③ 右键单击准备编辑的视频文件，选择 选项 命令，打开视频剪辑面板。

④ 在界面右侧选中【画面裁剪】复选框，然后拖曳左侧视频窗口的红色边框边界，调整画面大小，如图 2-41 所示。

⑤ 单击 开始时间 按钮可以把当前的播放时间作为开始时间，单击 结束时间 按钮可以把当前的播放时间作为结束时间，也可以直接在下方的时间文本框中输入时间。单击 确定 按钮完成视频截取，如图 2-42 所示。

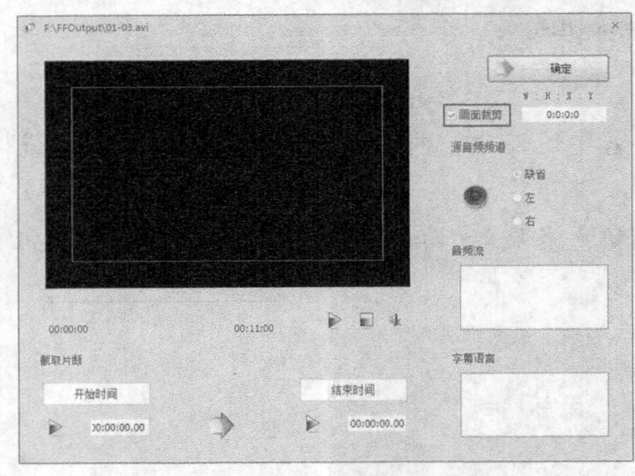

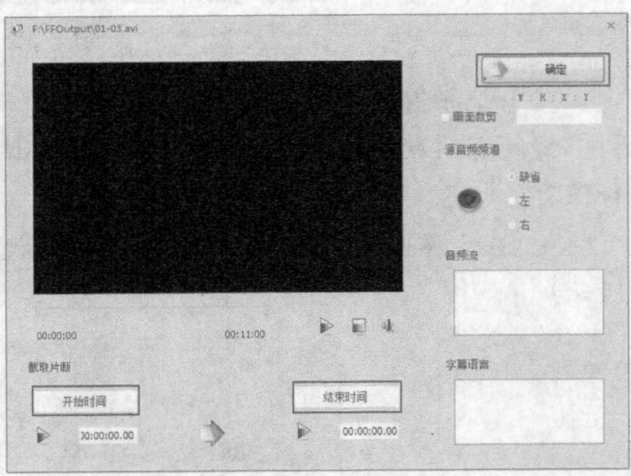

图 2-41　裁剪画面　　图 2-42　剪辑文件

（3）视频合并。

视频合并与视频剪辑刚好相反，即将多个分离视频合并成为一个统一格式的视频。

① 在主界面中单击 工具集 按钮，展开【工具集】命令卷展栏，单击【视频合并】图标，如图 2-43 所示。

② 在【视频合并】面板中单击 添加文件 按钮，导入需要合并的视频文件。

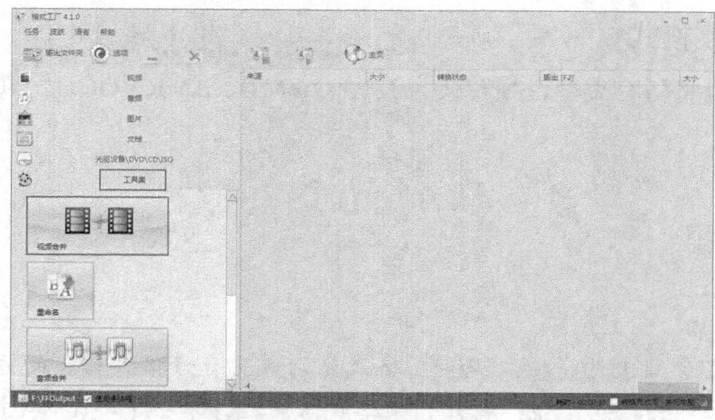

图 2-43　选择【视频合并】命令

③ 单击 DIVX 高质量和大小 按钮，调整质量和大小，如图 2-44 所示。

④ 选中列表中的文件，单击或按钮调整文件排列顺序，调整完成后单击 确定 按钮，如图 2-45 所示。

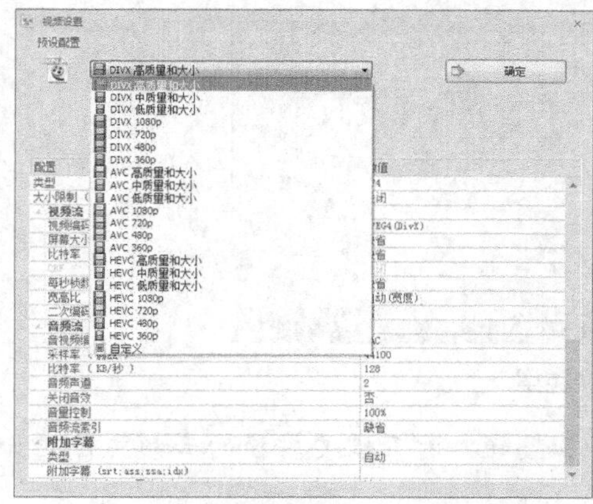

图 2-44　选择文件质量

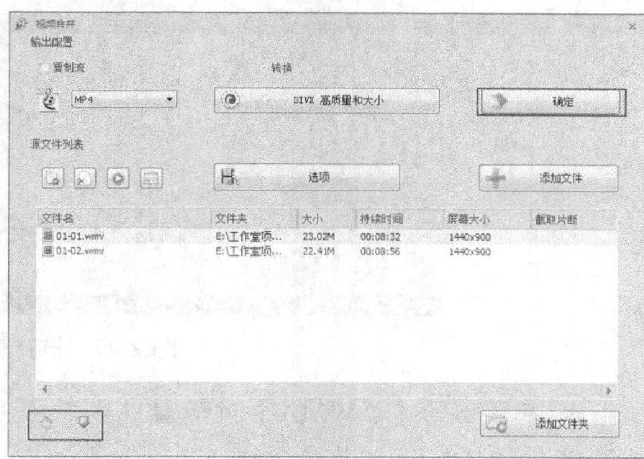

图 2-45　调整文件排列顺序

⑤ 在界面顶部单击 开始 按钮开始视频合并，在【转换状态】栏中将显示转换进度。转换完成后的效果如图 2-46 所示。

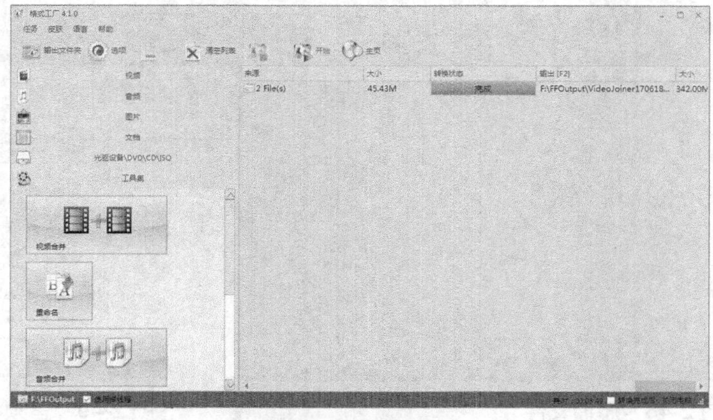

图 2-46　完成视频合并

2.3.2 转换音频格式

格式工厂可以将所有类型音频转换为 MP3、WMA、AMR、OGG、ACC、WAV 等常用格式。

操作步骤

（1）转换音频。

下面以将选定音频文件转换成 WMA 格式为例说明音频格式转换的方法。

① 在主界面单击 音频 按钮，展开音频格式卷展栏，单击【->WMA】图标，如图 2-47 所示。

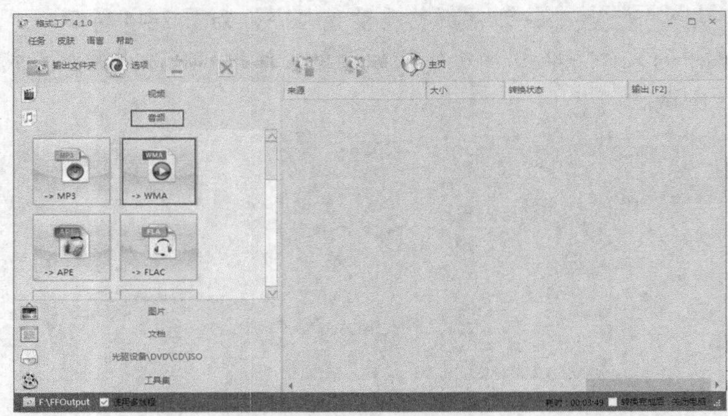

图 2-47　选择转换类型

② 在弹出的【->WMA】对话框中单击 添加文件 按钮，打开需要转换的音频文件，如图 2-48 所示。

③ 在图 2-48 中单击 输出配置 按钮来改变配置文件音频质量、名称和图标等。完成后单击 确定 按钮，如图 2-49 所示。

图 2-48　添加文件

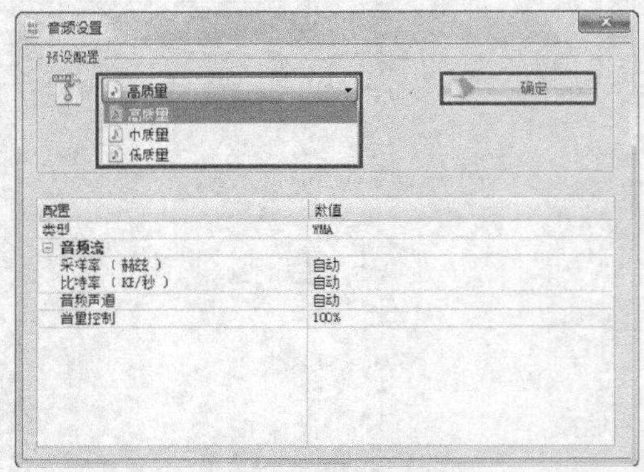

图 2-49　音频设置

④ 返回主界面，单击 开始 按钮开始转换视频，转换完成后的效果如图 2-50 所示。

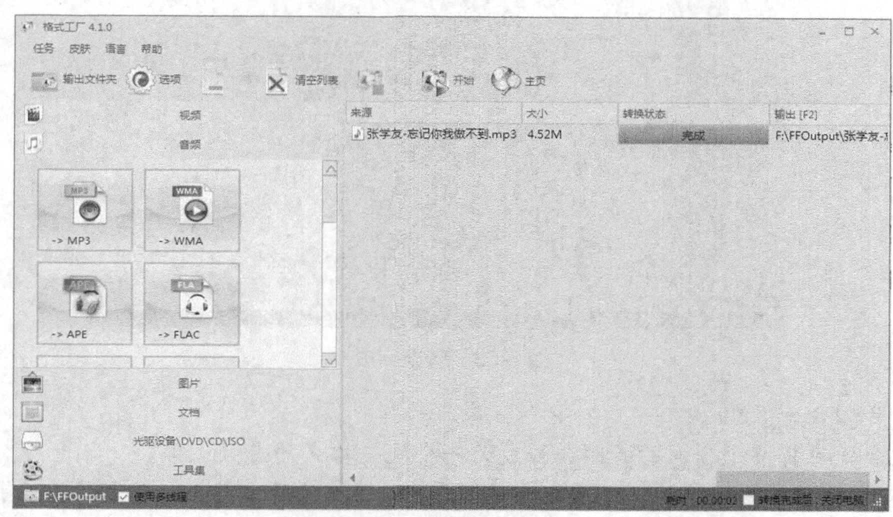

图 2-50　转换完成

（2）音频剪辑。

音频剪辑就是在原音频的基础上剪辑出所需要的部分，并在转换成所需要的格式后进行保存。

① 在图 2-47 所示的界面左侧选择拟转换格式。

② 单击 添加文件 按钮，打开需要转换的文件。

③ 单击 截取片断 按钮，打开音频剪辑面板，如图 2-51 所示。

④ 在弹出的对话框中单击 开始时间 按钮可以把当前的播放时间作为开始时间，单击 结束时间 按钮可以把当前的播放时间作为结束时间，也可以直接在下方的时间文本框中输入时间。单击 确定 按钮完成音频截取，如图 2-52 所示。

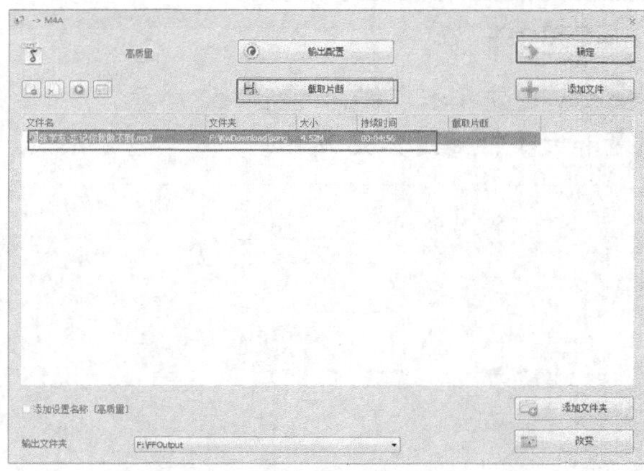

图 2-51　打开音频编辑窗口

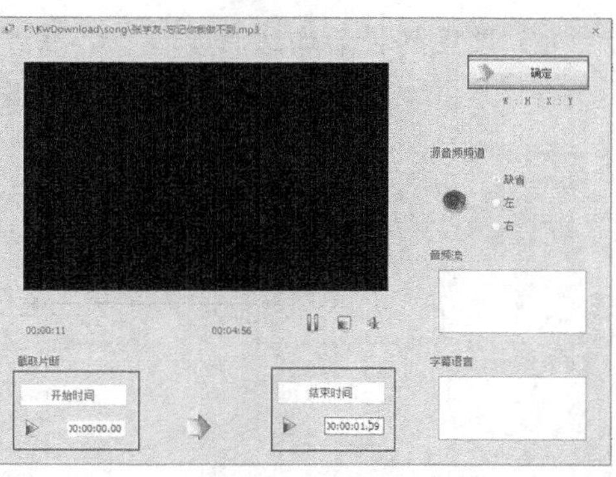

图 2-52　编辑音频

⑤ 在界面顶部单击 开始 按钮开始转换音频，在【转换状态】栏中将显示转换进度。转换完成后的效果如图 2-53 所示。

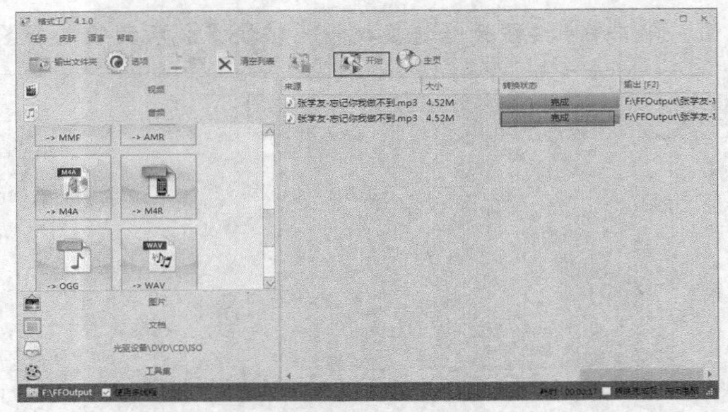

图 2-53　转换完成

（3）音频合并。

音频合并可将多个分离的音频合并成为一个统一格式的音频文件。

① 在主界面单击 工具集 按钮，展开【工具集】命令卷展栏，选择【音频合并】选项，如图 2-54 所示。

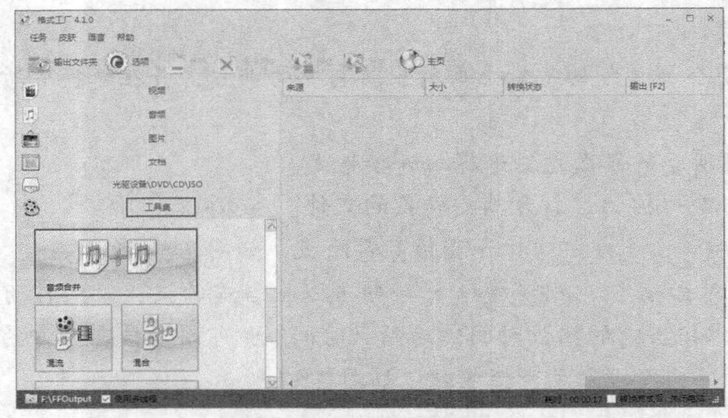

图 2-54　选择音频合并

② 设置转换后的文件类型，单击 添加文件 按钮导入文件，如图 2-55 所示。

③ 单击 高质量 按钮调整质量和大小，如图 2-56 所示。

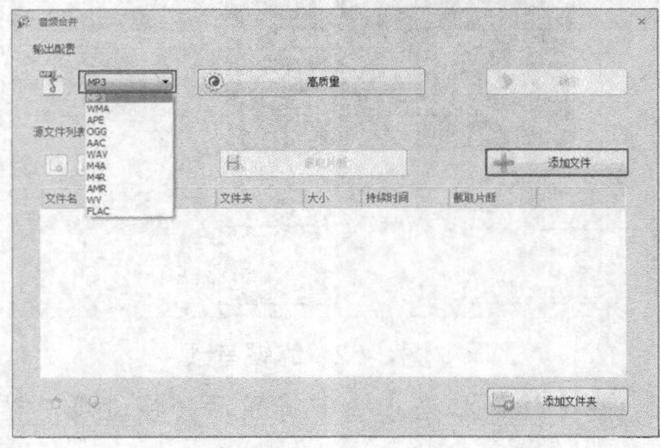

图 2-55　添加文件

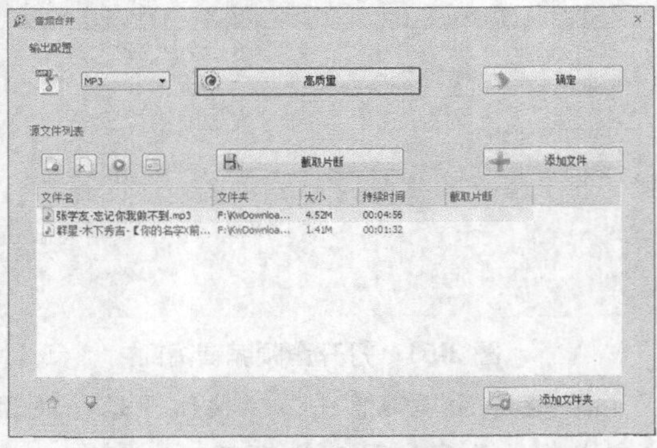

图 2-56　调整质量和大小

④ 选中列表中的文件，单击 或 按钮调整文件排列顺序，调整完成后单击 确定 按钮，如图 2-57 所示。

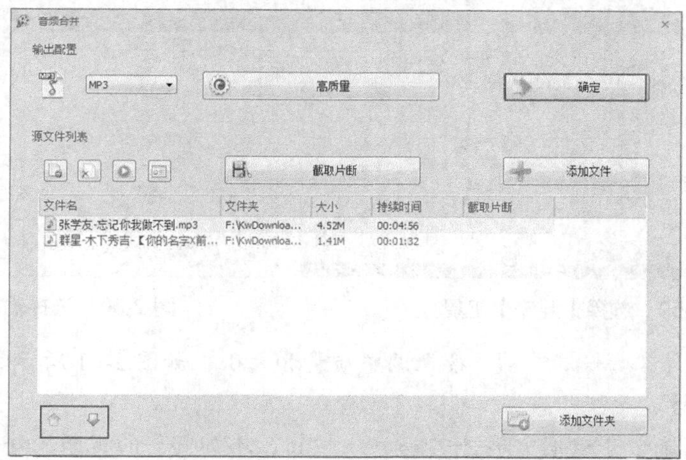

图 2-57 调整文件的排列顺序

⑤ 在界面顶部单击 开始 按钮开始合并音频，在【转换状态】栏中将显示转换进度。转换完成后的效果如图 2-58 所示。

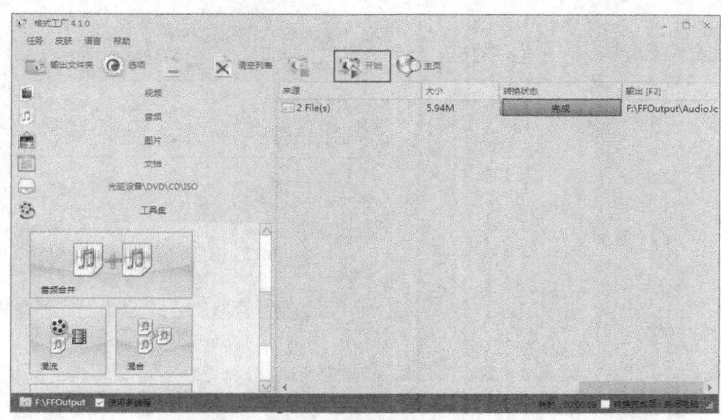

图 2-58 转换完成

2.3.3 混流

混流可以将一段视频和音频混合在一起，适合在后期视频制作时使用。

操作步骤

（1）混流设置。

① 在主界面单击 工具集 按钮展开【工具集】命令卷展栏，选择【混流】选项，如图 2-59 所示。

② 弹出【混流】对话框，在左上角选择需要的输出视频格式，如图 2-60 所示。

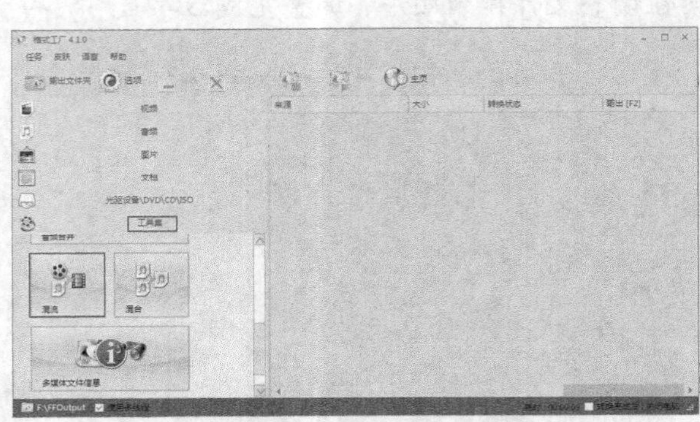

图 2-59　选择【混流】工具

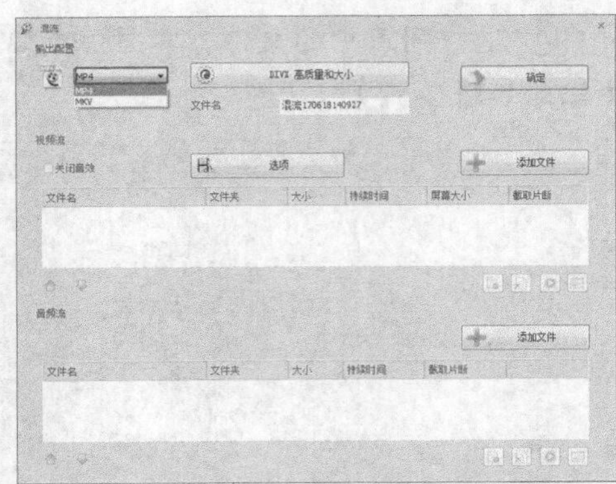

图 2-60　选择输出视频格式

③ 单击 高质量和大小 按钮调整质量和大小，如图 2-61 所示。

（2）添加素材。

① 在【视频流】分组框中单击 添加文件 按钮，添加需要的视频文件。

② 在【音频流】分组框中单击 添加文件 按钮，添加需要的音频文件。完成后单击 确定 按钮，如图 2-62 所示。

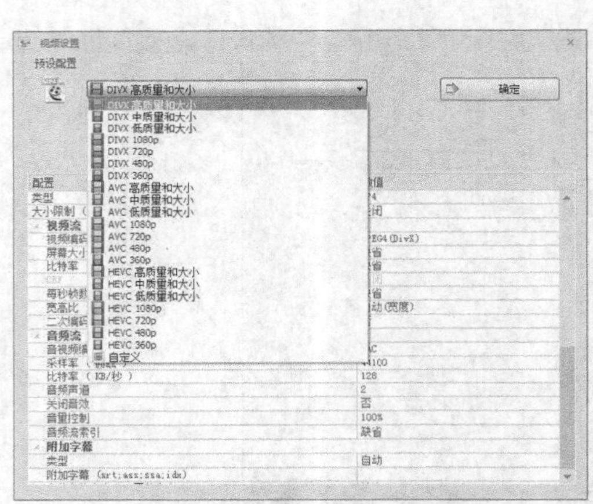

图 2-61　调整质量和大小

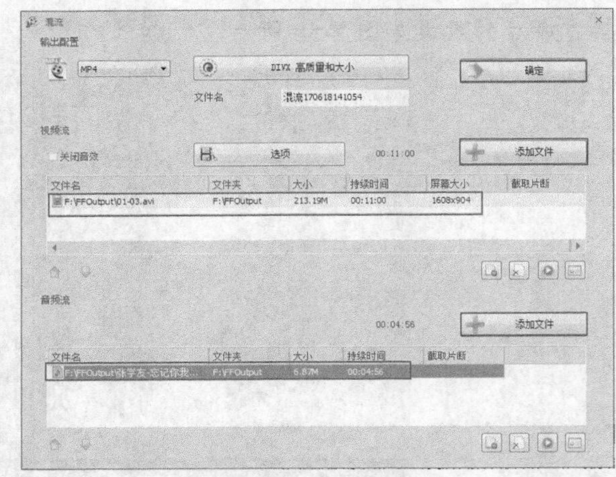

图 2-62　添加文件

③ 在界面顶部单击 开始 按钮开始合并音频，在【转换状态】栏中将显示转换进度。

2.3.4　转换图像

格式工厂可以将所有类型图像转换为 JPG、BMP、PNG、TIF、ICO、GIF、TGA 等常用格式。下面将介绍 JPG 转换成 BMP 格式的基本方法。

操作步骤

（1）添加素材。

① 在主界面中单击 图片 按钮，展开【图片格式】卷展栏，选择【->JPG】选项，如

图 2-63 所示，打开【->JPG】对话框，如图 2-64 所示。

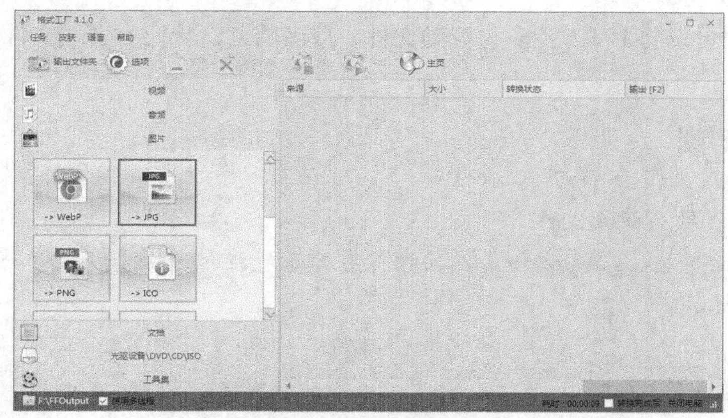

图 2-63　选择图片格式

② 单击添加文件按钮，打开需要转换的文件。

（2）转换设置。

① 在【->JPG】对话框中单击输出配置按钮，在弹出的对话框中可以改变配置文件分辨率、名称和图标等，如图 2-65 所示。完成后单击确定按钮。

图 2-64　选择需要转换的文件

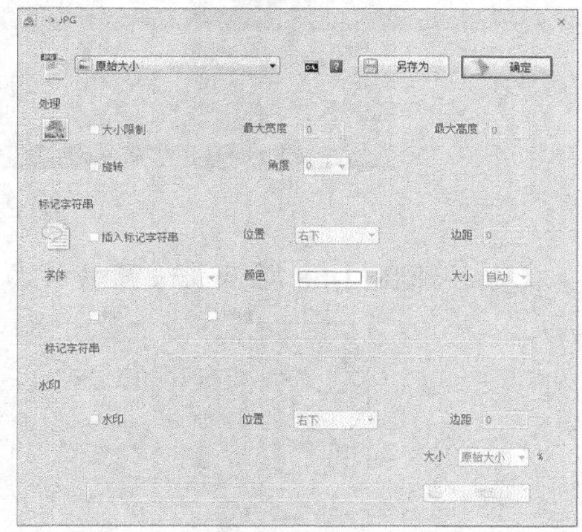

图 2-65　输出配置设置

② 返回主界面，单击开始按钮开始转换视频。转换完成后的效果如图 2-66 所示。

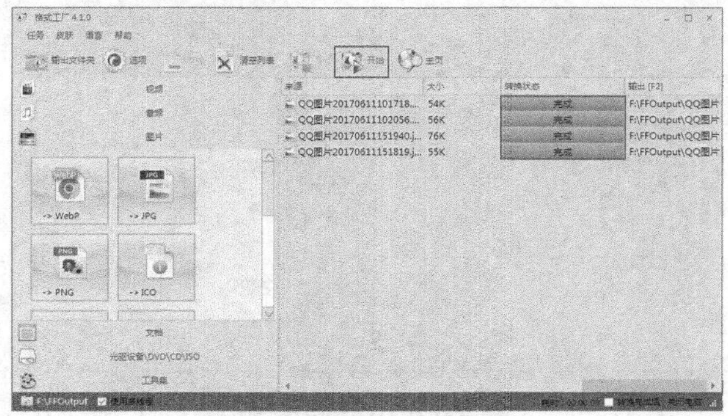

图 2-66　转换完成

2.3.5 转换光盘文件

使用该软件可以将 DVD 转换为视频文件，或者将 CD 转换为音频文件。

操作步骤

（1）将 DVD 转为视频文件。

① 在主界面单击“光驱设备\DVD\CD\ISO”按钮，展开卷展栏，选择【DVD 转到视频文件】选项，如图 2-67 所示。

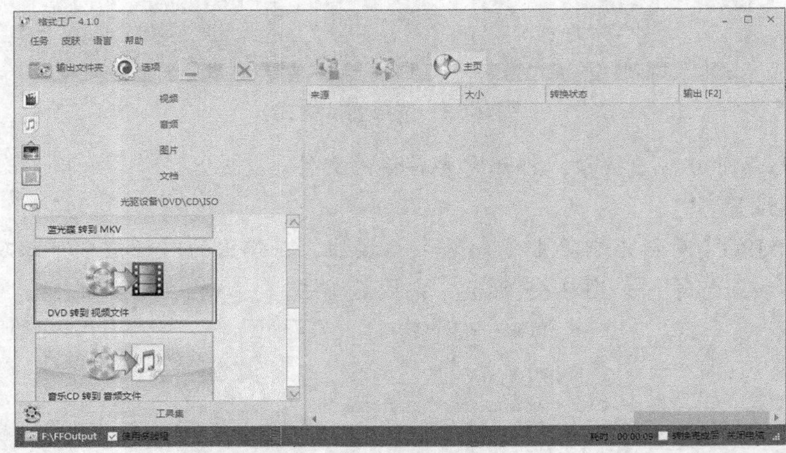

图 2-67　选择转换类型

② 按照图 2-68 所示的设置转换参数。

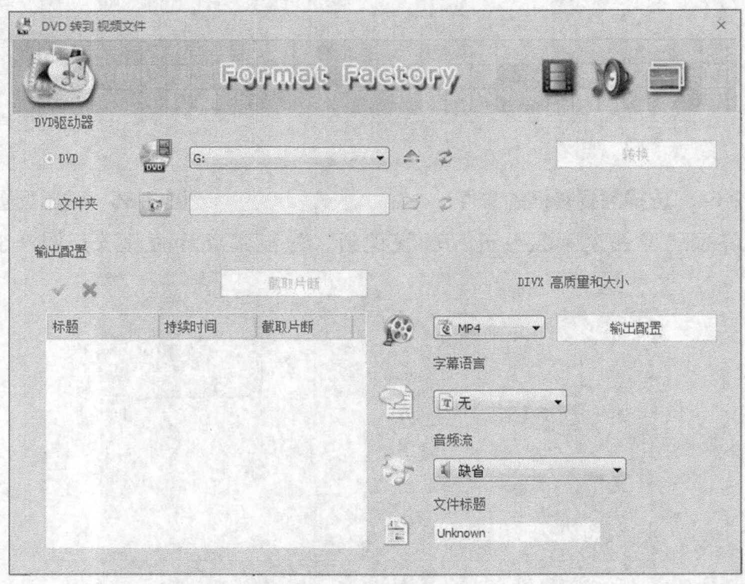

图 2-68　设置转换参数

③ 单击【开始】按钮 开始转换。

（2）将 CD 转为音频文件。

① 在主界面单击 光驱设备\DVD\CD\ISO 按钮，展开卷展栏，选择【音乐 CD 转到音频文件】选项，如图 2-69 所示。

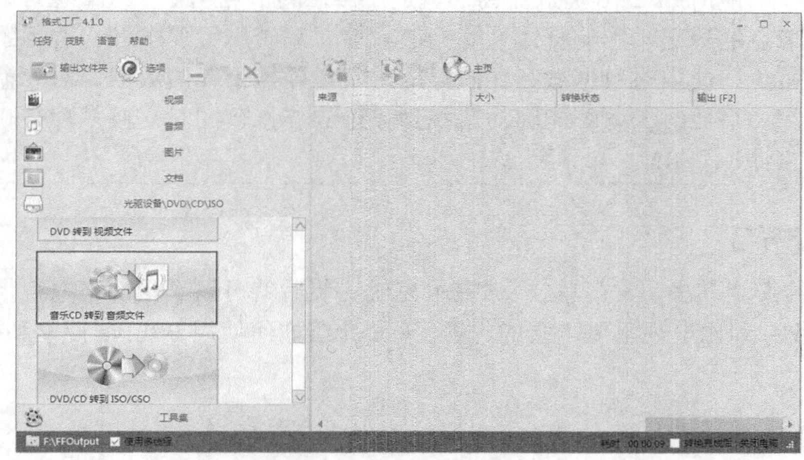

图 2-69　选择转换类型

② 按照图 2-70 所示设置转换参数。

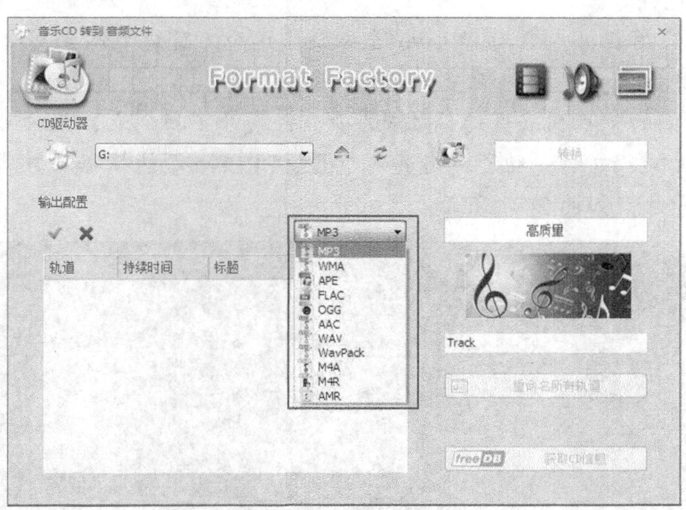

图 2-70　设置转换参数

③ 单击【开始】按钮 开始转换。

2.4 网络电视直播工具—— PPLive

PPLive 是一款用于在互联网上进行视频直播的共享软件，它比有线电视拥有更加丰富的视频资源，将各类体育频道、娱乐频道、动漫和丰富的电影资源全部囊括。PPLive 使用网状模型，有效解决了当前网络视频点播服务中带宽和负载有限的问题，具有用户越多播放越流畅的特性。

在安装使用 PPLive 时，要求用户的系统中必须安装 Windows Media Player 10.0 或更高版本的 Windows Media Player 播放器。下面介绍 PPLive 的使用方法。

使用 PPLive 播放流畅，稳定；接入的节点越多，效果越好，并且个别节点的退出不影响整体性能。该软件对系统配置要求低，占用系统资源非常少，使用时数据缓存在内存里，不在硬盘上存储数据，对硬盘无任何伤害。播放时，系统能够动态找到较近的连接，同时支持多种格式的流媒体文件（如 RM、ASF 等）。

2.4.1 观看节目

PPLive 的安装方法非常简单，根据提示完成安装后就可以享受网络电视带来的乐趣，让用户可以收看到比电视里更丰富的内容。下面介绍如何使用 PPLive 搜索和播放喜欢的节目。

操作步骤

（1）启动 PPLive。

双击 PPLive 应用程序，启动 PPLive 进入操作界面，窗口右侧会列出节目列表。

（2）选择节目播放。

① 在界面右侧的节目列表区选择全部选项，将展开下拉列表，用户可以根据自己的喜好选择合适的电视剧、电影、动漫或者其他节目，PPLive 还能根据用户所播放过的影片来猜测用户喜欢的影片，如图 2-71 所示。

图 2-71 【全部】节目列表

② 在界面右侧的节目列表区选择收藏选项，可以播放用户自己收藏的影片，如图 2-72 所示。

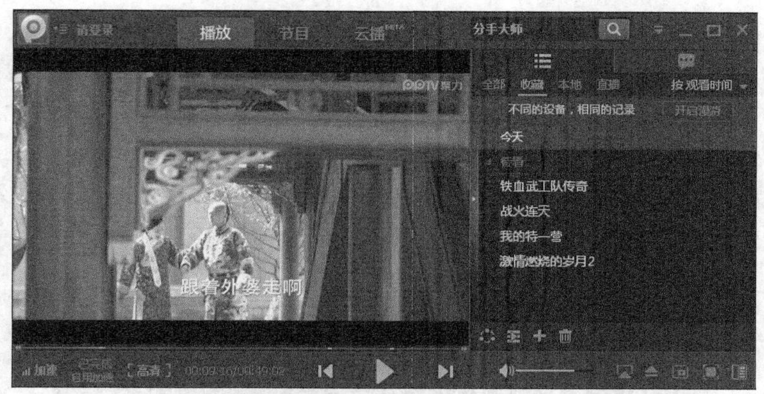

图 2-72 【收藏】节目列表

③ 在界面右侧的节目列表区选择本地选项，单击添加文件夹按钮，可以添加计算机上的视频文件，双击文件可以播放视频，如图 2-73 所示。

图 2-73　添加【本地】文件夹

④ 在界面右侧的节目列表区选择直播选项，可以看各电视频道正在播放的节目，双击频道可以播放视频，如图 2-74 所示。

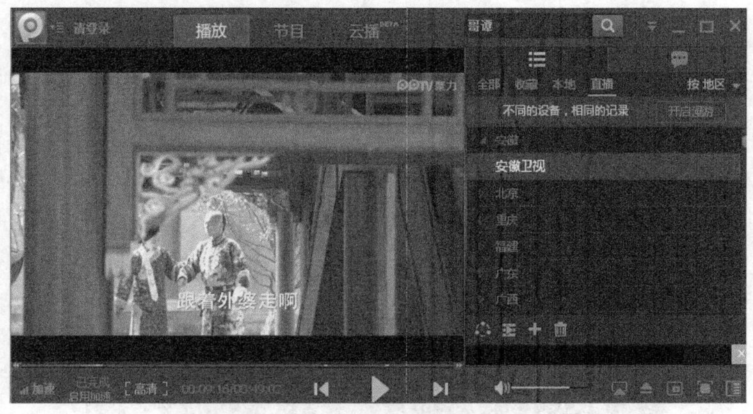

图 2-74 【直播】节目列表

（3）节目设置。

① 单击影片名称左边的三角形，打开下拉列表，选择【正片】选项，可以看见节目的播放集。选择【预告】选项，可以播放节目的花絮。选择【看点】选项，可以看见节目每一集的主要内容。

② 将鼠标指针移动到影片名称上，右边会出现 3 个按钮，如图 2-75 所示。单击按钮，可以把影片收藏在收藏选项里面；单击按钮，反序播放本组内的节目；单击按钮，可以删除此影片。

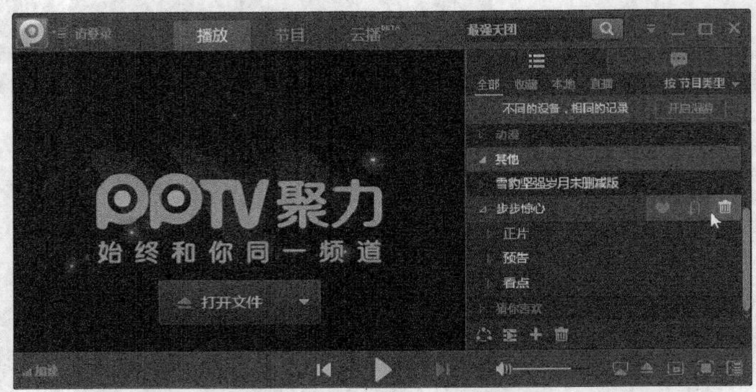

图 2-75　节目设置

2.4.2　点播影片

PPLive 除了可以观看正在播放的节目内容外，还可以点播自己喜欢的影片。与观看节目内容不同的是，点播影片是从影片开头开始播放的，而不是正在播放什么内容就只能看什么内容，所以用户可以根据自己的意愿观看喜欢的影片。下面详细介绍其操作方法。

操作步骤

（1）查找影片。

① 在软件界面上方选择节目选项卡，打开节目列表，如图 2-76 所示。

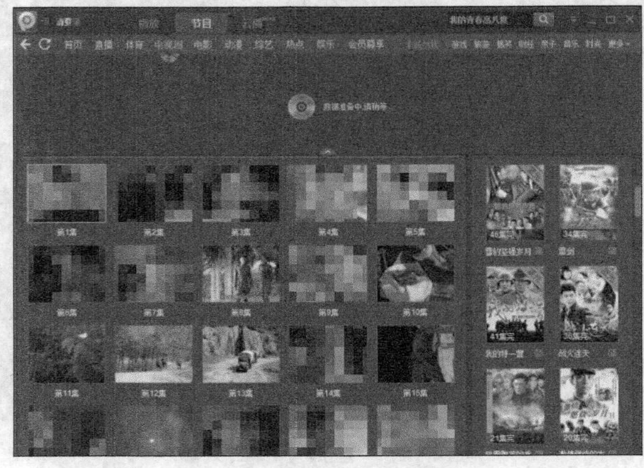

图 2-76　打开节目列表

② 选择喜欢的电视或者电影等节目，双击影片名称即可观看影片，如图 2-77 所示。

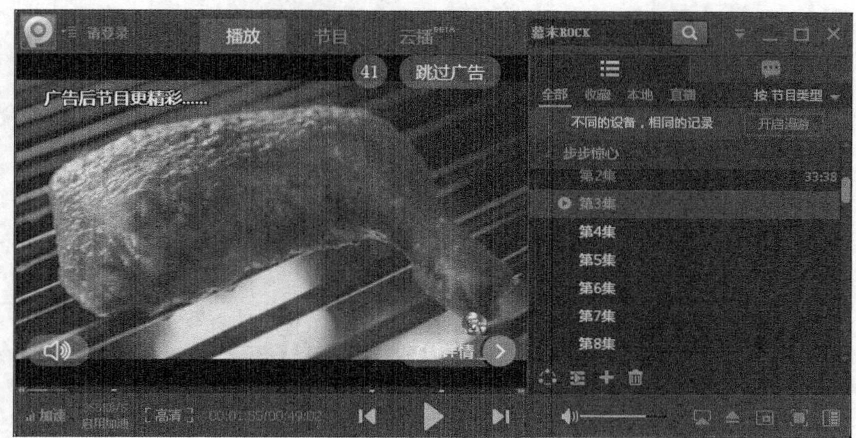

图 2-77　观看影片

（2）搜索影片。

如果明确自己想要看的电视、电影等节目名称，可以直接在搜索栏中输入影片名称的关键字，双击影片名称即可观看影片。

使用搜索功能时，可以直接输入拼音进行搜索，这样可以加快搜索速度，如图 2–78 所示。

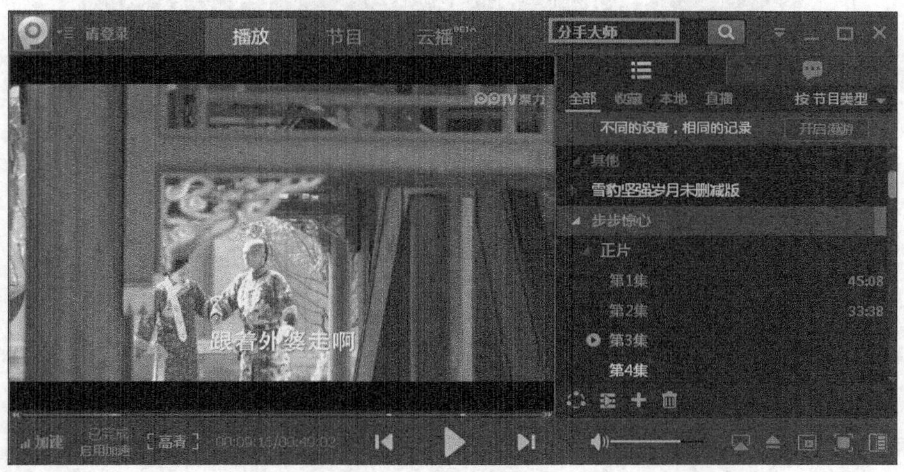

图 2-78　搜索影片

2.4.3　收看多路节目

PPLive 为用户提供了一个可以收看多个节目的平台，它可以让用户体验到同时收看两个节目的乐趣，只要用户的机器性能在软件要求的配置以上都可以进行播放，但是播放效果会受网络的影响，网络不好会造成画面卡顿。下面具体介绍其操作方法。

操作步骤

（1）在软件菜单栏右上方单击按钮，在弹出的下拉菜单中选择【设置】命令，弹出【PPTV设置】对话框，取消选中 只允许运行一个PPTV 复选框，如图2-79所示。

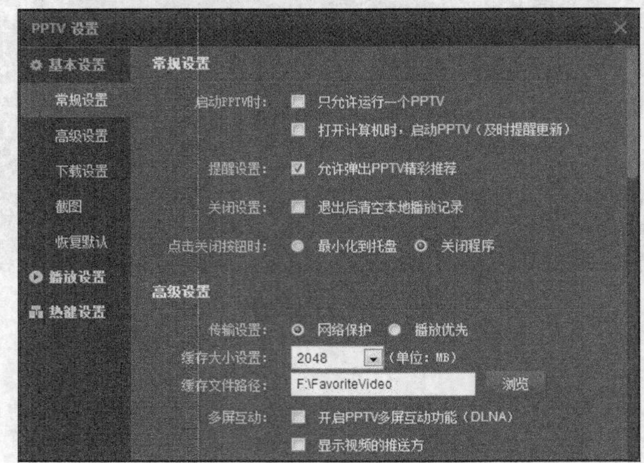

图2-79 【PPTV设置】对话框

（2）再次运行PPLive软件，在窗口的右下方会出现图标，表示已经设置好多路节目，单击右下方的按钮即可打开另外一个视频，如图2-80所示。

图2-80 多路节目

此项功能要求网络带宽必须足够，否则将连接不上网络。

2.5 视频捕捉工具——HyperCam

HyperCam是一款著名的影像截取工具软件，能将截获的影像自动转换为AVI动画文件格式，是一种能直接使用在多媒体作品制作中的动画文件格式。软件操作界面简洁，使用方便，运行平台为 Windows 7/8 等操作系统。下面介绍 HyperCam 3.5 的使用方法和技巧。

2.5.1 设置 HyperCam

在使用 HyperCam 截获影像前，用户先要对 HyperCam 进行必要的设置，下面介绍其设置方法。

操作步骤

（1）设置基本参数。

① 启动 HyperCam3.5，如图 2-81 所示。在主界面中单击 选项 按钮，打开【选项】对话框，用户可以对视频、音频、额外、界面进行设置，如图 2-82 所示。

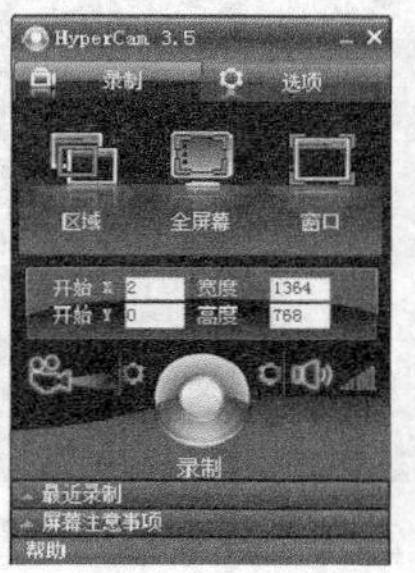

图 2-81 主界面

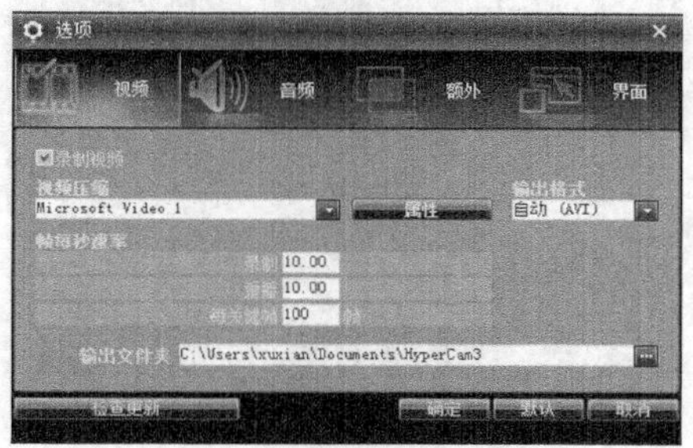

图 2-82 【选项】对话框

② 单击 视频 按钮打开视频参数设置界面，选中 录制视频 选项。单击【输出格式】右下方的按钮选择输出格式。单击【输出文件夹】右边的按钮，选择视频录制完成后的保存地址，单击 确定 按钮完成视频参数设置，如图 2-83 所示。

③ 单击 音频 按钮打开音频参数设置界面，选中 录制声音 选项。单击【输出文件夹】右边的按钮，选择音频录制完成后的保存地址，一般和视频保存地址同步，其他参数保持默认设置，单击 确定 按钮完成音频参数设置，如图 2-84 所示。

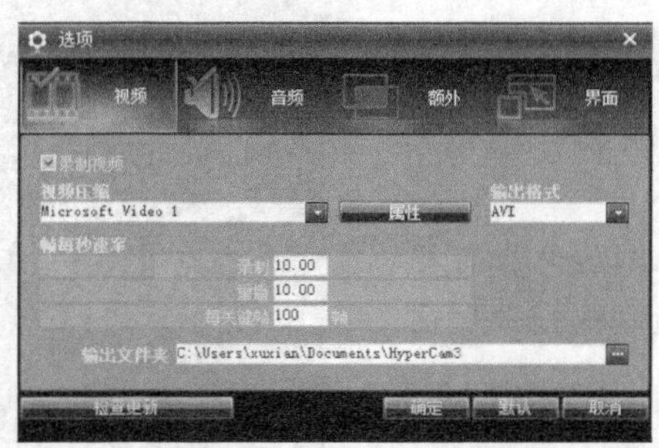

图 2-83 视频参数设置

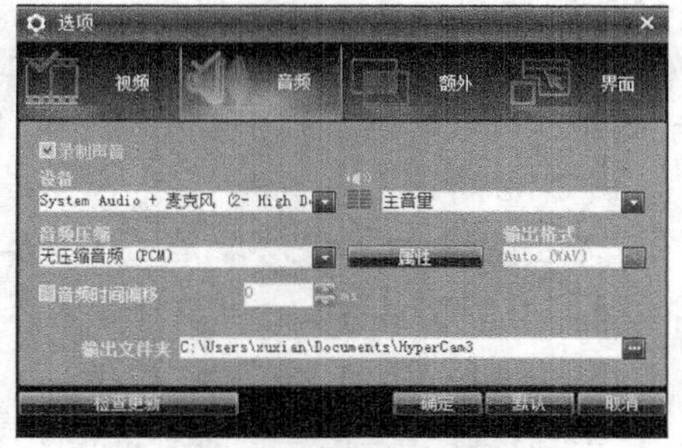

图 2-84 音频参数设置

④ 单击 额外 按钮打开额外参数设置界面，可以根据需要决定是否选中 捕获分层窗口 和 捕获鼠标指针 复选框。选中 单击添加星形 复选框，在录制视频时单击鼠标左键将出现星形符号，可以设置星形符号的颜色以及它的大小，单击 确定 按钮完成额外参数设置，如图 2-85

所示。

⑤ 单击[界面]按钮打开界面参数设置界面，设置“录制时 HyperCam 窗口最小化到任务栏”以方便操作，并设置“HyperCam 语言为简体中文”。用户可根据使用习惯设置快捷键，如表 2-4 和图 2-86 所示。

表 2-4　设置快捷键

命令	含义	默认快捷键
录音/暂停	用于设置录制的开始和结束的快捷键	F2
停止录制	用于设置暂停录制和继续录制的快捷键	F3
截图	在暂停模式时截取单帧图片的快捷键	F4

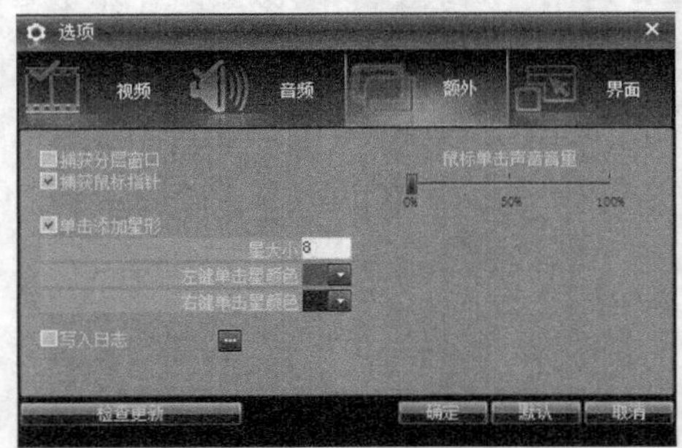

图 2-85　额外参数设置

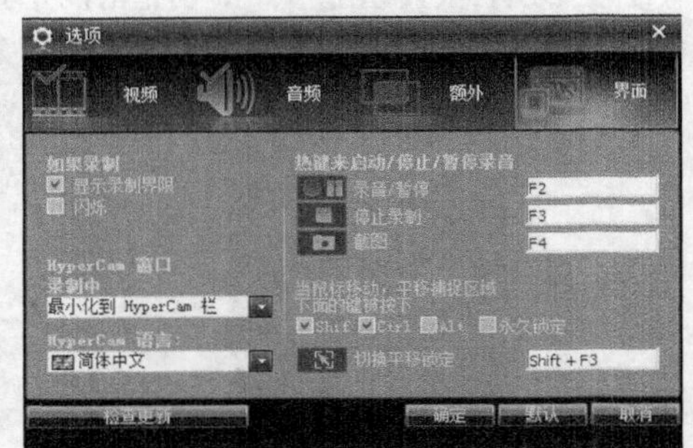

图 2-86　界面参数设置

要点提示

当快捷键与用户已使用的快捷键有冲突时，用户可以改变快捷键，如需修改【录音/暂停】快捷键，则单击[F2]文本框，删除 F2，重新输入快捷键命令即可。

（2）设置录制参数。

① 单击 HyperCam 主界面上的[录制]按钮，设置视频录制过程中的参数，如图 2-87 所示。

② 单击[区域]按钮，鼠标将变成十字光标，移动十字光标拖曳出一个红色的矩形框，矩形框的大小决定了录制视频的界面大小，如图 2-88 所示。

③ 单击[全屏幕]按钮，将以计算机显示屏为视频录制区域，可根据需要选择是否全屏幕，也可以通过输入坐标值获取视频录制区域，如图 2-89 所示。

④ 单击[窗口]按钮，在弹出的对话框中单击[选择窗口]按钮，鼠标变成一个蓝色的矩形框，它将自动捕捉现有的窗口。单击[▼]按钮，可以选择目前计算机运行的所有程序中的任意程序作为视频录制区域，如图 2-90 所示。

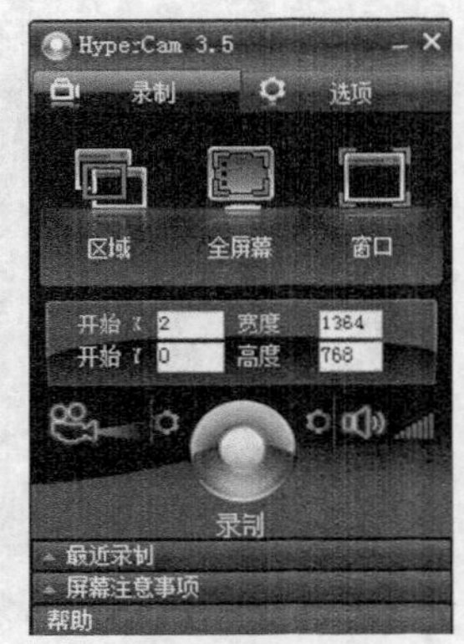

图 2-87　设置【录制】参数

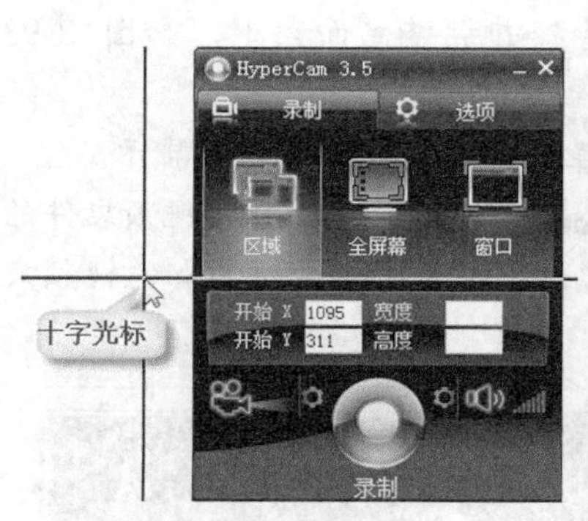

图 2-88 区域选择

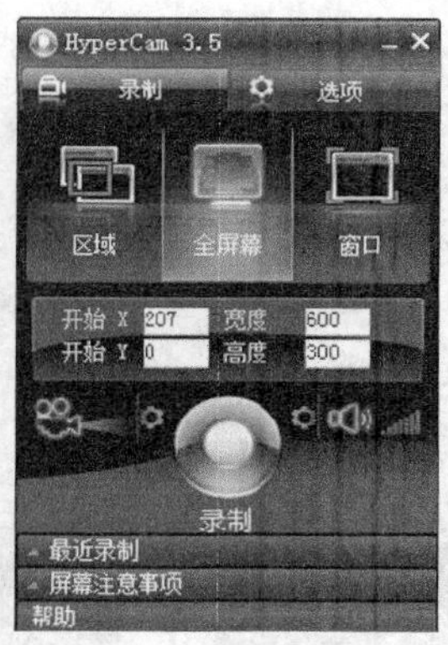

图 2-89 坐标输入

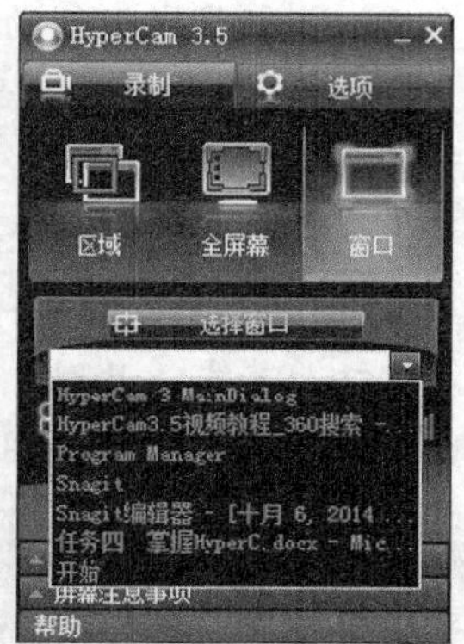

图 2-90 窗口选择

2.5.2 截取视频片断

下面将介绍使用 HyperCam 截取视频片断的方法。

操作步骤

（1）设置 Windows 系统。

为了达到最佳录像效果，最好对 Windows 做如下设置。

① 将显卡设置的【颜色质量】参数调整为“中（16 位）”而不是“高（32 位）”，因为两者的表现没有太大区别，而“高（32 位）”需要占据更多的系统资源。

② 系统中除了要录制的文件和 HyperCam 之外，不要运行任何程序。为了达到最佳效果，可以将 Windows 系统服务中不影响系统正常运行的所有服务关闭。

（2）播放要截取的视频材料。

① 启动 HyperCam，界面如图 2-91 所示。

② 选择要截取的视频文件，并进行播放操作，如图 2-92 所示。

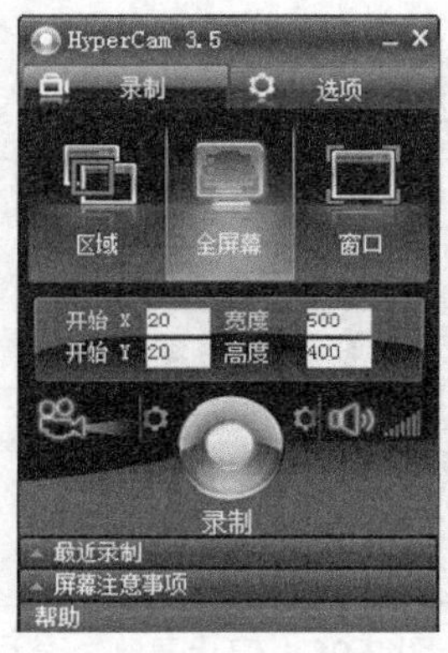

图 2-91 HyperCam 界面

图 2-92 播放视频

③ 按正常方式播放视频文件，同时关闭音频输出，使其不发声，目的是保证后面的录像过程不受干扰。

（3）进行截取视频的操作。

① 当视频文件播放到所需截取的位置时，按下暂停键并调整画面大小，如图 2-93 所示。

② 调出 HyperCam 窗口，调整其大小，尽量不要覆盖视频播放屏上的图像显示。

③ 在 HyperCam 界面上单击按钮，单击选择窗口按钮，再在播放视频文件的图像窗口上单击，此时，视频文件画面上会出现一个矩形框，其大小就是所截取的视频文件图形画面的大小，如图 2-94 所示。

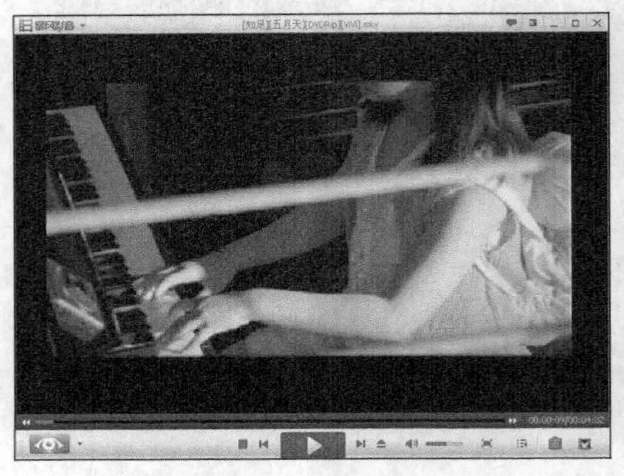

图 2-93　调整画面大小

图 2-94　选择窗口

要点提示

如果只想截取视频文件某一范围的画面，可单击 HyperCam 中的按钮，此时可以看到十字光标，先选择一个截取点单击，再按住鼠标左键不放拖曳到另一个点，框选的区域即为要截取画面的范围。

④ 单击暴风影音的播放按钮，使视频文件正常播放，同时单击 HyperCam 的按钮（或直接按设置的快捷键，默认为F2键），即可录制视频文件中的媒体文件，如图 2-95 所示。

⑤ 当要停止某片断的录制时，只需单击 HyperCam 中间的按钮（或直接按设置的快捷键，默认为F2键），如图 2-96 所示。

图 2-95　开始录制

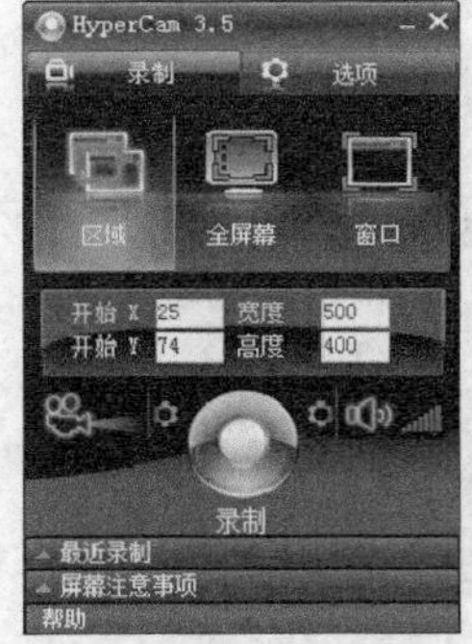

图 2-96　停止录制

⑥ 停止播放视频，这样使用 HyperCam 录制的 AVI 文件就完成了。

⑦ 展开 HyperCam 界面下方的最近录制卷展栏，选中刚刚录制的视频，单击播放按

钮，就可以预览播放效果了。此时，要记下 HyperCam 自动形成的动画文件名，一般为 Clip0001.AVI，随着动画文件的增多，系统会自动将其文件名递增，分别为 Clip0002.AVI、Clip0003.AVI……依此类推。

⑧ 选中所录制的视频，单击 编辑 按钮，可以再次对视频进行适当的修剪编辑。

习题

一、简答题

1. 在使用酷我音乐盒时如何显示歌词？
2. 什么是暴风影音的左眼功能？有何用途？
3. 简要说明格式工厂的主要用途。
4. 如何使用 PPLive 收看体育比赛直播节目？
5. 使用 HyperCam 捕捉视频时，如何设置捕捉区域的大小？

二、操作题

1. 练习使用酷我音乐盒来管理并播放计算机上的音乐。
2. 练习使用暴风影音来管理并播放计算机上的视频。
3. 练习使用格式工厂对指定文件进行格式转换。
4. 练习使用 PPLive 收看一档喜爱的卫视节目。
5. 练习使用 HyperCam 从一部电影中捕捉一个视频片段。

第 3 章 文档翻译工具

计算机的诞生和发展促进了人类社会的进步和繁荣，作为信息科学的载体和核心，计算机科学在知识时代扮演了重要的角色。目前，行政机关、企事业单位中广泛使用各类文档类和翻译类工具软件，以便全面、迅速地收集、整理、加工、存储和使用信息，从而改变过去复杂、低效的手工办公方式。本章将会介绍 5 款文档和翻译工具，掌握它们的基本用法之后，会让整理工作变得更加轻松。

学习目标

- 掌握 PDF 阅读工具——Adobe Reader 的使用方法。
- 掌握数字图书阅览器——SSReader 的使用方法。
- 掌握词典工具——金山词霸 2016 的使用方法。
- 掌握快速翻译工具——金山快译的使用方法。
- 掌握词典与文本翻译工具——灵格斯翻译家的使用方法。

3.1 PDF 文档阅读工具——Adobe Reader

PDF（Portable Document Format，便携式文档格式）是 Adobe 公司开发的一种电子文档格式，它不依赖于硬件、操作系统和创建文档的应用程序，这一特点使它成为在 Internet 上进行电子文档发行和数字化信息传播的理想文档格式。

Adobe Reader 是查看、阅读和打印 PDF 文档的最佳工具，并且它是免费的。随着 PDF 文档的流行，Adobe Reader 也越来越受到人们的青睐。本节将以 Adobe Reader 19.0.0 版本为例进行详细介绍。

3.1.1 阅读 PDF 文档

使用 Adobe Reader 阅读 PDF 文档十分方便，随着 Adobe Reader 版本的升级，更多的人性化设计被加入其中，如对文字和图片可以进行不同的选择操作等。

在 Adobe Reader 中阅读 PDF 文档的效果如图 3-1 所示。

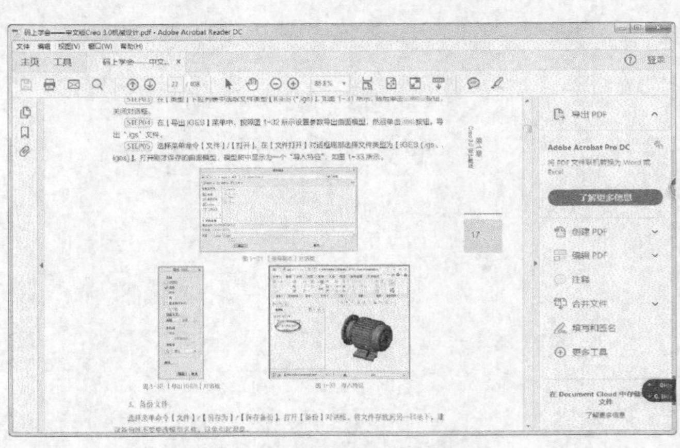

图 3-1 阅读 PDF 文档

操作步骤

启动 Adobe Reader，进入其操作界面，如图 3-2 所示，然后进行以下操作。

图 3-2　Adobe Reader 操作界面

（1）从 Adobe Reader 中打开 PDF 文档。

① 执行【文件】/【打开】选项，弹出【打开】对话框。

② 选中要打开的 PDF 文件。

③ 单击 打开(O) 按钮打开 PDF 文档。其操作过程如图 3-3 所示，打开的文档如图 3-4 所示。

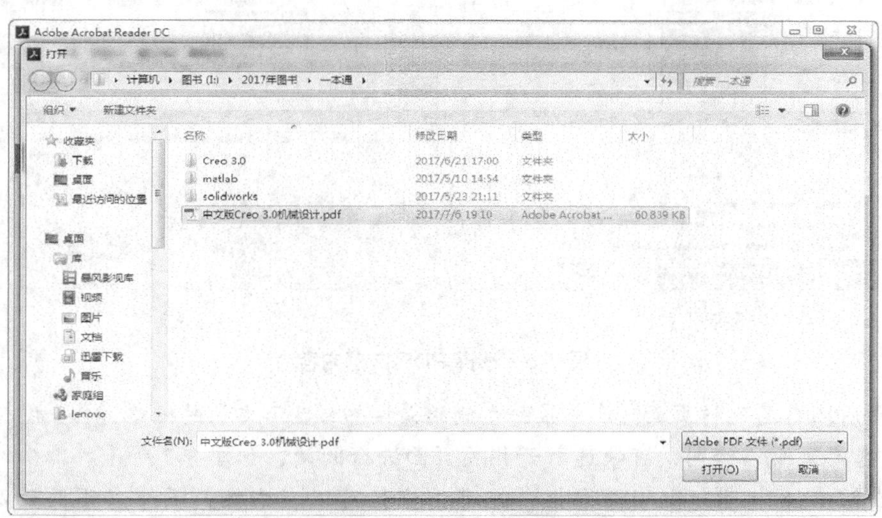

图 3-3　从 Adobe Reader 中打开 PDF 文档

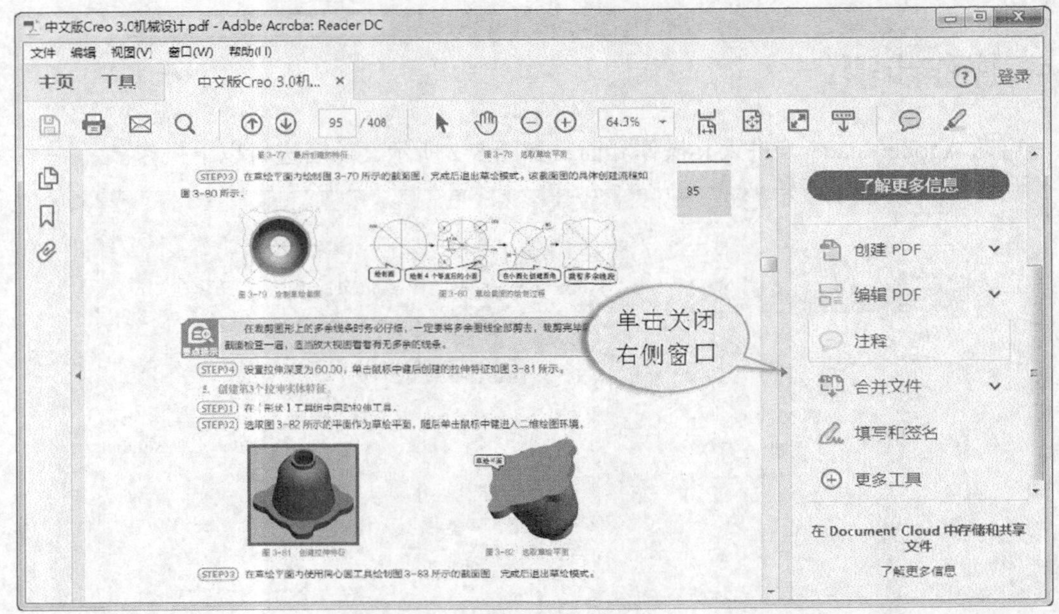

图 3-4　打开的文档

（2）阅读 PDF 文档。

① 阅读 PDF 文档时，可以使用鼠标选择图片和文字，如图 3-5 所示。这个功能可以提高阅读的指示性。

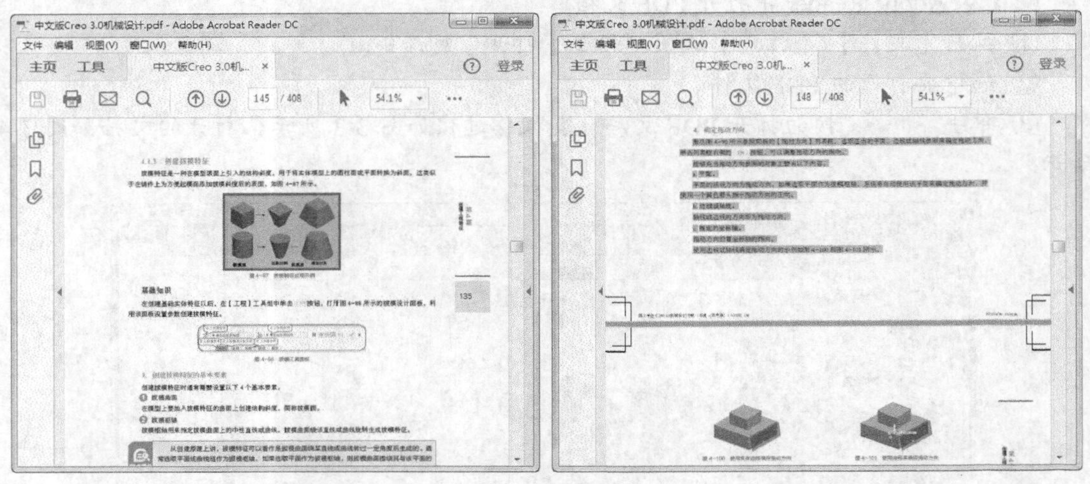

图 3-5　选择 PDF 文档内容

② 使用缩略图跳转页面。单击界面左侧的按钮，显示文档的缩略图，如图 3-6 所示。单击选定页面缩略图，可快速打开相关页面进行阅读，如图 3-7 所示。

③ 在缩略图中有一个矩形方框，拖动该方框可以在右侧页面中实现页面浏览，如图 3-8 所示。

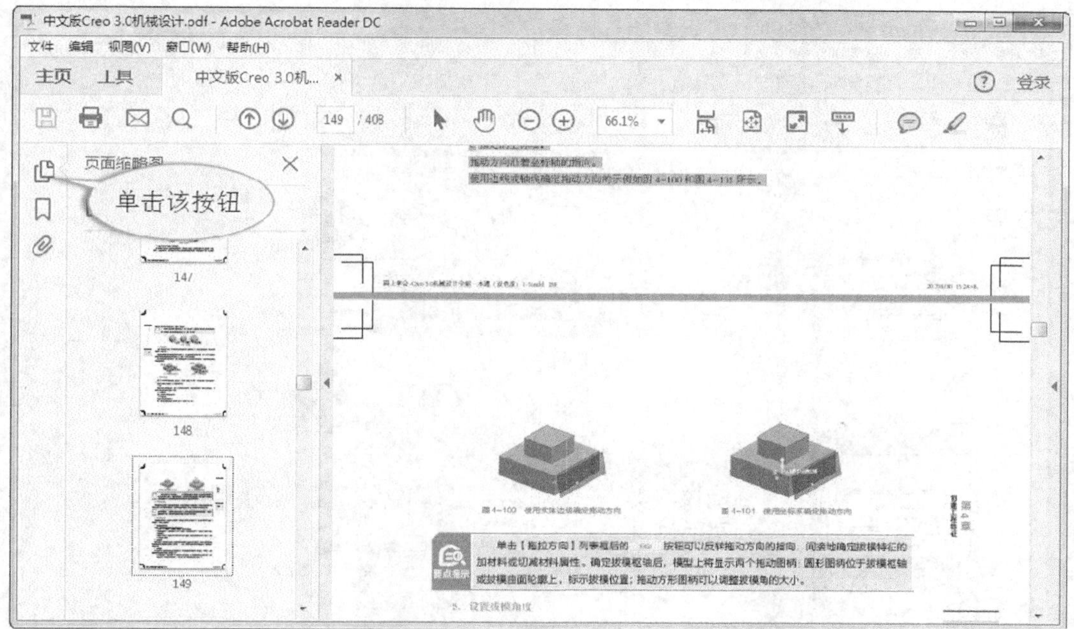

图 3-6　显示文档目录

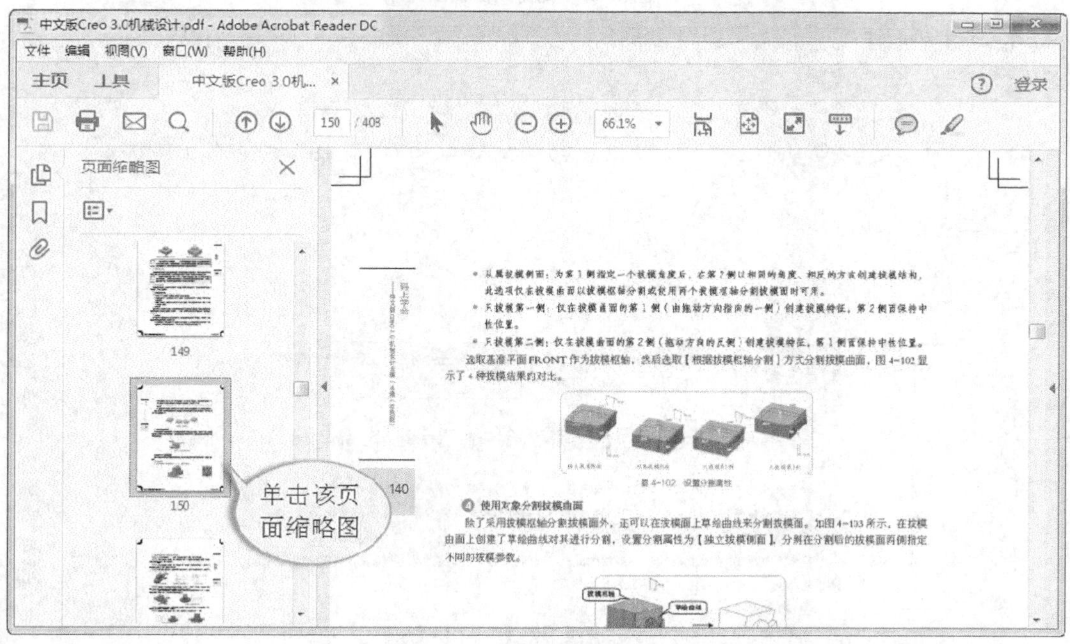

图 3-7　阅读指定页面

要点提示

也可以在顶部工具栏中滚动页面文本框中输入要定位的页码，然后按 Enter 键即可定位到该页面，如图 3-9 所示。但是此时定位的页面可能与页码编号不一致，因为 PDF 文档的页码通常从正文开始编号，并不包含目录等页面。

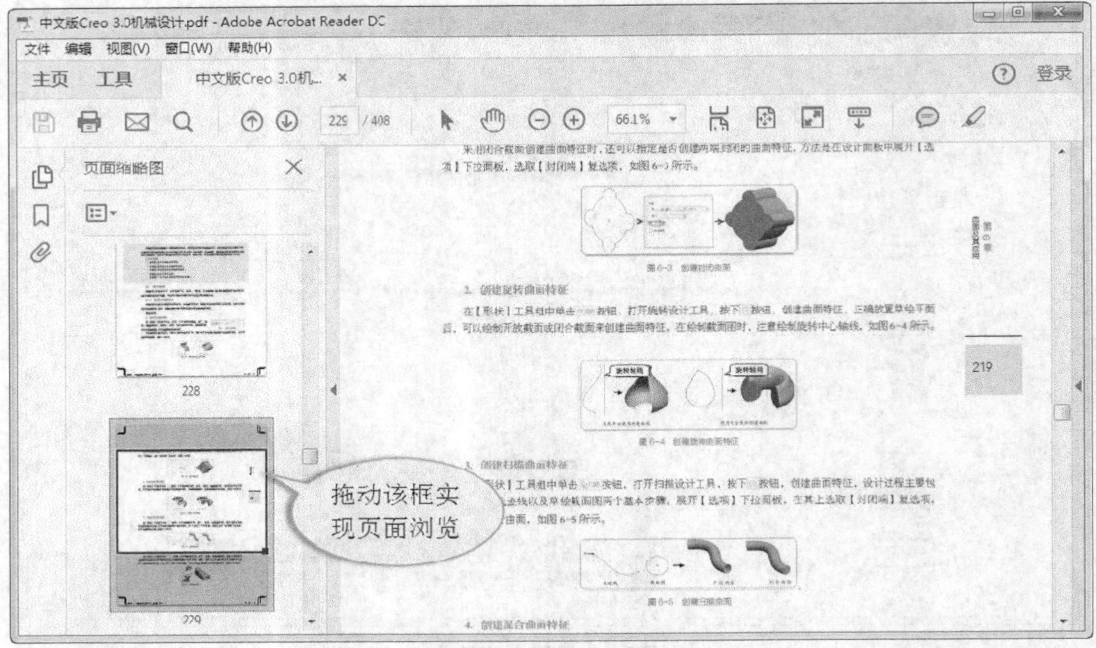

图 3-8　实现页面浏览

图 3-9　定位页码

④ 单击工具栏中的⊖按钮和⊕按钮，可缩小和放大文档内容，图 3-10 所示为将文档缩小和放大显示的效果。

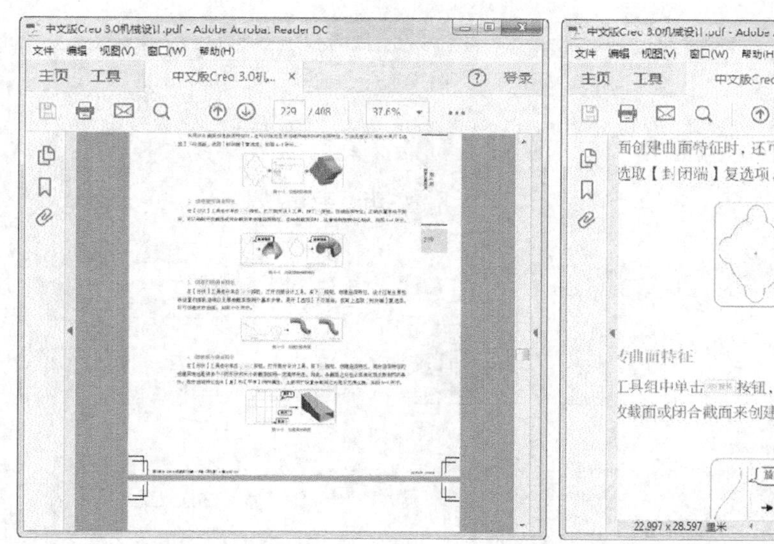

缩小显示

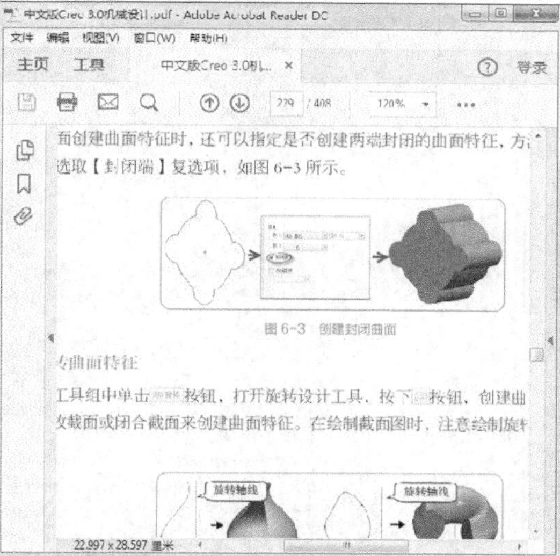

放大显示

图 3-10　缩小和放大显示文档

⑤ 使用三键鼠标时，可使用鼠标滚动键滚动页面，或者单击页面导览工具栏上的㊤按钮和㊦按钮进行翻页，如图 3-11 所示。

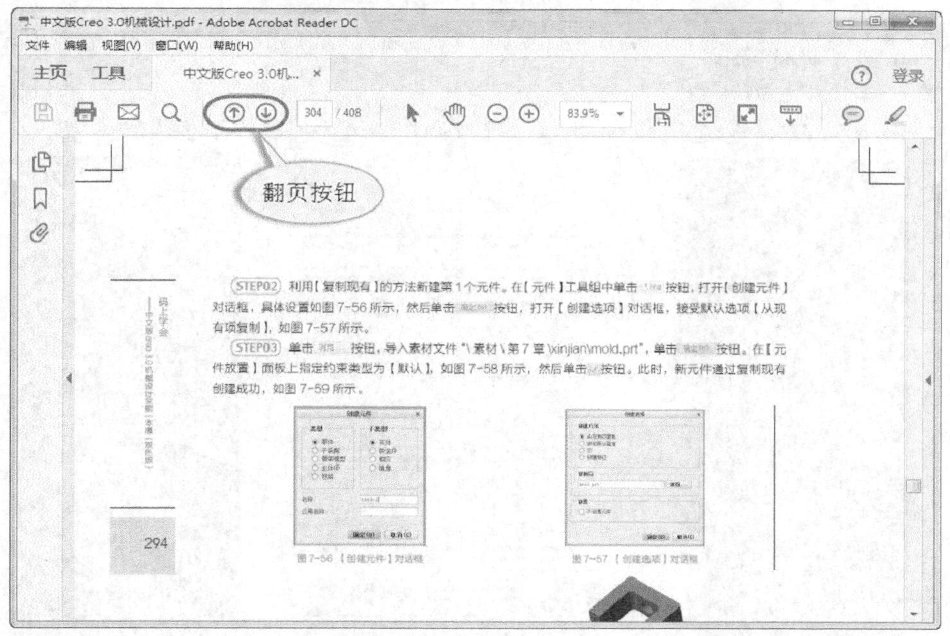

图 3-11　使用翻页按钮

要点提示

使用放大或缩小文档不容易获得最佳阅读效果，这时可以单击工具栏上的（适合窗口宽度并启用滚动）按钮或（适合一个整页至窗口）按钮。前者可以调整页面宽度与窗口宽度一致，并可以通过滚动鼠标来滑动页面，如图 3-12 所示。后者则可以将整个页面在窗口中显示出来，如图 3-13 所示。

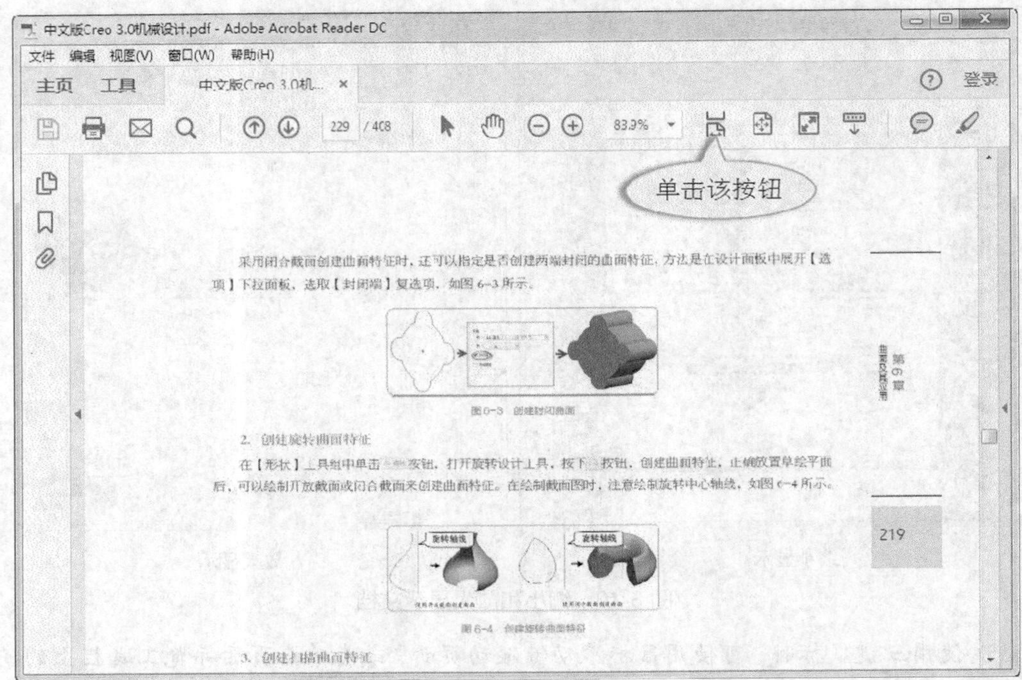

图 3-12　适合窗口宽度并启用滚动

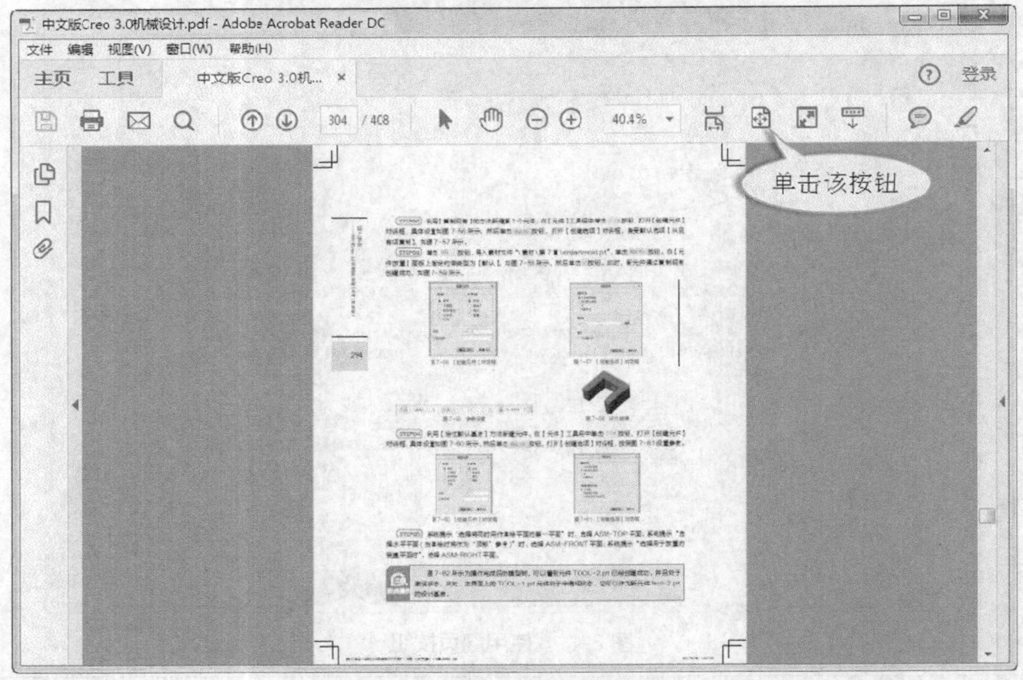

图 3-13　适合一个整页至窗口

⑥ 在菜单中选择【视图】/【阅读模式】命令，此时可以获得简洁的阅读界面，并且在界面底部出现浮动工具栏，方便实现文档操作，如图 3-14 所示。按 Esc 键可退出阅读模式。

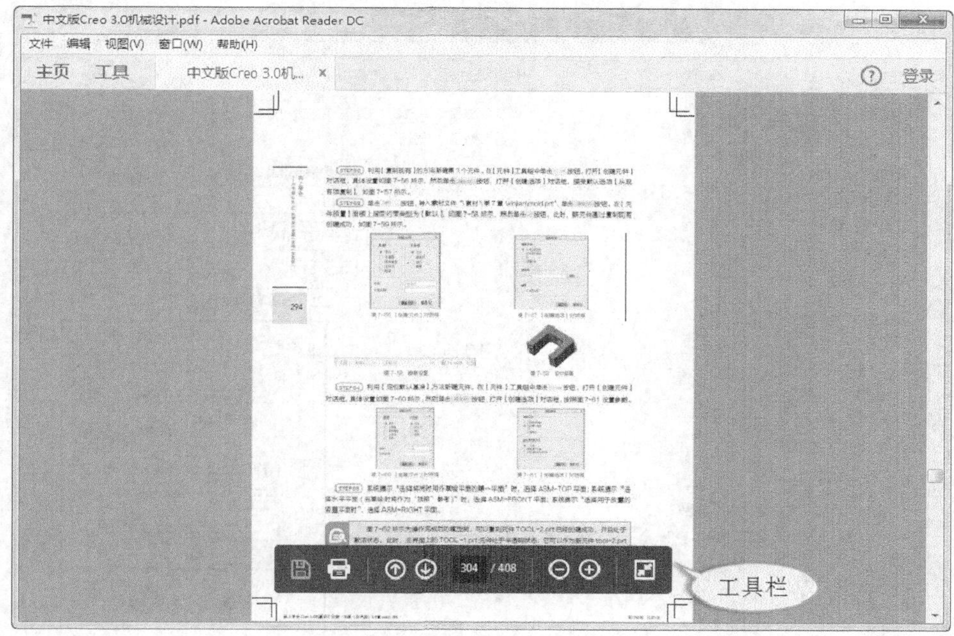

图 3-14　阅读模式

⑦ 在菜单中选择【视图】/【全屏模式】命令，此时进入全屏阅读模式，此时界面元素更简洁，滚动鼠标即可翻页，如图 3-15 所示。按 Esc 键可退出全屏模式。

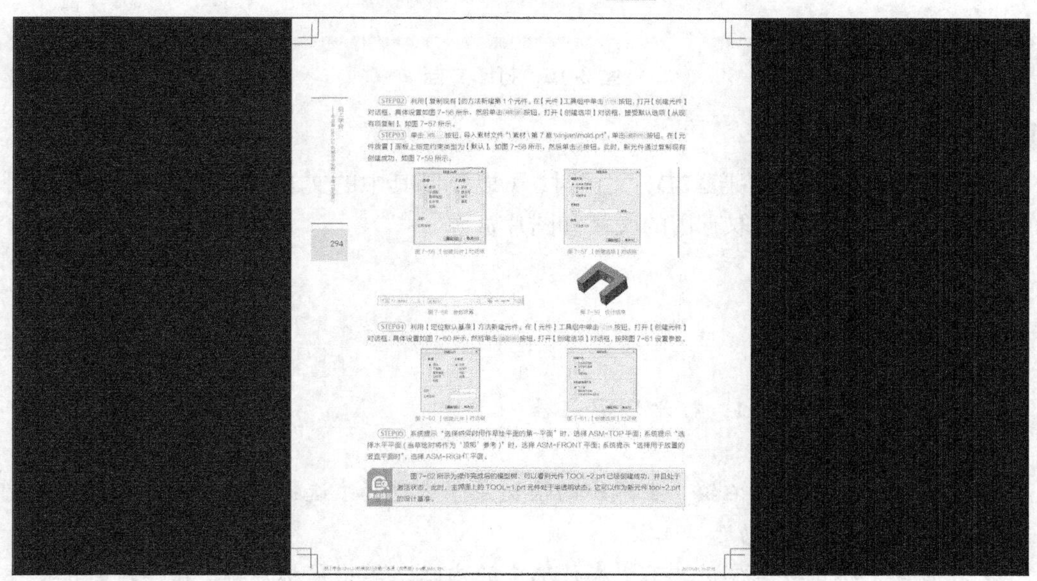

图 3-15　全屏模式

（3）打印文档。

① 单击工具栏上的 按钮，弹出【打印】对话框。

② 设置打印机、打印范围和打印份数等。

③ 单击 打印 按钮即可打印文档，其操作过程如图 3-16 所示。

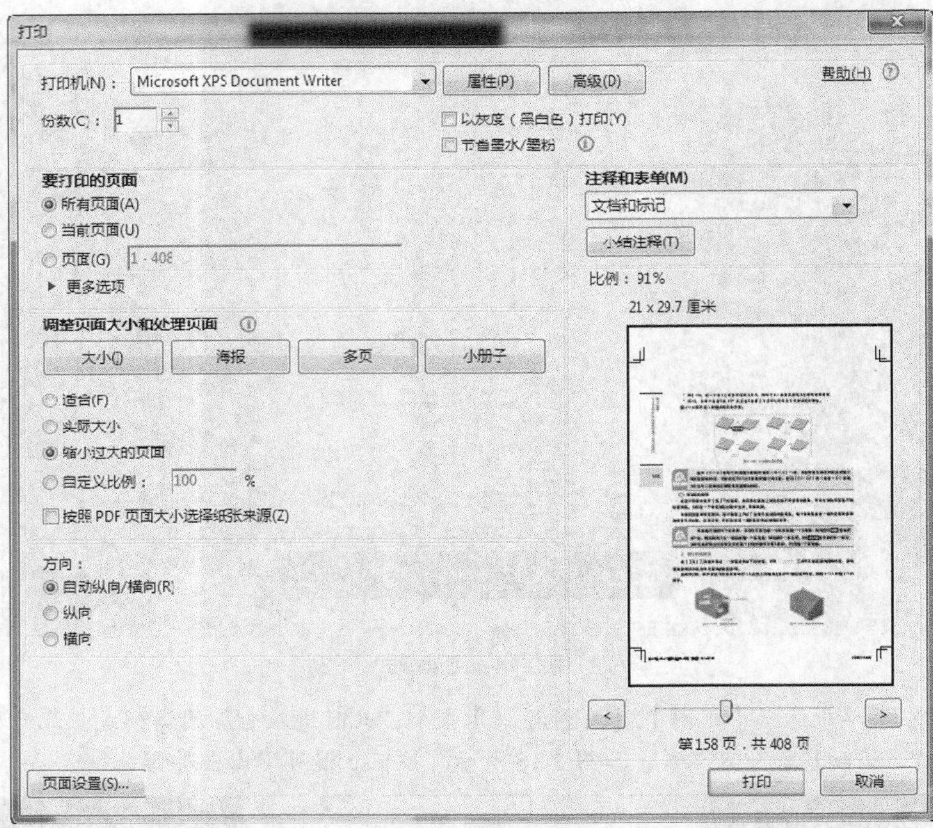

图 3-16　打印文档

3.1.2　复制文档内容

在使用 Adobe Reader 阅读 PDF 文档时，可以复制其中的文本和图片对象，该功能可以方便用户从 PDF 文档中获取有用的文字和图片资源。

操作步骤

（1）启动 Adobe Reader，打开 PDF 文档。

（2）复制文档内容。

① 在页面上单击鼠标右键，在弹出的快捷菜单中选择【选择工具】命令；或者，也可单击工具栏中的 按钮启动选择工具。

② 在页面上框选要复制的内容，在被选中的内容上单击鼠标右键。在弹出的快捷菜单中选择【复制】命令，如图 3-17 所示。

要点提示

图片的复制可使用同样的方法，复制完成后即可将文本或图片粘贴到其他地方。由于 PDF 文档是纯粹的只读文件，也是一种复杂的文件格式，因此，Adobe Reader 提供的编辑功能并不强大。

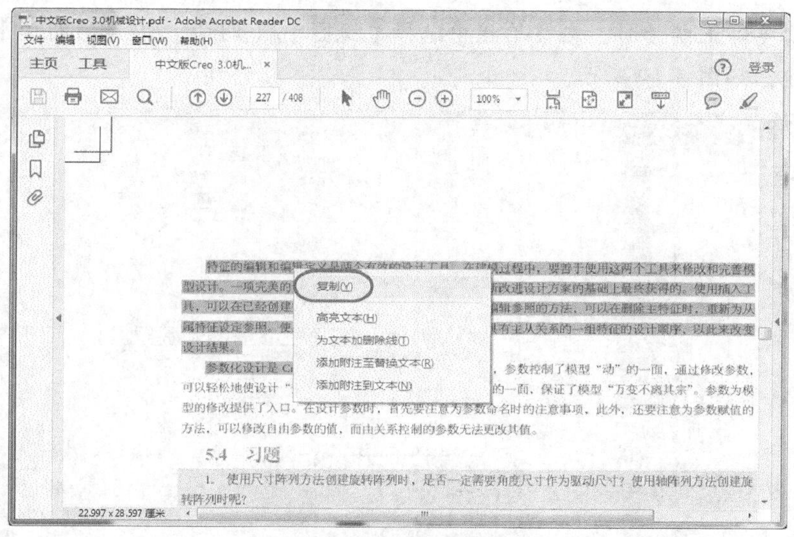

图 3-17 复制文档内容

3.1.3 使用朗读功能

Adobe Reader 提供了语音朗读功能，而且操作十分方便，这个功能对于有特殊需求的用户非常有用。

操作步骤

（1）启动 Adobe Reader，打开 PDF 文档。

（2）在菜单栏中选择【视图】/【朗读】/【启用朗读】命令，如图 3-18 所示。单击指定文本，即可开始朗读选定的文本。

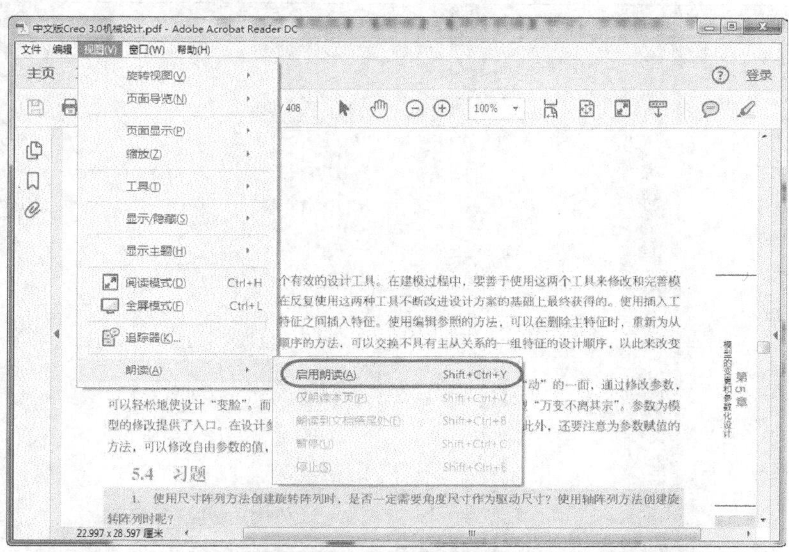

图 3-18 启动朗读功能

（3）当需要停止朗读时，在菜单栏中选择【视图】/【朗读】/【停用朗读】命令，即可停用朗读功能，如图 3-19 所示。

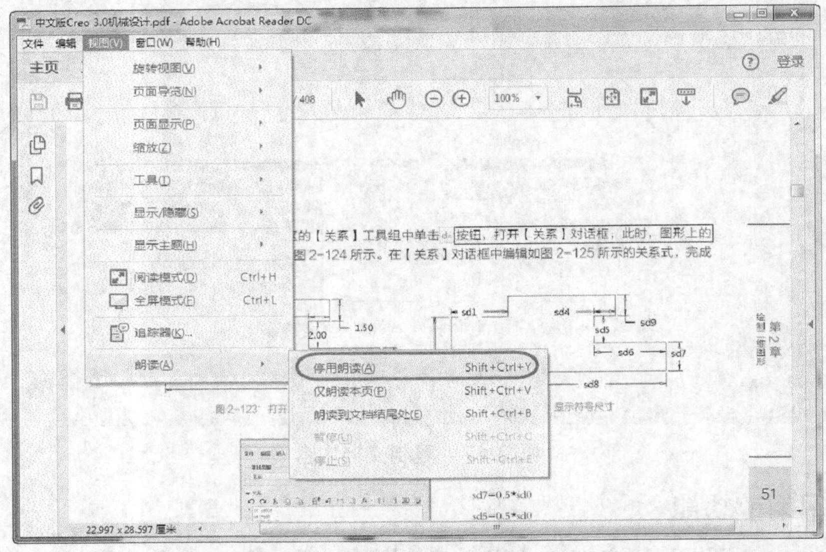

图 3-19　停止朗读

3.1.4　创建注释

Adobe Reader 阅读文档时可以根据需要创建注释。

操作步骤

（1）在页面顶部【工具】选项卡中单击【注释】按钮，启动注释功能，如图 3-20 所示。

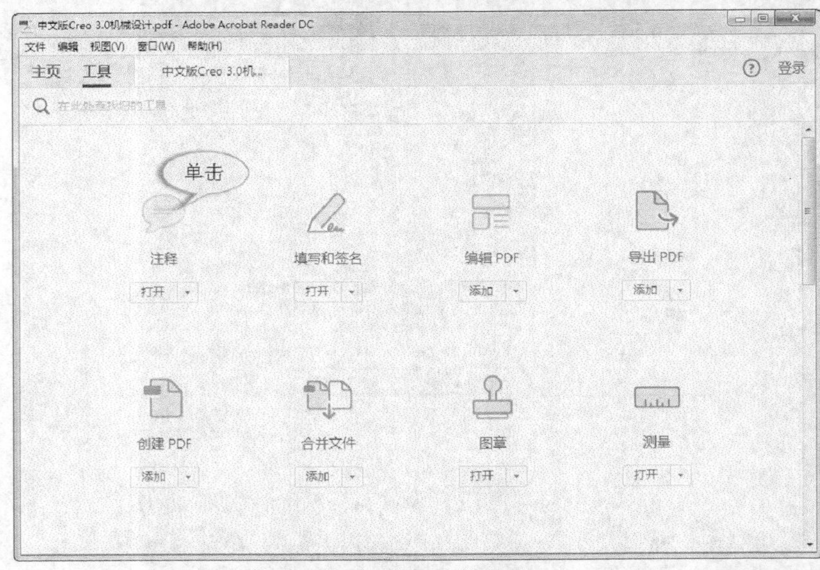

图 3-20　启动注释功能

（2）在工具栏中单击💬按钮，打开注释文本框，输入注释内容，单击 发布 按钮发布注释，如图3-21所示。

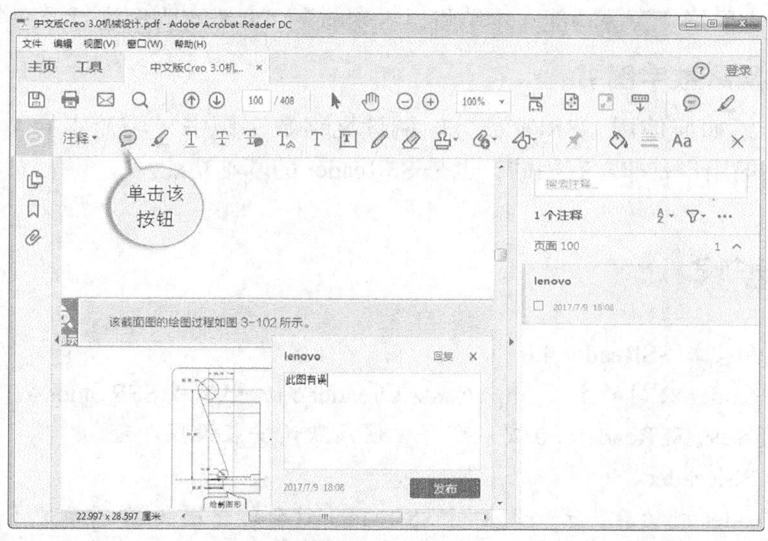

图3-21　创建注释

（3）创建完成后，页面上会有一个注释图标💬，如图3-22所示。可以按住鼠标左键拖动其位置，也可双击该图标重新编辑注释，还可以选中该图标后按 Delete 键删除注释。

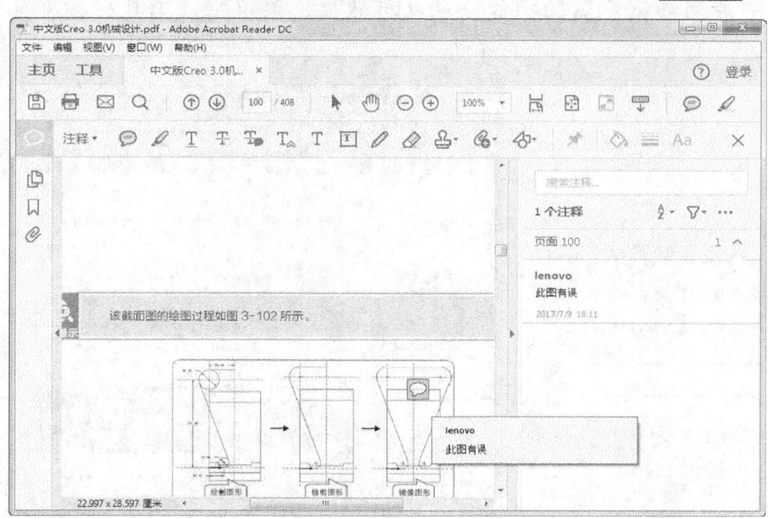

图3-22　编辑注释

3.2 数字图书阅览器——超星阅览器

现在，全国各大图书馆都提供了海量的数字化图书，使用超星图书阅览器SSReader阅读此类图书已成为快速查找资料、获取信息的首选方式之一。

SSReader是超星公司拥有自主知识产权的数字图书阅览器，是专门针对数字图书的阅览、下载、打印、版权保护和下载计费而研究开发的。利用它可以阅读网上由全国各大图书馆提供的总量超过35万册的数字图书。除了阅读电子图书外，超星阅览器还具有扫描资料、采集及整理网络资源等功能。本节将以SSReader 4.0版本为例进行详细介绍。

3.2.1 阅读网络数字图书

下面将介绍如何使用 SSReader 4.0 阅读网络数字图书《聊斋志异》。此操作对于SSReader的一般用户是非常有用的，也是SSReader的基本功能。

操作步骤

（1）下载和安装SSReader 4.0。

① 从SSReader公司的主页http://www.ssreader.com中下载SSReader 4.0的安装包。

② 运行下载的SSReader 4.0安装程序，使用默认安装设置即可。

（2）启动SSReader。

安装SSReader成功后，第一次运行SSReader时会弹出图3-23所示的【用户登录】对话框。由于在本节中不需要注册便可使用，因此这里单击 取消 按钮。

（3）认识主界面。

进入主程序后，阅览区会自动加载SSReader的主界面，如图3-24所示。超星阅览器的主界面具有一般网络浏览器的功能，包括标题栏、菜单栏、工具栏、浏览区和窗口下部的任务栏。

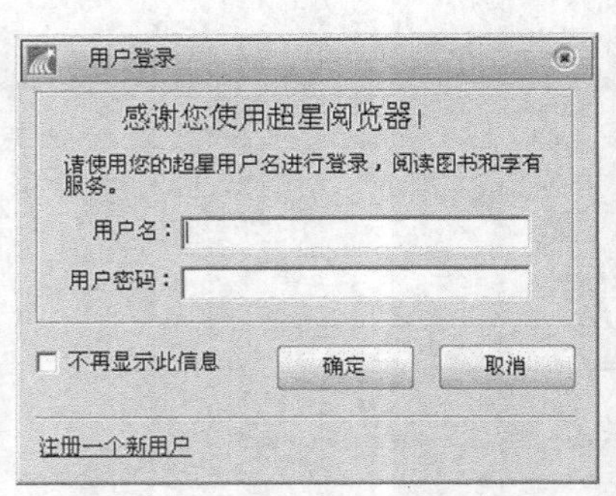

图3-23 【用户登录】对话框

图3-24 SSReader主界面

（4）查找数字图书。

① 在SSReader的浏览区中选择【免费阅览室】选项卡，进入免费阅览室，如图3-25所示。

② 在【图书搜索】栏中输入“聊斋志异”，选择搜索类型为“免费图书”，如图3-26所示。

图 3-25　进入免费阅览室

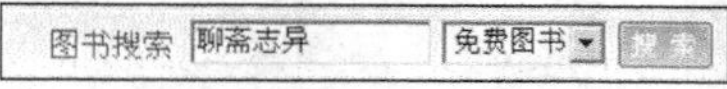

图 3-26　设置搜索条件

③ 单击搜索按钮开始搜索，完成搜索后，页面自动转至搜索结果页面，在这里可以看到搜索到的资源，如图 3-27 所示。

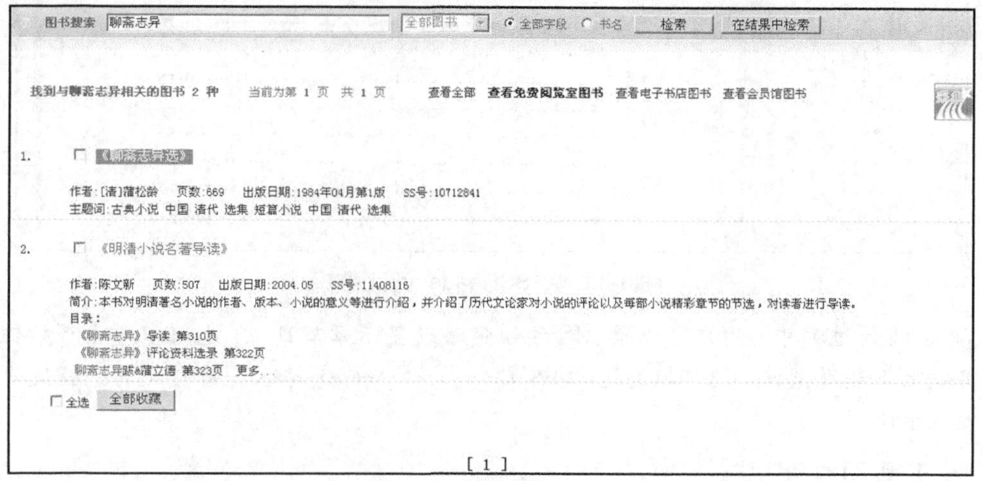

图 3-27　搜索到的结果

④ 经过判断，搜索结果《聊斋志异选》是要找的数字图书。单击《聊斋志异选》超链接，进入《聊斋志异选》页面，如图 3-28 所示。在这里可以选择下载服务器和阅读工具。

⑤ 单击阅览器阅读(电信)按钮，弹出图 3-29 所示的【正在连接服务器】对话框。如果读者中途要停止连接下载资源，则可以单击停止按钮。

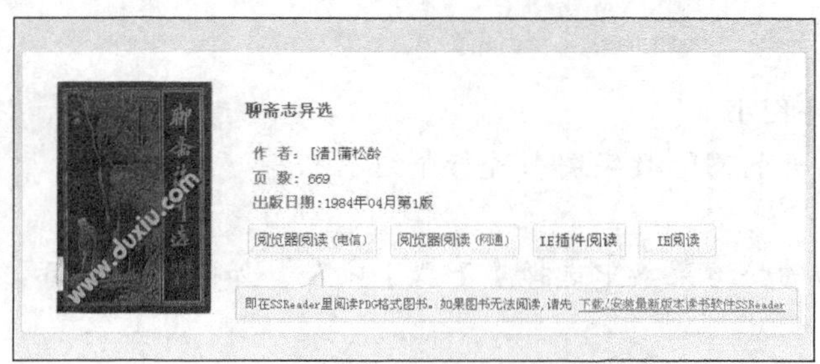

图 3-28　选择阅读方式

图 3-29 【正在连接服务器】对话框

⑥ 连接服务器成功后，阅览器将自动把服务器端的数字图书下载到本地磁盘，并使用SSReader解析出来，成为读者可以阅读的数字图书，如图3-30所示。当前页面左边为图书的章节目录，右边为正文。

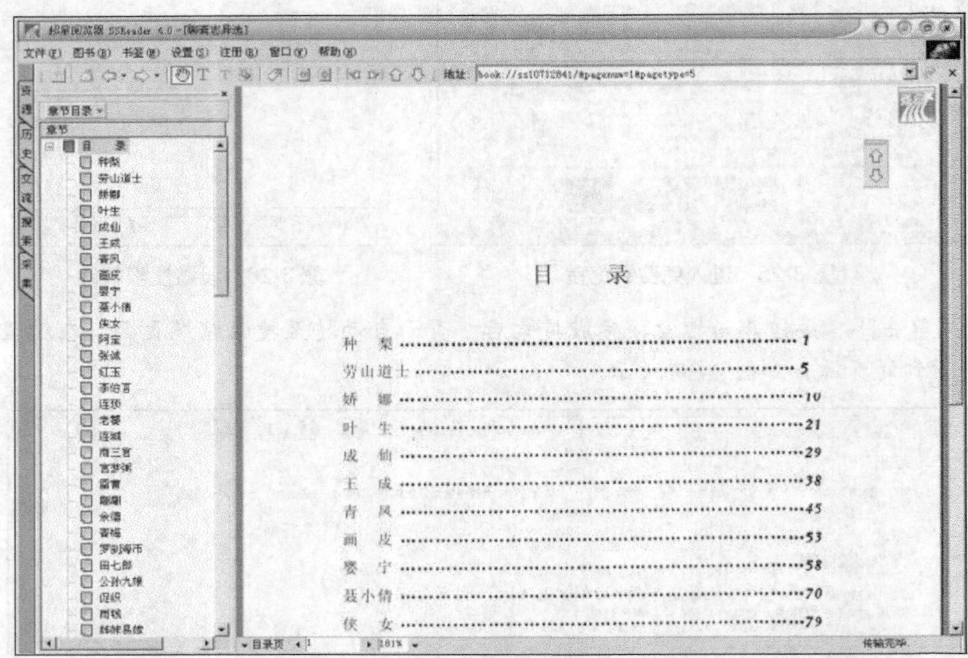

图3-30 用SSReader阅读图书

⑦ 在阅读过程中，用户可以单击按钮隐藏或显示章节目录，也可以单击按钮和按钮实现上下翻页操作，还可以通过 目录页 1 181% 1 输入框直接跳转到指定页和调整正文显示比例。

3.2.2 下载网络图书

在使用SSReader阅读网络数字图书的同时，用户也可以使用SSReader的下载功能，将网络数字图书下载到本地，并使用SSReader合理地管理下载的资料。这项功能对有的读者来说非常有用，下面将介绍这一功能。

操作步骤

（1）使用SSReader打开网络数字图书。

这里直接使用前一小节中已经打开的网络数字图书进行介绍。

（2）选择下载功能。

在正文上单击鼠标右键，在弹出的快捷菜单中选择【下载】命令，如图3-31所示。

（3）设置下载参数。

① 选择【下载】命令，打开【下载选项】对话框，如图3-32所示。

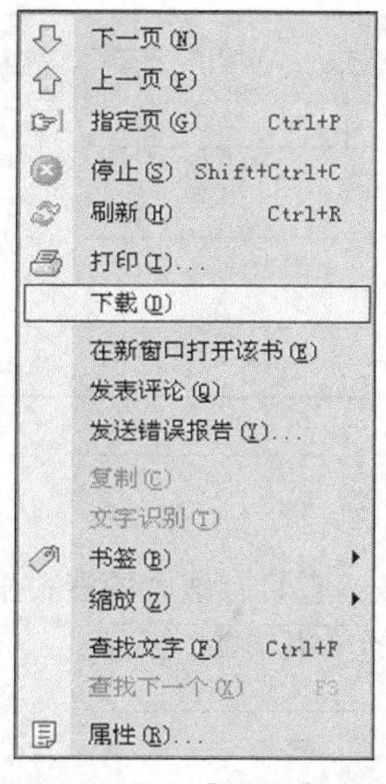

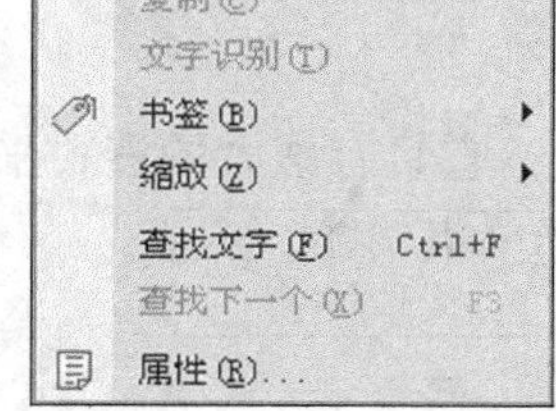

图 3-31　选择【下载】命令

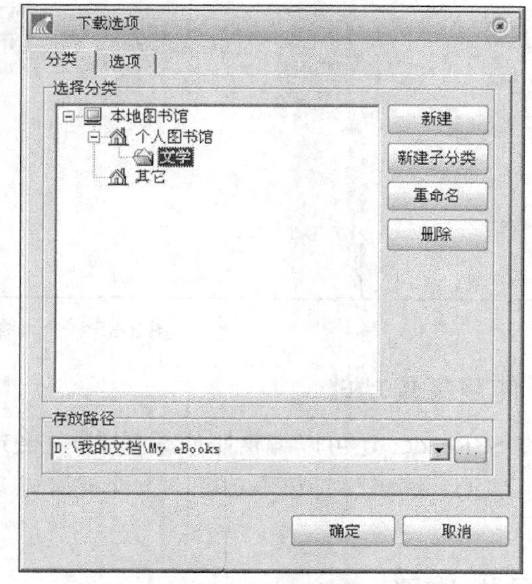

图 3-32　【下载选项】对话框

② 在【下载选项】对话框的【分类】选项卡中可以保持默认设置，切换到【选项】选项卡，如图 3-33 所示。在此选项卡中，可以设置书名、总页数、使用代理等参数。选中【下载整本书】单选按钮进行整本书的下载，书名保持默认即可。

③ 单击 确定 按钮，弹出【正在连接服务器】对话框，如图 3-34 所示。读者可单击 停止 按钮终止下载。

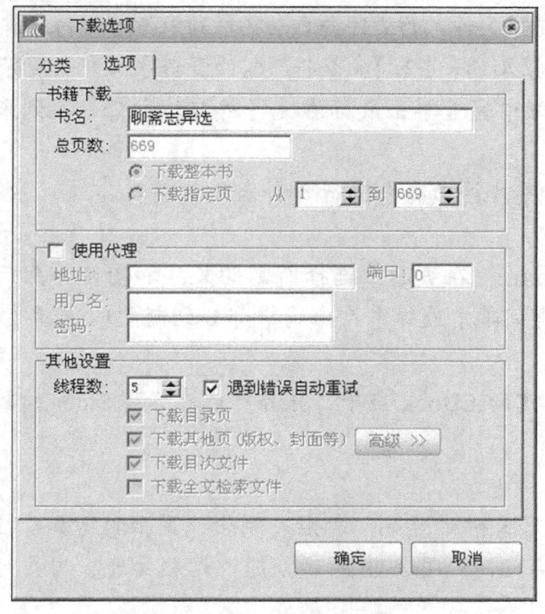

图 3-33　【选项】选项卡

图 3-34　【正在连接服务器】对话框

④ 下载完成后，打开【资源】/【本地图书馆】/【个人图书馆】/【文学】目录，可在 SSReader 窗口右侧找到刚才下载的《聊斋志异选》的相关信息，如图 3-35 所示。

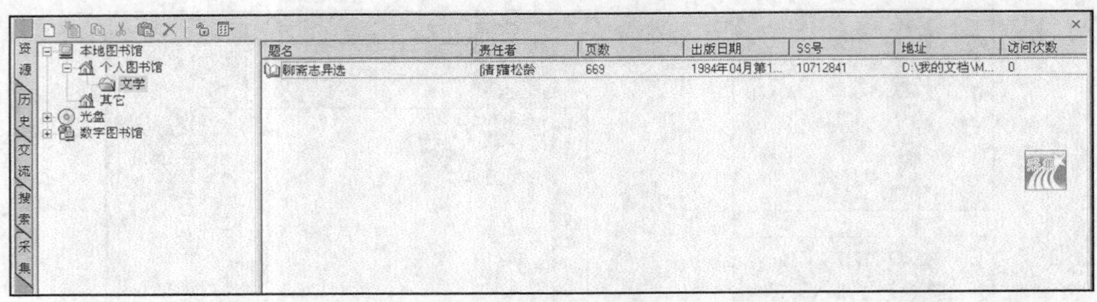

图 3-35　个人图书馆

3.2.3　使用采集功能

通过 SSReader 还可以编辑制作超星 PDG 格式的 EBook，它具有强大的资料采集、文件整理、加工、编辑、打包等功能。下面将讲述 SSReader 的采集功能。

操作步骤

（1）新建 EBook。

启动 SSReader，在菜单栏中选择【文件】/【新建】/【EBook】命令，如图 3-36 所示。

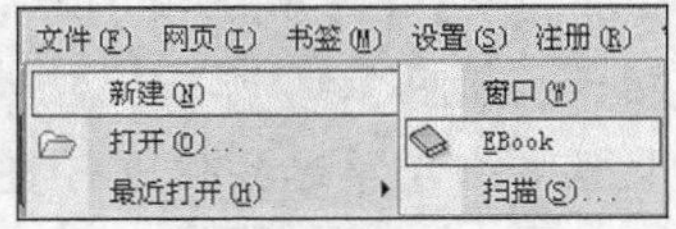

图 3-36　新建 EBook

（2）认识采集方式。

① 把所需的文件，如 Web 文件（.html、.htm）、Word 文件（.doc）、纯文本文件（.txt）、图片文件（.jpg、.gif、.bmp）等拖入到图标中，拖入的文件会自动插入到采集窗口的当前页中。

② 在阅读数字图书时，可以通过快捷菜单的【导入】命令将所需的资料导入到采集窗口中。

③ 当浏览网页时，也可以在 IE 窗口中通过单击鼠标右键将所需的资料导入到采集窗口中，如图 3-37 所示。

④ 通过采集提供的插入文件、插入图片等功能来进行资料采集与整理。

（3）使用采集功能。

① 打开网址“http://www.ssreader.com”，在页面上选择所需的文字和图片，然后在选中的内容上单击鼠标右键，在弹出的快捷菜单中选择【导出选中部分到超星阅览器】命令，如图 3-38 所示。

② 这样就可以把选中部分导入到新建的 EBook 当中，并且可以在 SSReader 的阅览区中看到刚才导入的内容，如图 3-39 所示。

（4）编辑 EBook。

在 EBook 的编辑中，SSReader 提供了文件的复制、粘贴、删除，页面的增加、插入等功能。这些操作都可以通过右键菜单来实现，如图 3-40 所示。通过这些功能，用户可以轻松完成 EBook 的编辑。

（5）保存 EBook。

编辑完成后，单击按钮，打开【图书另存为】对话框，输入要保存的文件名，如图 3-41 所示。设置完成后，单击 保存(S) 按钮就可以将编辑好的文件制作成超星 EBook 了。

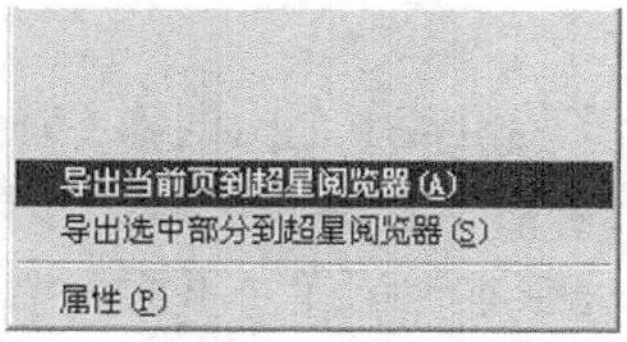

导出当前页到超星阅览器 (A)
导出选中部分到超星阅览器 (S)
属性 (P)

图 3-37 IE 右键导入

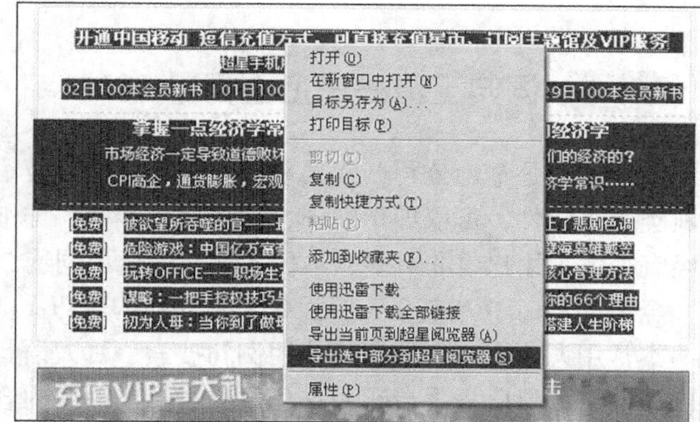

图 3-38 选择【导出选中部分到超星阅览器】命令

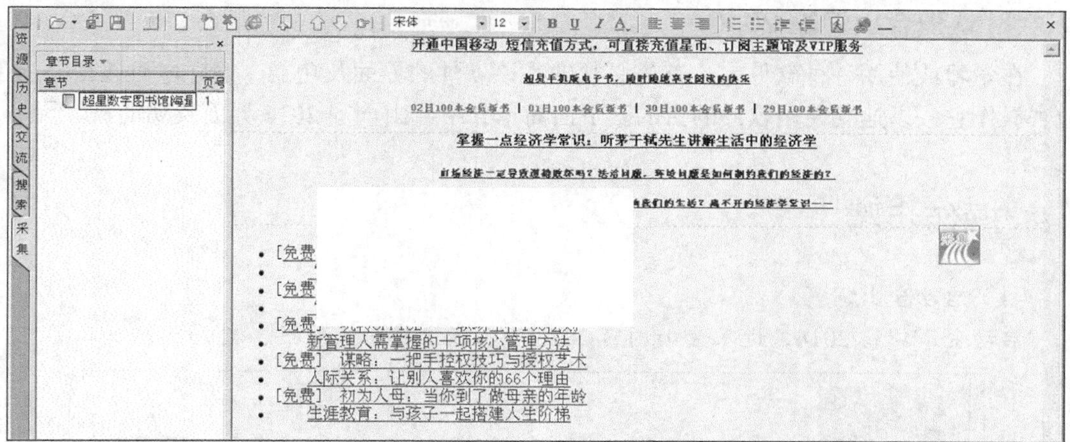

图 3-39 阅览区中的内容

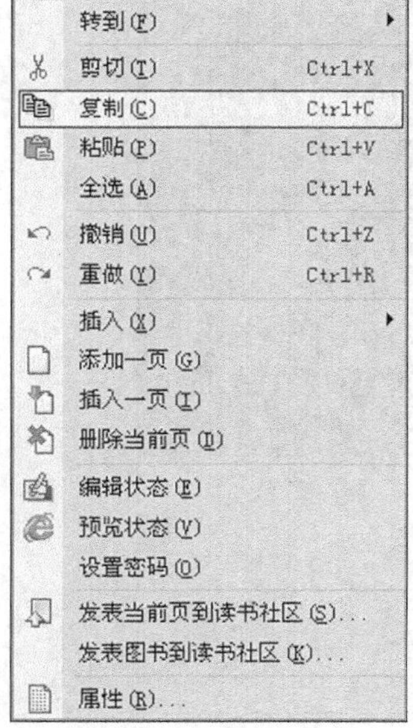

图 3-40 右键菜单

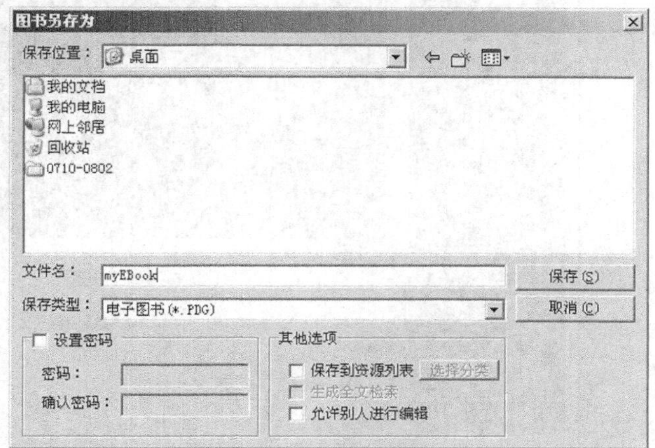

图 3-41 保存设置

3.3 词典工具——金山词霸 2016

金山词霸是金山公司开发出来的一款用于学习英语的翻译工具，是一款多功能的电子词典类工具软件，可以即指即译，能快速、准确、详细地查词。金山词霸发行至今的版本已经有很多，用户也非常多，本任务将介绍金山词霸 2016 版。

金山词霸 2016 PC 个人版强化了互联网的轻巧灵活应用，安装包含了金山词霸主程序及两本常用词典，可联网免费使用例句搜索、真人语音及更多网络词典。同时，金山词霸提供了网络词典服务平台，用户也可以通过下载新内容不断地完善本地词库。下面介绍其用法。

3.3.1 认识金山词霸 2016

在学习或使用一种软件前，首先必须熟悉该软件的界面及功能，这样才可以得心应手地去操作它，以达到使用软件的目的。下面简单介绍金山词霸 2016 界面及功能。

操作步骤

（1）启动金山词霸。

启动金山词霸 2016，进入金山词霸 2016 个人版主界面，如图 3-42 所示。

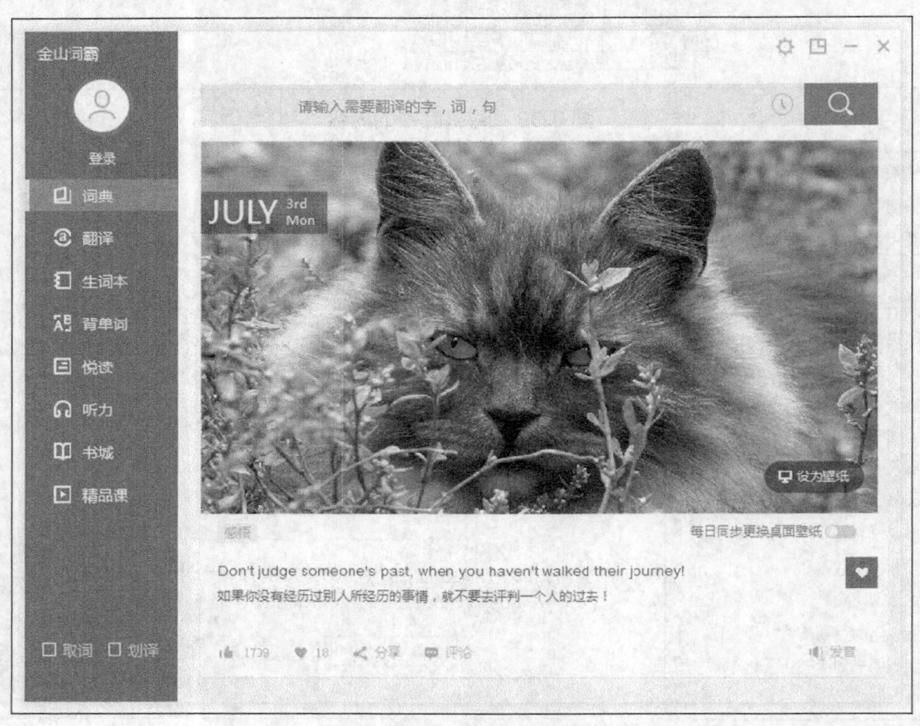

图 3-42 金山词霸主界面

（2）了解软件的基本界面和功能。

① 软件主界面分为主功能选项卡切换区、搜索输入操作区、辅助侧栏和主体内容显示区 4 个部分，如图 3-43 所示。

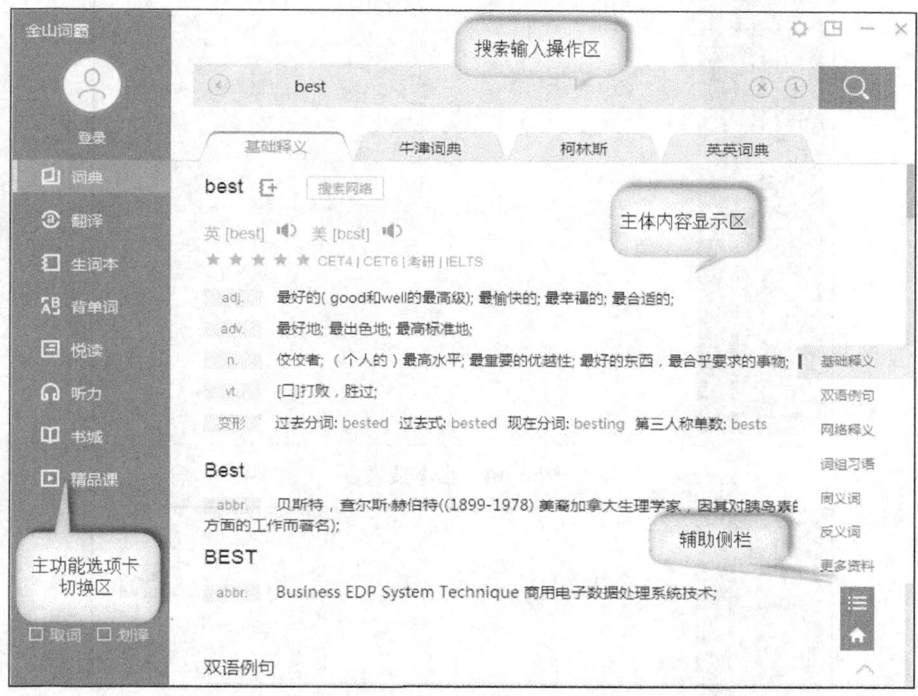

图 3-43 软件主界面组成部分

② 在搜索输入操作区内输入待查询的单词，单击按钮，主体内容显示区内便会显示查询结果。

3.3.2 了解词典的功能

本节主要介绍金山词霸 2016 个人版最核心的功能——查词功能，它具有智能索引、查词条、查词组、模糊查词、变形识别、拼写近似词、相关词扩展、全文检索等各项应用。

操作步骤

（1）词典应用。

① 基本查找。

金山词霸 词典 搜索能跟随用户的查词输入，同步在金山词霸词典中搜寻最匹配的词条，辅以简明解释，帮助用户最快地找到想要的查词输入，自动补全。它还会根据用户的输入词自动寻找包含这个词的词组或短语，如图 3-44 所示。

在查词过程中，金山词霸会自动寻找同义词、反义词、其他扩展词，支持链接跳查，如图 3-45 所示。

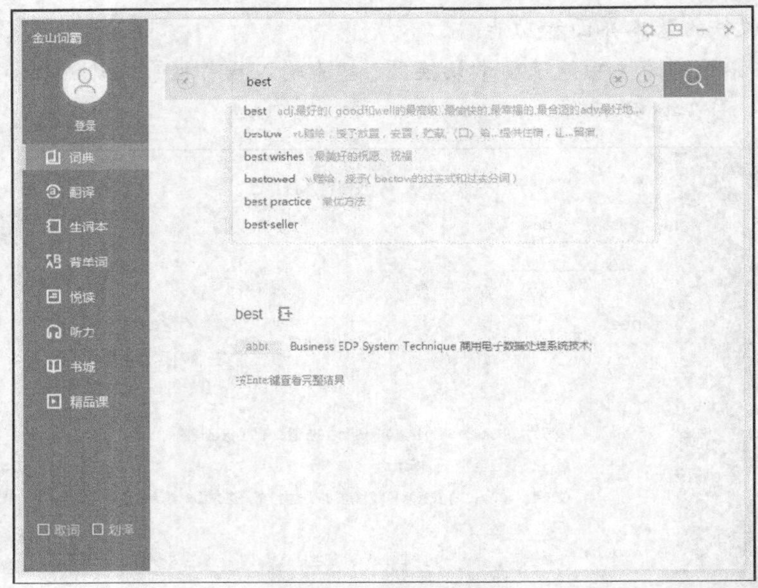

图 3-44　基本搜索

图 3-45　基本查找

② 模糊查找。

在查词过程中，用户可以借助“?”“*”这样的通配符对不记得具体拼写的词条进行模糊查找。例如，要查找“success”，可以通过输入“su??ess”或“suc*ss”（“?”代表单个字母或汉字，“*”代表字符串）查找到该词，如图 3-46 所示。

③ 拼写近似词。

查单词时可能出现拼写混淆、错误的情况，金山词霸会列出所有拼写近似的词，如输入“ditt”，金山词霸会同步找到与此近似的所有拼写，如图 3-47 所示。

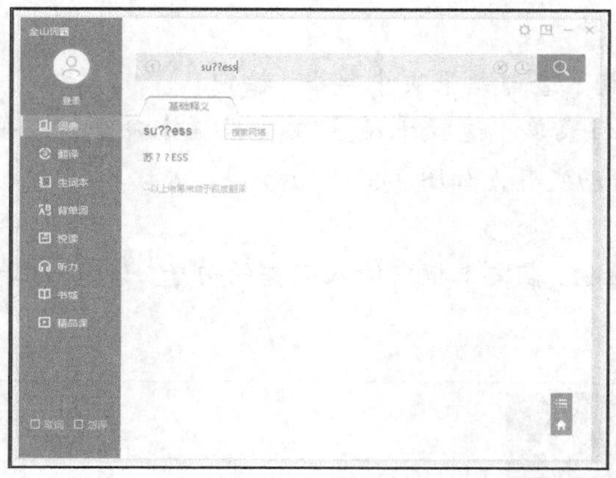

图 3-46　模糊查找

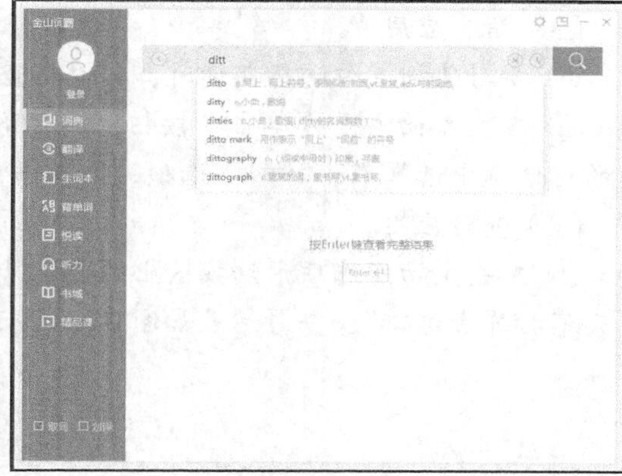

图 3-47　拼写近似词

（2）取词应用。

① 取词开关。

通过单击界面左下方的取词按钮即可开启或关闭屏幕取词功能，如图 3-48 所示。

② 取词模式。

在界面右上方单击【设置】按钮，打开下拉菜单，选择取词划译选项即可设置取词方式等参数，如图 3-49 所示。

图 3-48　屏幕取词开关

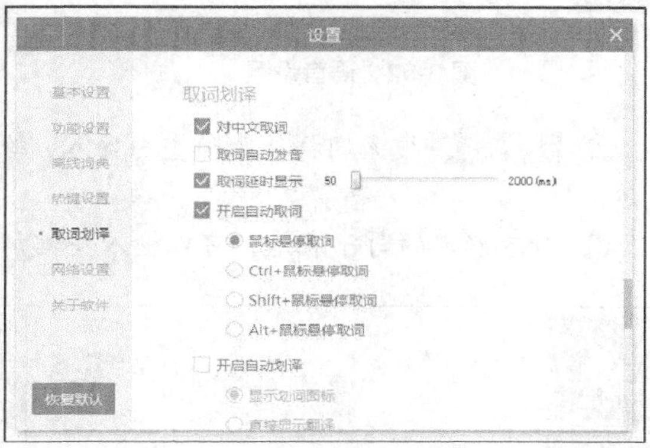

图 3-49　设置取词方式

③ 屏幕取词。

当有陌生的字词时，开启屏幕取词功能可以快速、准确地显示译义，金山词霸能自动识别单词的单复数、时态及大小写，如“dictionaries”会给出“dictionary”，“is”会给出“be”，如图 3-50 所示。除此之外，它还能自助识别词组中的人称代词、时态动词等，模糊匹配合适的解释，如“do my best”会识别为“do one’s best”，如图 3-51 所示。

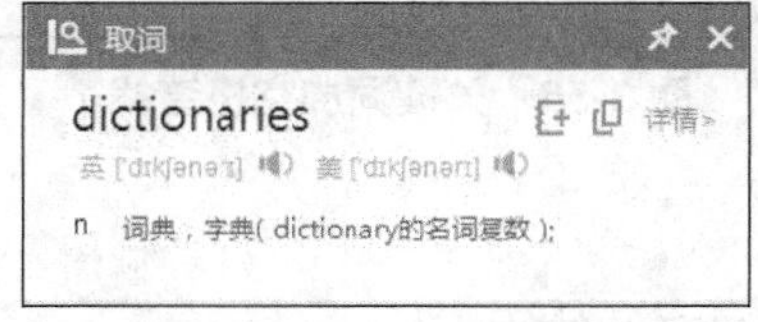

图 3-50　变形识别

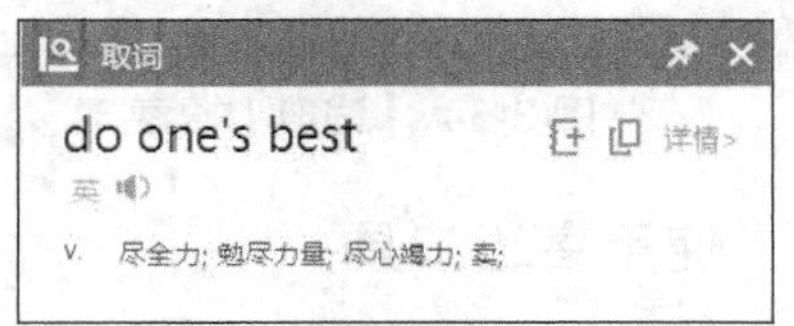

图 3-51　匹配词组

（3）语音应用。

① 要对某词或句进行朗读时，可以在查词、查句结果页中单击按钮。

② 在主界面右上方单击按钮，打开下拉菜单，选择【设置/功能设置】命令，在弹出的对话框中选择☑查词时自动发音选项，即查词自动发音，如图 3-52 所示。

（4）查句应用。

① 单击主功能选项卡切换区上的 翻译 按钮，在文本框中输入完整的句子，如输入“我今天不打算去逛街”，查句结果如图 3-53 所示。

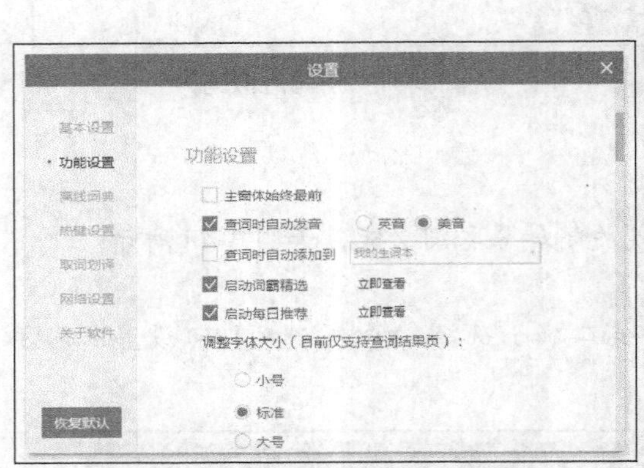

图 3-52　语音设置

图 3-53 【翻译】搜索

② 词典 搜索同样能跟随查句输入，给出相符的单词、短语、例句搭配，如图 3-54 所示。

③ 对不确定的句子表达，可以输入关键词加空格进行查找，如图 3-55 所示。

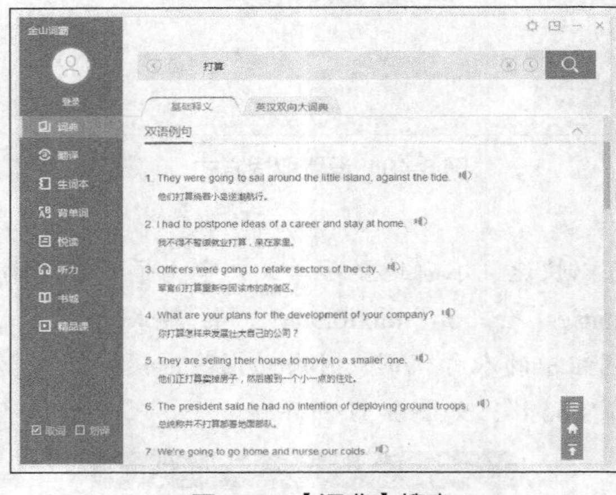

图 3-54 【词典】搜索

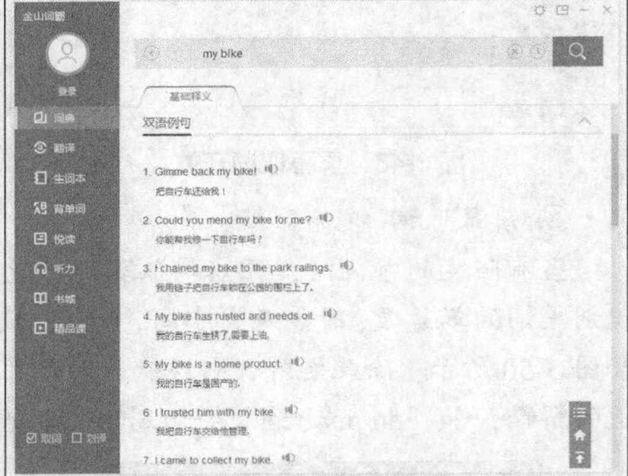

图 3-55　关键词加空格查找

3.3.3　使用高级工具

下面主要介绍对用户词典的操作和管理以及对生词本的使用。

操作步骤

（1）使用生词本。

生词本是一款帮助用户记忆生词的工具，会根据用户加入到生词本中不认识的单词进行一系列的记忆测试，以帮助用户记忆生词。

① 浏览生词本。

单击界面左边的 生词本 按钮，单击【我的生词本】，可查看“我的生词”，如图 3-56 所示。

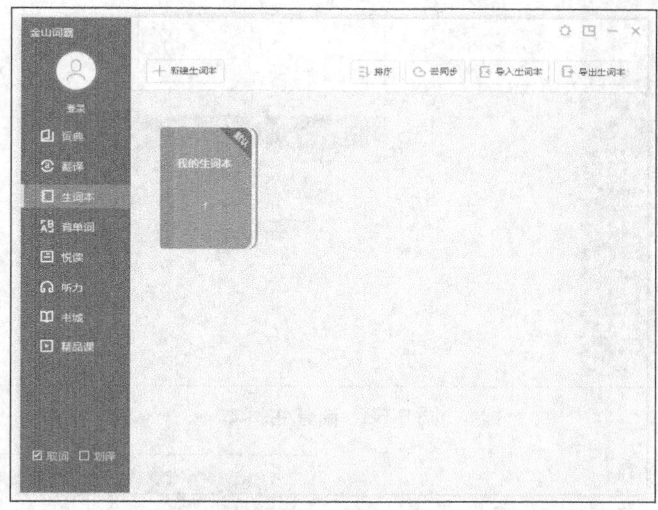

图 3-56　浏览生词本

② 导入/导出生词本。

单击【导入生词本】按钮或【导出生词本】按钮，将本地生词导入金山词霸的生词本或从生词本中导出为文件，如图 3-57 所示。

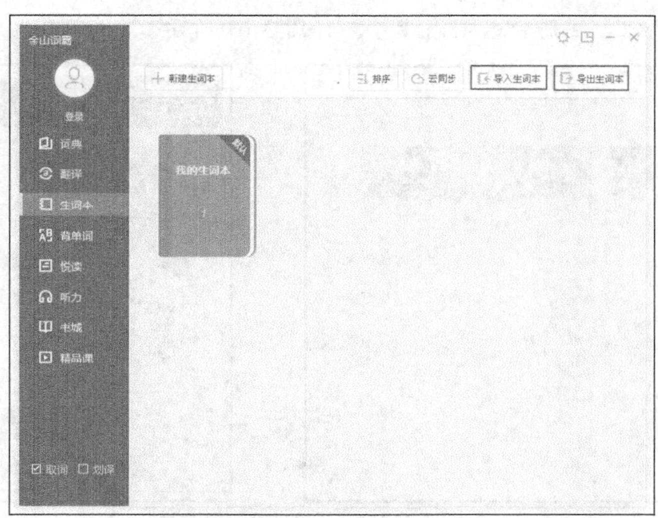

图 3-57　导入/导出生词本

③ 新建生词本。

单击［新建生词本］按钮可以新建生词本，如图3-58所示。

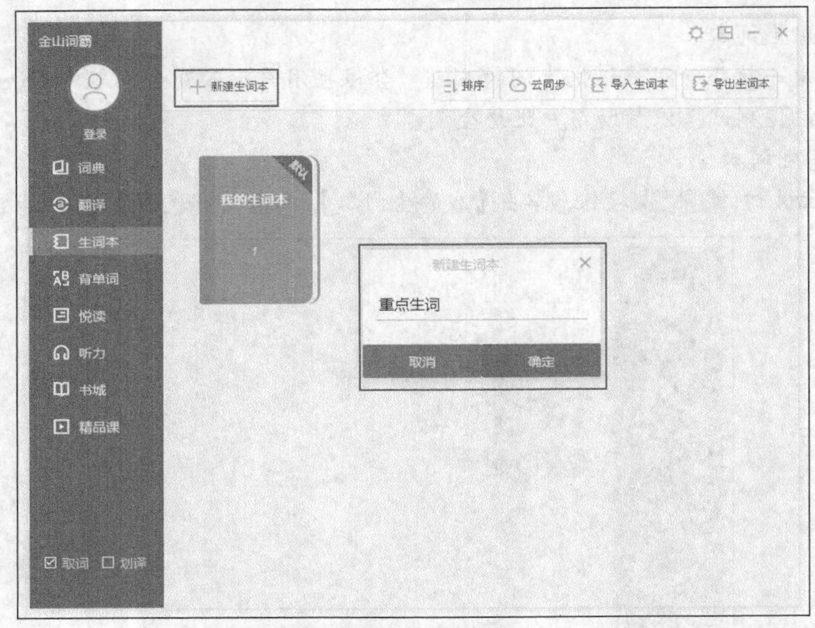

图3-58 新建生词本

④ 使用迷你词霸。

迷你词霸是一款单词搜索类工具，如图3-59所示。

图3-59 迷你词霸

（2）背单词。

① 单击［背单词］按钮，打开【背单词】对话框，如图3-60所示。

② 单击注册按钮，注册金山词霸账号，如图3-61所示。

图3-60 背单词

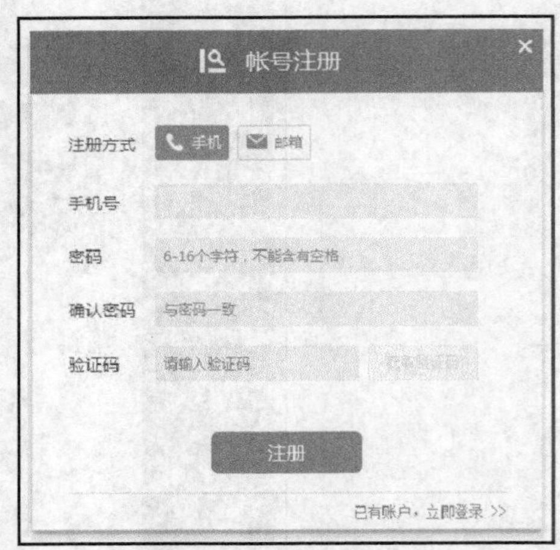

图3-61 注册金山词霸账号

③ 登录账号，选择单词种类，进入【单词学习界面】，单击 按钮可以听单词发音，单击卡片学习按钮可以换卡片的形式背单词，单击马上测试按钮可以进行检测，如图 3-62 所示。

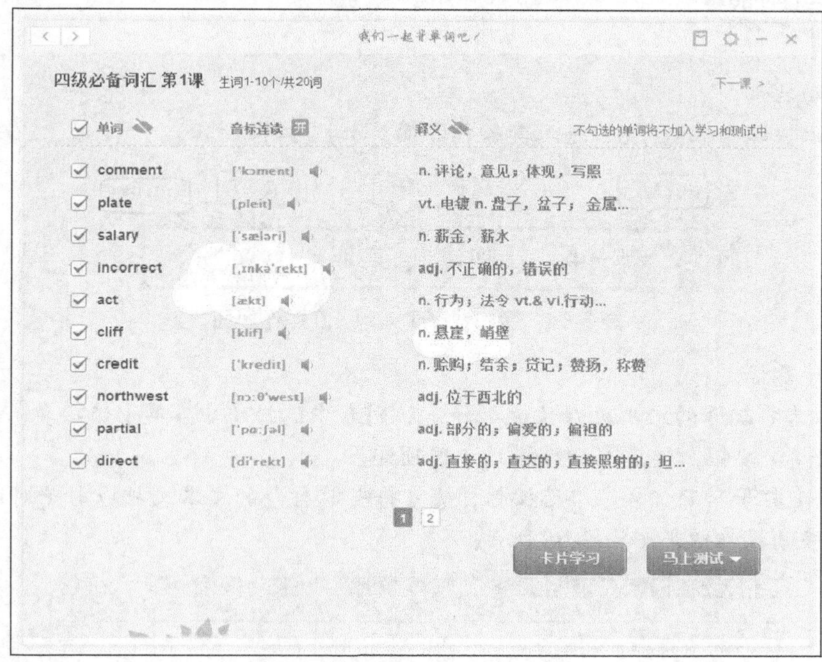

图 3-62 开始背单词

3.4 快速翻译工具——金山快译

金山快译是一款强大的中日英快译软件，它不但为用户提供了丰富的词库，还能够灵活准确地翻译文本。本节将以金山快译个人版 1.0 为例进行详细介绍。

3.4.1 快速翻译

金山快译的快速翻译是指对文本进行快速翻译，主要是针对 WPS、Word、Excel、PDF、Outlook、IE、记事本等文本进行高效、快速、准确的翻译。在翻译中用户还可选择不同的翻译模式对结果进行查看，大大提高了用户的学习和工作效率，操作效果如图 3-63 所示。下面将详细介绍快速翻译的操作方法。

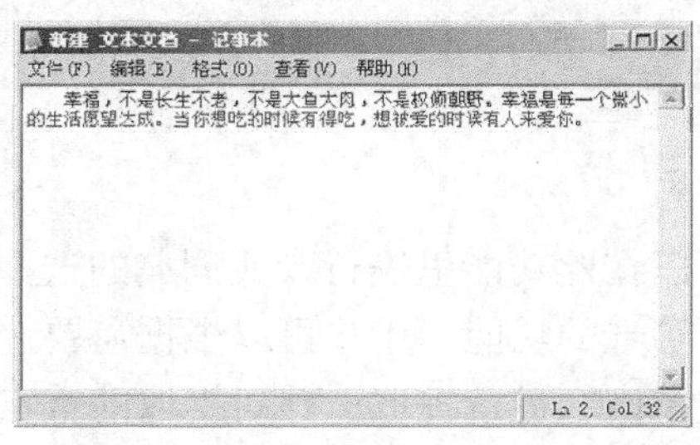

翻译前

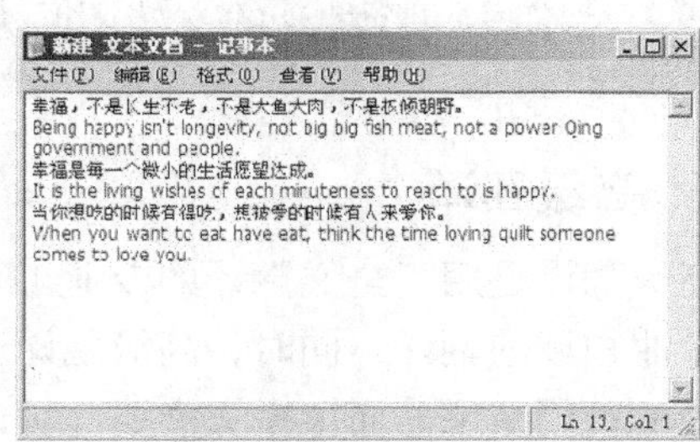

翻译后

图 3-63 操作效果

操作步骤

（1）启动软件。

启动金山快译个人版 1.0，进入其操作界面，如图 3-64 所示。

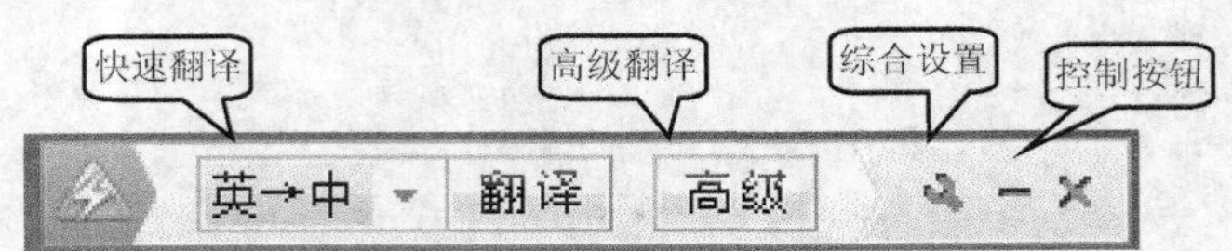

图 3-64　金山快译个人版 1.0 操作界面

（2）快速翻译。

① 输入需要翻译的文本，在快速翻译下拉列表中选择【中→英】选项。

② 单击翻译按钮，弹出【翻译模式】选项组。

③ 选中【句子对照翻译】单选按钮，就可将当前打开的文本文档以句子对照的形式进行翻译，最终的操作效果如图 3-65 所示。

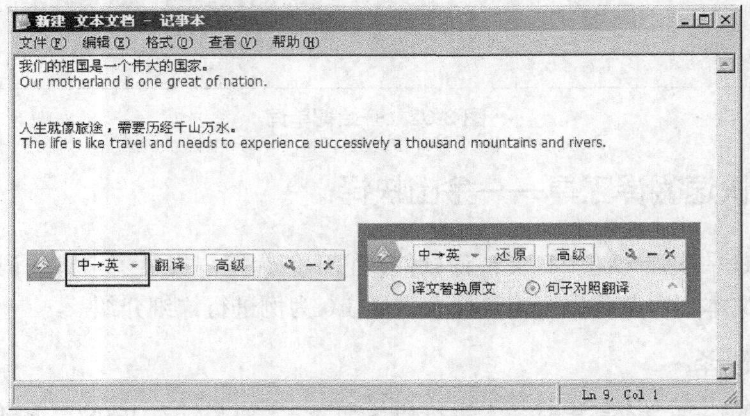

图 3-65　快速翻译

选中【译文替换原文】单选按钮，当前译文将会替换原文。单击还原按钮，可将翻译的文档还原为原始文档。

3.4.2　高级翻译

高级翻译是用于全文翻译的专业工具，用户可以在此功能里进行专业词典的选择，并进行专业领域的翻译。同时，高级翻译还提供翻译筛选的功能，用户可以根据需要选择同一翻译的不同结果。而“中文摘要”可以对中文文章内容进行提取，并对提取的重点进行英文翻译。具体的操作效果如图 3-66 所示。下面将详细介绍高级翻译的操作方法。

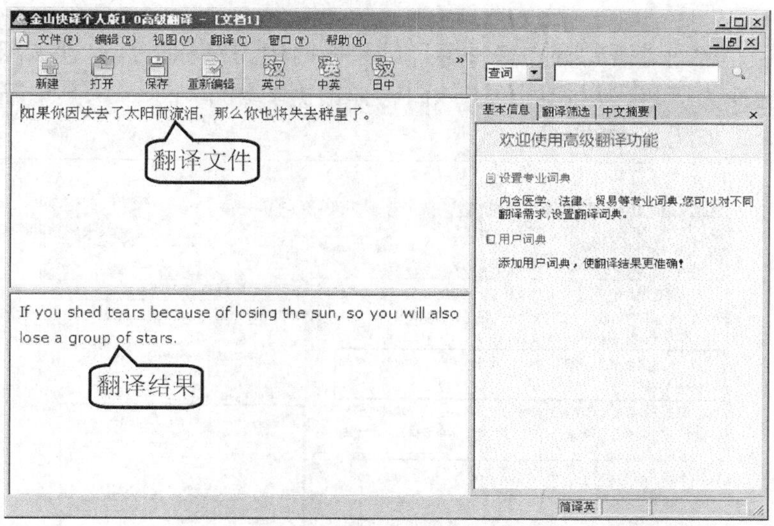

图 3-66　操作效果

操作步骤

（1）启动软件。

启动金山快译，进入其操作界面。

（2）高级翻译。

① 单击操作界面上的 高级 按钮，打开【高级翻译】界面。

② 在内容输入翻译区内输入需要翻译的内容。

③ 单击 中英 按钮，可将输入的中文内容翻译成英文。

④ 单击 保存 按钮，保存翻译后的结果。最终的操作效果如图 3-67 所示。

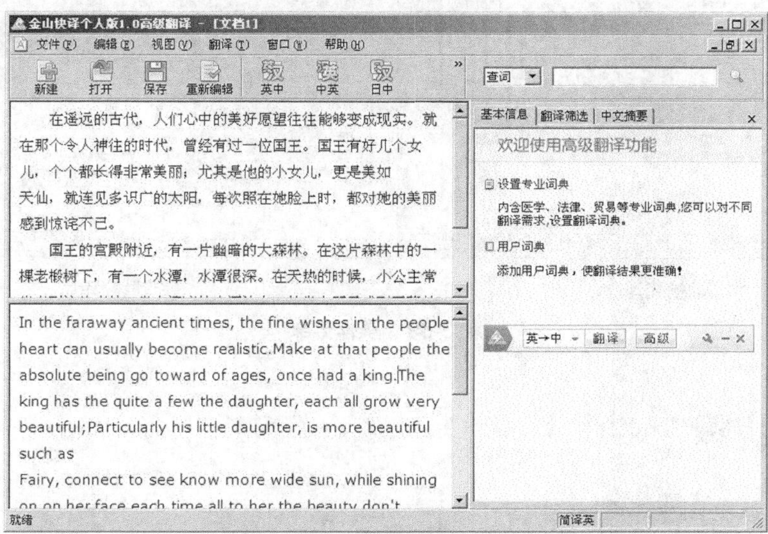

图 3-67　高级翻译

当翻译语句存在多种翻译结果的时候，鼠标指针移过该翻译的内容时会变为蓝色，用户可单击该内容弹出更多翻译结果，从其中筛选最优的翻译，如图 3-68 所示。

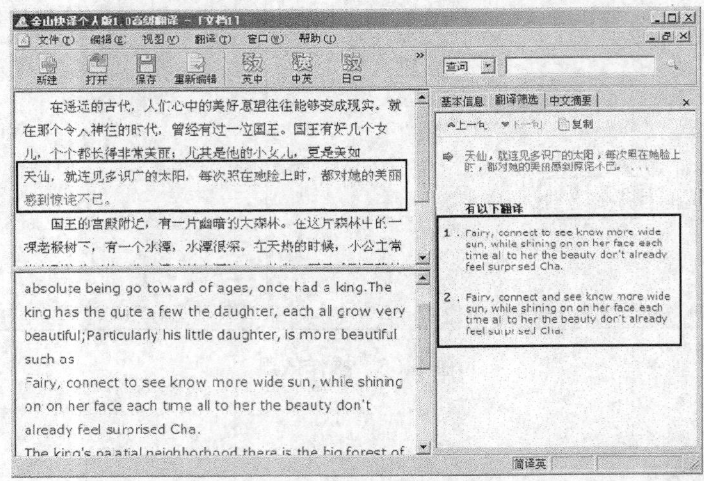

图 3-68　翻译筛选

3.4.3　批量翻译

金山快译的批量翻译功能能够快速方便地批量翻译大量格式相同的文件，操作效果如图 3-69 所示。下面将介绍使用金山快译进行批量翻译的具体操作方法。

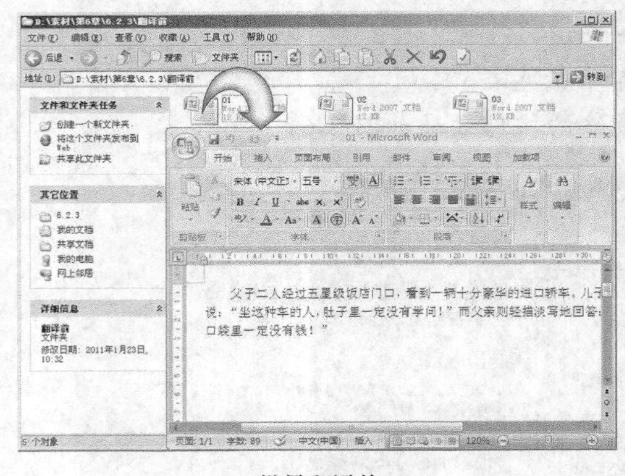

批量翻译前

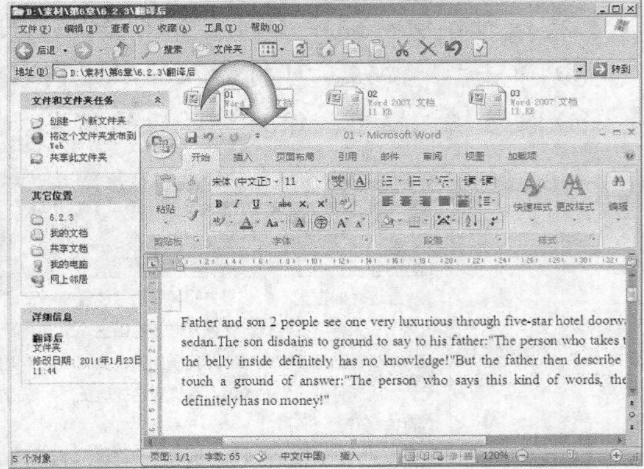

批量翻译后

图 3-69　操作效果

操作步骤

（1）打开批量翻译工具。

① 启动金山快译，进入其操作界面。

② 单击操作界面上的 按钮，弹出快捷菜单。

③ 在弹出的菜单中选择【工具】/【批量翻译】命令，打开批量翻译工具，最终的操作效果如图 3-70 所示。

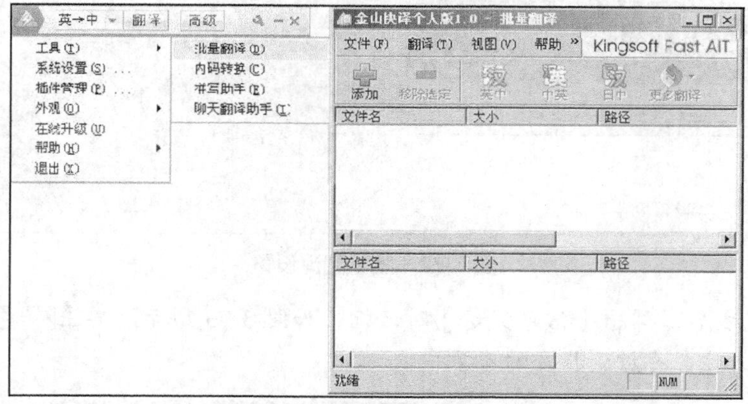

图 3-70　打开批量翻译工具

（2）添加翻译文件。

① 单击添加按钮，弹出【打开】对话框。

② 在【打开】对话框中打开本书光盘文件中“素材\第 3 章\3.4.3\翻译前”文件夹。

③ 在【文件类型】下拉列表中选择【Word WPS Files（*.doc；*.docx；*.wps）】选项。

④ 按住 Ctrl 键，框选该文件夹下的所有文件。

⑤ 单击 打开(O) 按钮，将要翻译的文件添加到批量翻译工具中，最终的操作效果如图 3-71 所示。

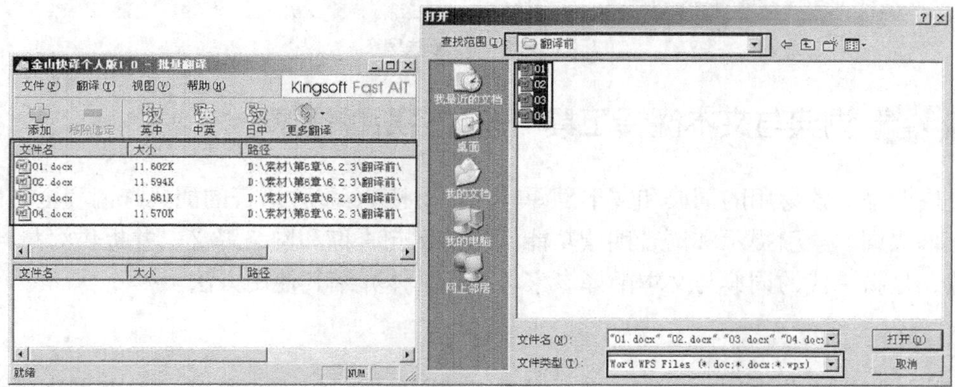

图 3-71　添加翻译文件

（3）批量翻译设置。

① 在【批量翻译】对话框中按住 Ctrl 键，框选添加的文件。

② 单击中英按钮，弹出【翻译设置】对话框。

③ 在【翻译设置】对话框中设置文档存储目录，如图 3-72 所示。

④ 单击 进行翻译 按钮，将自动开始文件的批量翻译。

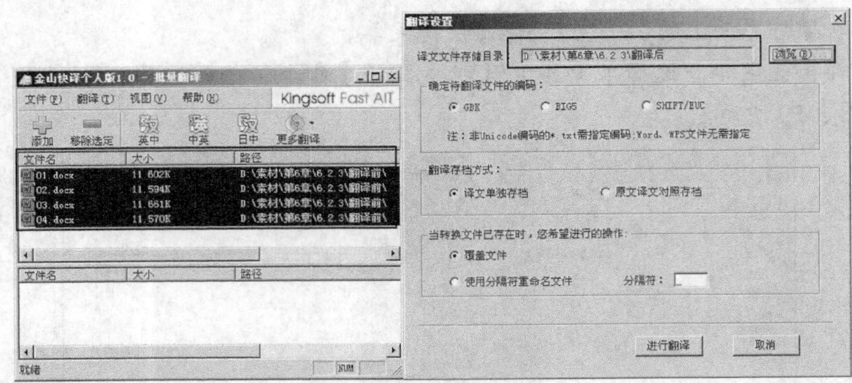

图 3-72 批量翻译设置

⑤ 翻译完成后，弹出【信息提示】对话框，如图 3-73 所示。单击 确定 按钮完成翻译，翻译后的文件会存放到指定的目录中。

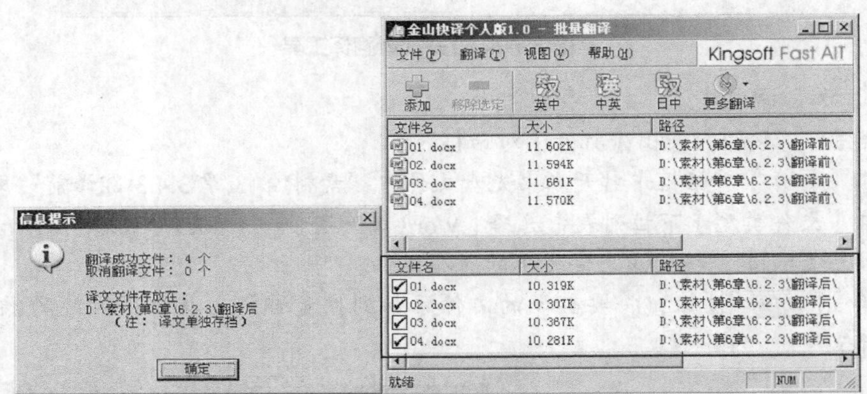

图 3-73 翻译结果

3.5 词典与文本翻译工具——灵格斯翻译家

灵格斯是一款易用的词典和文本翻译软件，支持 80 多种语言的词典查询和全文翻译，支持屏幕取词、索引提示和语音朗读功能，支持例句查询和网络释义，并提供海量词库免费下载，是新一代的词典与文本翻译专家。下面具体介绍其使用方法。

3.5.1 管理词典

灵格斯把词典分为词典安装列表、索引组和屏幕取词组 3 个部分，每个部分都相互独立。维科英汉词典和维科汉英词典是灵格斯的基本词典，查词、索引、取词都是基于这两个词典进行的。若要使用其他词典进行查词，则需要安装其他词典或连接 Internet 才能使用。

操作步骤

（1）单击按钮，选择【词典管理】命令，弹出【词典管理】对话框。初始情况下，灵格斯已为用户预安装了 8 个词典，如图 3-74 所示。注意，互动百科、句酷双语例句、即时翻译、全文翻译这 4 个词典需要连接 Internet 才能使用。

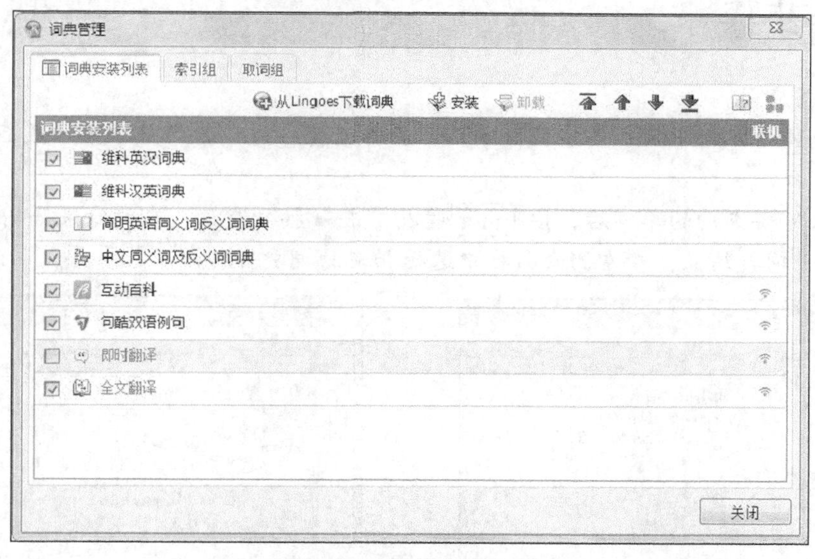

图 3-74　词典安装列表

（2）如果用户对查词有特殊要求，可以单击“从Lingoes下载词典”按钮，从灵格斯官方网站上下载需要的词典，再单击“安装”按钮安装词典，安装过程如图 3-75 所示。

（3）单击“索引组”按钮，打开索引组列表。索引组中的词典决定了查词索引时的广度。单击“加入”按钮即可向索引组中加入已安装的词典，如图 3-76 所示。

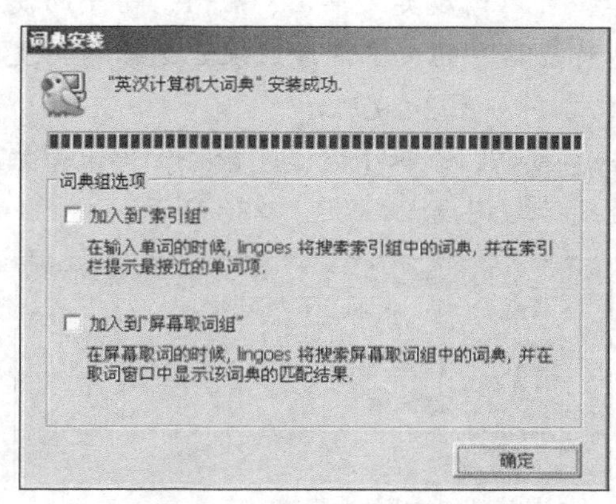

图 3-75　安装词典

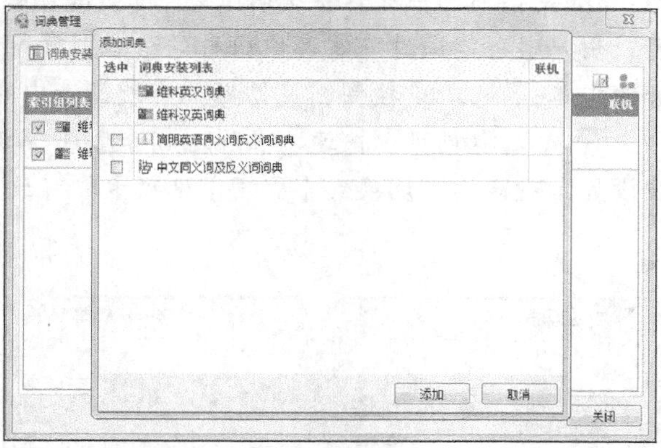

图 3-76　加入索引词典

（4）单击“取词组”按钮，打开屏幕取词组列表。屏幕取词组列表中的词典决定了鼠标取词的广度。屏幕取词组中的词典越多、越全，鼠标取词的范围就越广。

3.5.2　了解词典的功能

查词功能作为灵格斯最核心的功能，同样支持屏幕取词、智能索引、语音等操作，通过连接 Internet，还可以进行全文翻译。

操作步骤

（1）查词应用。

① 在查询输入栏中输入要查找的单词，灵格斯会在左边索引栏中显示最匹配的单词，如图 3-77 所示。

② 输入完要查询的单词后，按 Enter 键或单击→按钮查询，查询结果如图 3-78 所示。若要查看单一词典结果，在左侧索引栏中选择相应的词典即可。

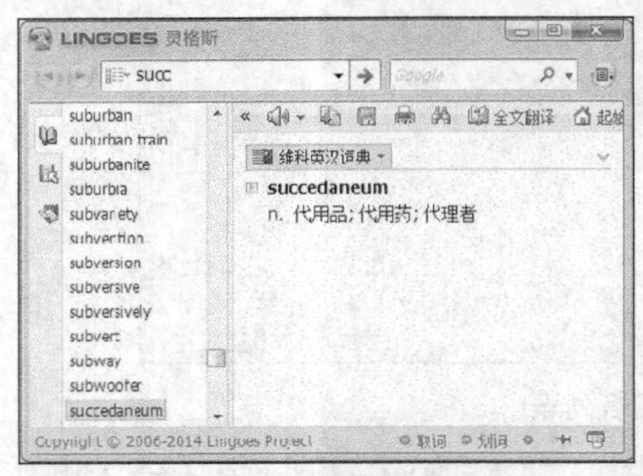

图 3-77　智能索引

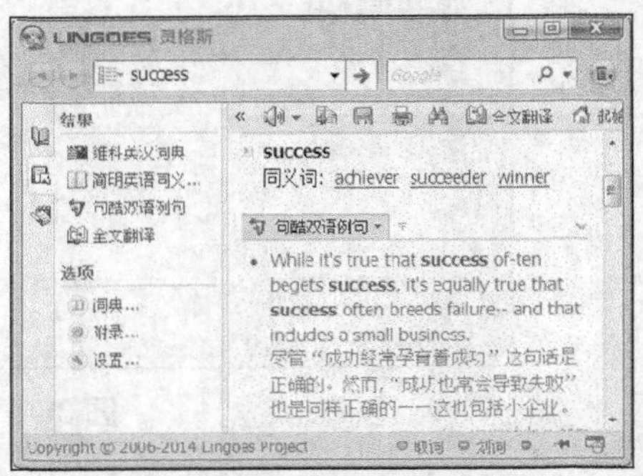

图 3-78　查询结果

③ 如果要找到该词语的更多解释，在右侧上方的 Google 文本框中输入内容，单击按钮便可在新的浏览器窗口中显示查询结果。

④ 灵格斯利用操作系统附带的 TTS 语音引擎，可以播放英文单词、短语、句子的发音，用户也可以通过安装其他语种的语音引擎得到对应语种的文本朗读效果。选择需要发音的文本，单击按钮，灵格斯就会朗读选中的文本，如图 3-79 所示。

⑤ 屏幕取词可以快速、准确地翻译生词。单击按钮，选择【设置】命令，弹出【系统设置】对话框，切换到【取词】选项卡即可设置鼠标取词模式，如图 3-80 所示。

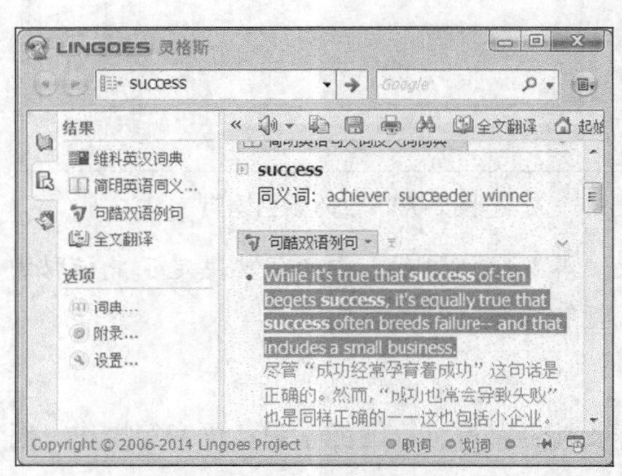

图 3-79　语音应用

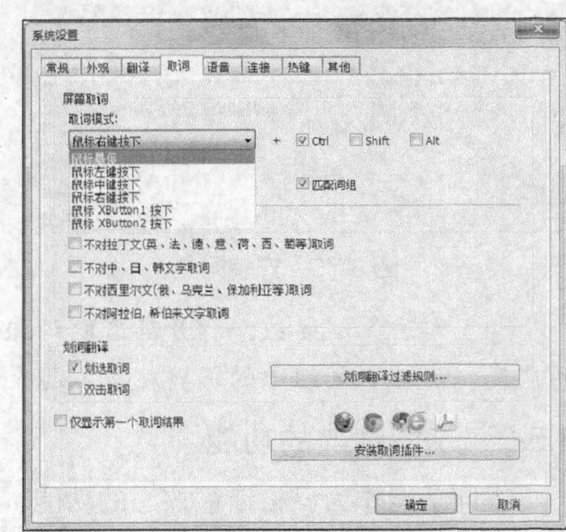

图 3-80　设置鼠标取词模式

（2）全文翻译（需要连接 Internet 使用）。

① 英译中。

当有一段文章看不懂或有一段文章需要翻译时，全文翻译就是一个很有用的功能。单击全文翻译按钮，在【翻译】文本框中输入想要翻译的部分，选择从英语翻译成中文，如图 3-81 所示。

单击翻译按钮，文本框下方将自动显示翻译结果，如图 3-82 所示。

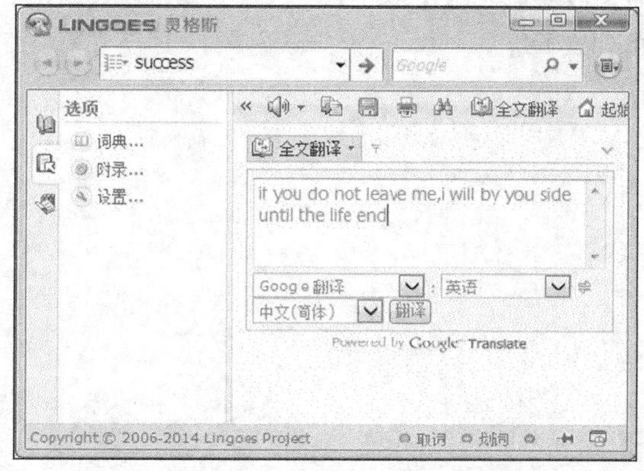

图 3-81 全文翻译

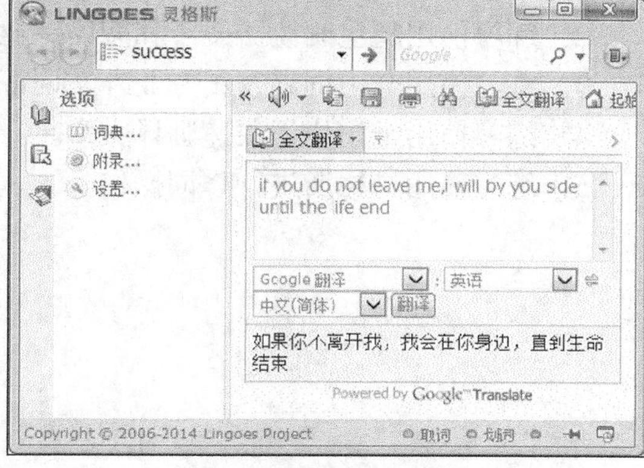

图 3-82 翻译结果

② 中译英。

单击全文翻译按钮，选择从中文到英语翻译，然后在【翻译】文本框中输入需要翻译的中文内容，单击翻译按钮进行翻译，文本框下方将自动显示翻译结果，如图 3-83 所示。

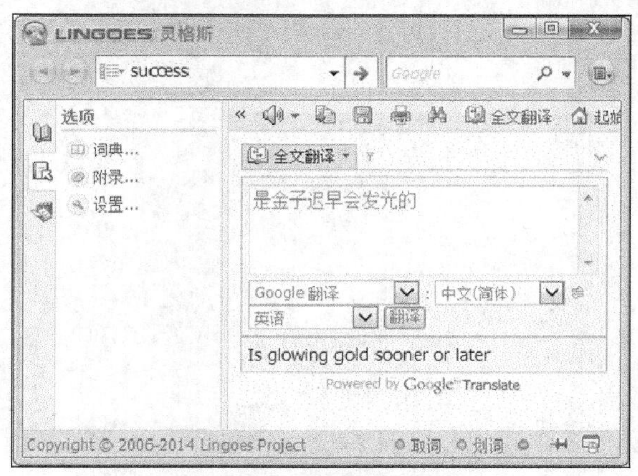

图 3-83 中译英操作

习题

一、简答题

1. 什么是 PDF 文档，有何特点？

2．简要说明超星阅览器的主要功能。

3．如何使用金山词霸的词典功能?

4．如何使用金山快译的快速翻译功能?

5．灵格斯作为翻译软件有何特点?

二、操作题

1．下载并安装 Adobe Reader 软件，练习使用其阅读 PDF 文档。

2．练习使用超星阅读器搜索和阅读专业期刊文章。

3．练习使用金山词霸查阅专业外文词汇。

4．练习使用金山快译快速翻译文章。

5．练习使用灵格斯进行查词操作。

第4章 办公社交工具

随着人类社会步入信息时代，人们的交流和学习方式也发生了翻天覆地的改变，以前阅读书本和整理文稿的工作也变成了对数字化文件和文档的处理。但整理大量的文件和文档也是十分让人头疼的事情。本章将会介绍 5 款办公和社交工具，掌握它们的基本用法之后，会让办公整理工作变得更加轻松。

学习目标

- 掌握文件压缩工具——WinRAR 的使用方法。
- 掌握文件下载工具——迅雷的使用方法。
- 掌握社交网络平台工具——微博的使用方法。
- 掌握即时通信工具——微信的使用方法。
- 掌握邮件管理工具——Foxmail 的使用方法。

4.1 文件压缩工具——WinRAR

在对计算机中的文件进行整理的工作中，压缩文件也是十分常用和重要的。WinRAR 便是最好的压缩工具之一，具有界面友好、使用方便、压缩率大和压缩速度快等特点，深受用户喜爱。

WinRAR 支持 ARJ、CAB，LZH、ACE、TAR、GZ、UUE、BZ2、JAR、ISO 类型文件，具有分卷压缩、可创建自释放文件等功能，具有压缩后数据量小、节省磁盘空间等特点。此外，WinRAR 可以把大文件分割，这样不但能保护文件，还便于在网络上传输，可以避免传染病毒。本节将以 WinRAR 3.93 版本为例进行详细介绍。

4.1.1 快速压缩文档

快速压缩文档是 WinRAR 最基本的功能，也是被使用最多的功能。下面利用 WinRAR 将图 4-1 左图所示的文件和文件夹快速压缩为右图所示的压缩文件。

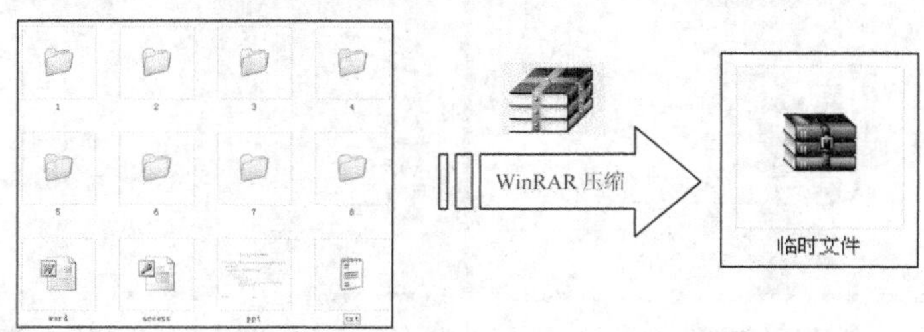

图 4-1 快速压缩文档

操作步骤

（1）选中文件和文件夹。

① 查看并确认本机已正确安装 WinRAR 软件，如图 4-2 所示。

② 选中要压缩的多个文件和文件夹，如图 4-3 所示。

图 4-2 确认正确安装 WinRAR 软件

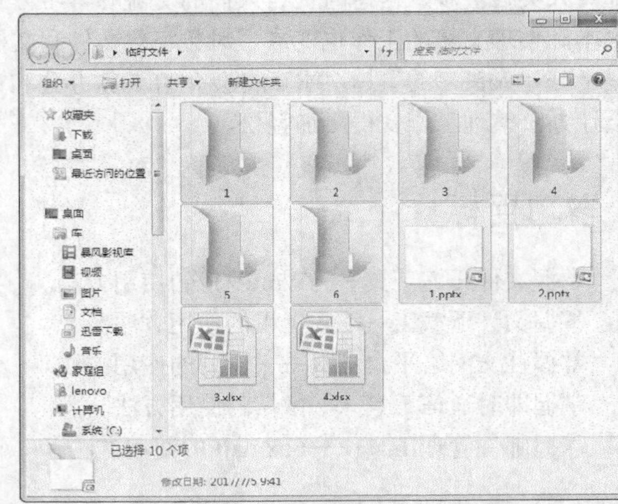

图 4-3 选择要压缩的多个文件和文件夹

（2）创建压缩程序。

① 在选中的文件或文件夹上单击鼠标右键，在弹出的快捷菜单中选择【添加到“临时文件.rar”】命令，如图 4-4 所示。

② 随后弹出【正在创建压缩文件】进度对话框。此时，按照标准格式创建压缩文件，经过一段时间后，在被压缩文件和文件夹所在的根目录下创建了压缩文件，如图 4-5 所示。

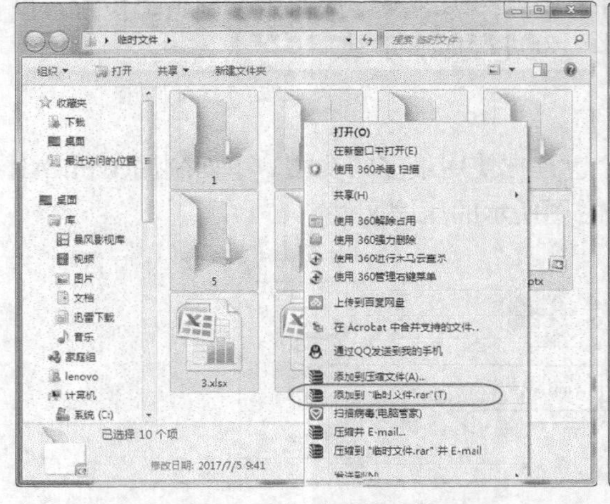

图 4-4 创建压缩文件 1

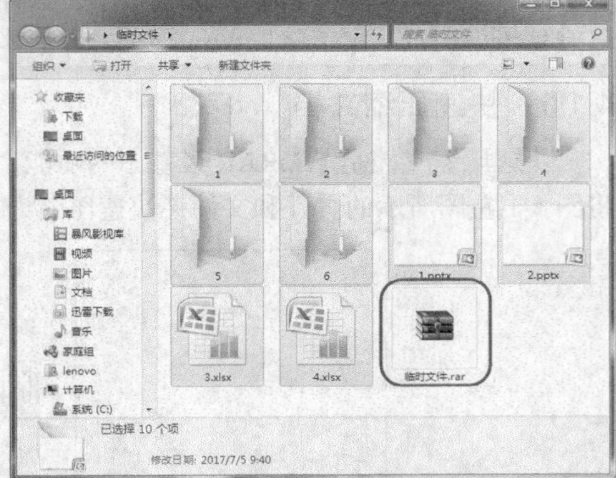

图 4-5 创建压缩文件 2

要点提示

此处选择的【添加到“***.rar”】命令（本例“***”为“临时文件”），其中“***”取决于所压缩的项目。当压缩多个文件时，以文件的上级目录名称为准；当压缩单个文件时，以文件的名称为准。

③ 在【正在创建压缩文件】对话框中单击 模式(M)... 按钮，弹出【命令参数】对话框，在这里可以选择5种压缩方式，如图4-6所示。

- 标准：压缩比率适中，压缩文件体积适中，耗时适中。
- 最快：压缩比率低，生成的压缩文件体积大，耗时短。
- 较快：压缩比率较低，生成的压缩文件体积较大，耗时较短。
- 较好：压缩比率较高，生成的压缩文件体积较小，耗时较短。
- 最好：压缩比率高，生成的压缩文件体积小，耗时短。

④ 在【正在创建压缩文件】对话框中单击 后台(B) 按钮，将在后台进行压缩操作，适合于执行比较大的压缩任务。此时，在计算机右下角任务栏中将显示任务图标，单击该图标即可恢复前台操作。

⑤ 在【正在创建压缩文件】对话框中单击 暂停(P) 按钮，可以暂停当前的操作。如果要恢复操作，则可以单击 继续(C) 按钮，如图4-7所示。

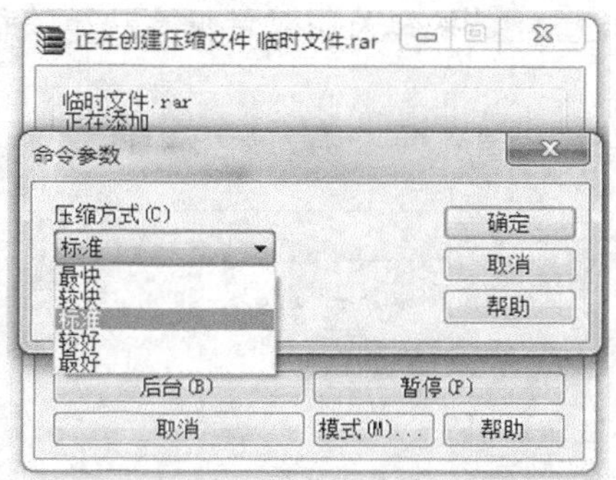

图4-6 选择压缩方式

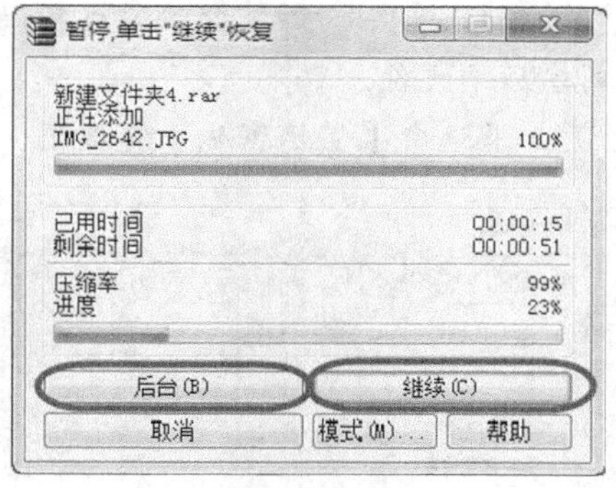

图4-7 暂停压缩

4.1.2 设置压缩密码

为使用户信息不被他人轻易窃取或查看，WinRAR 提供了设置压缩密码的功能。设置密码后，压缩的文件在解压时只有输入正确的密码，才能被释放出来。

操作步骤

（1）打开【压缩文件名和参数】对话框。

① 在本机上选中单个或多个要压缩的文件或文件夹。

② 在选中的文件或文件夹上单击鼠标右键。在弹出的快捷菜单中选择【添加到压缩文件】命令，如图4-8所示。弹出【压缩文件名和参数】对话框，如图4-9所示。

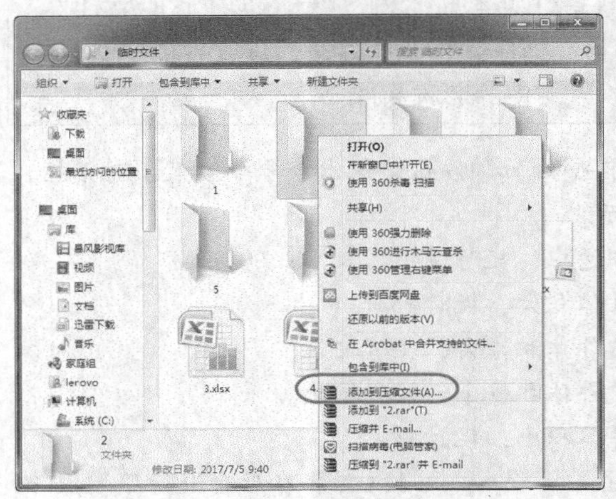

图 4-8　创建压缩文件

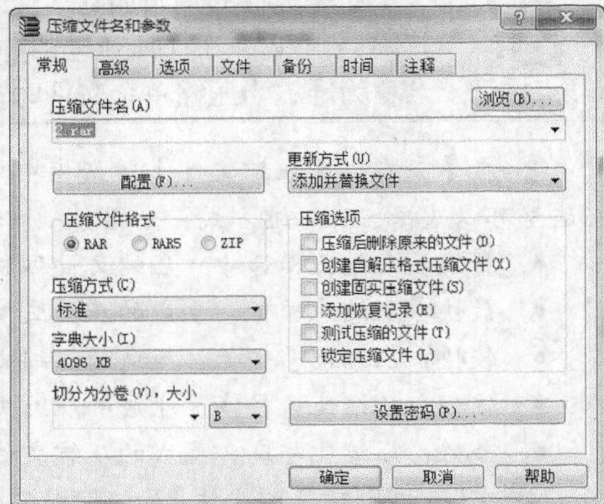

图 4-9 【压缩文件名和参数】对话框

（2）设置压缩密码。

① 单击 设置密码(P)... 按钮，弹出【输入密码】对话框。

② 分别在【输入密码】和【再次输入密码以确认】文本框中输入设定的密码，如图 4-10 所示。单击 确定 按钮完成密码设置。单击 确定 按钮关闭对话框启动压缩程序，最后创建压缩文件。

③ 如果选中【显示密码】复选框，则可以直接显示输入的密码，如图 4-11 所示。

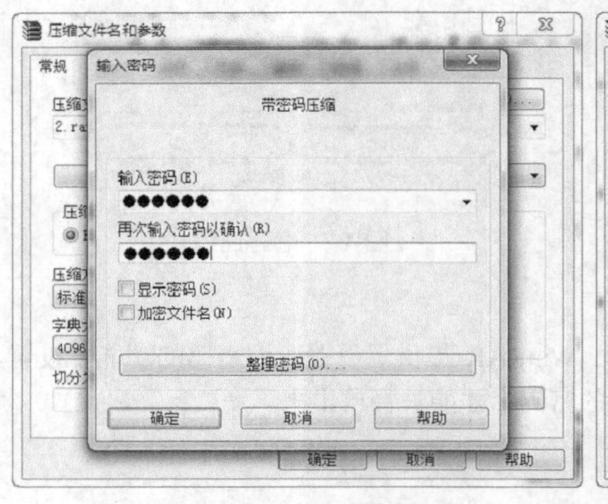

图 4-10　设置压缩密码 1

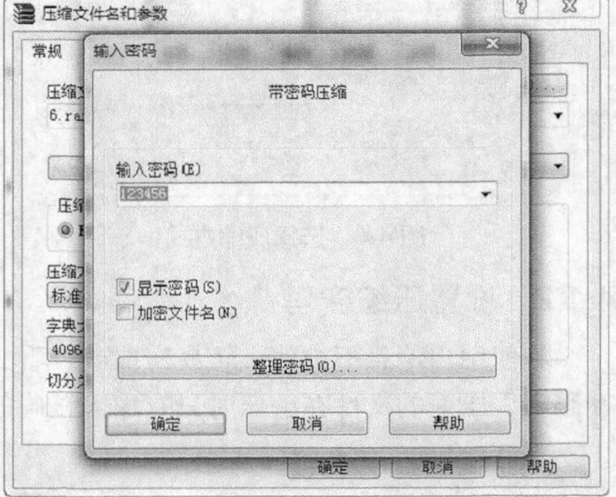

图 4-11　设置压缩密码 2

（3）确认加密成功。

① 在加密压缩文件上单击鼠标右键。在弹出的快捷菜单中选择【解压到当前文件夹】命令，如图 4-12 所示。

② 在执行解压过程中，用户需要输入密码解压才能继续进行，如图 4-13 所示。

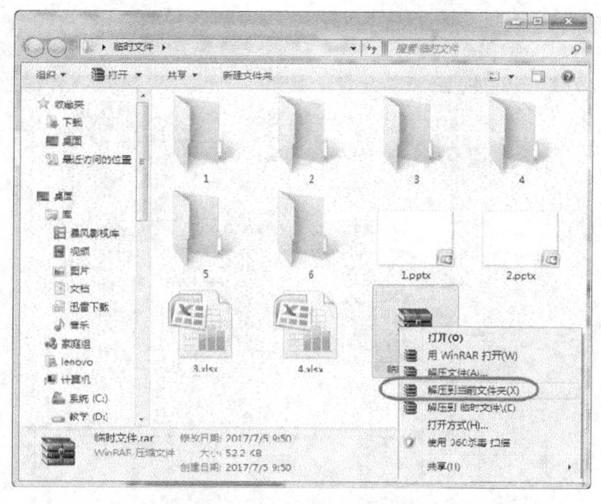

图 4-12 解压到当前文件夹

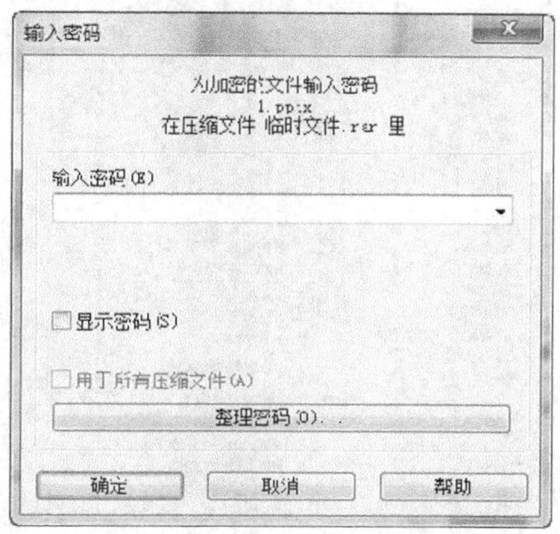

图 4-13 【输入密码】对话框

4.1.3 分卷压缩文件

WinRAR 的分卷压缩操作可以将文件化整为零，这对于特别大的文件或需要网上传输的文件很有用。分卷传输完之后再合成，既保证了传输的便捷，又保证了文件的完整性。

下面将图 4-14 左图所示的文件分卷压缩为右图所示的多个文件。

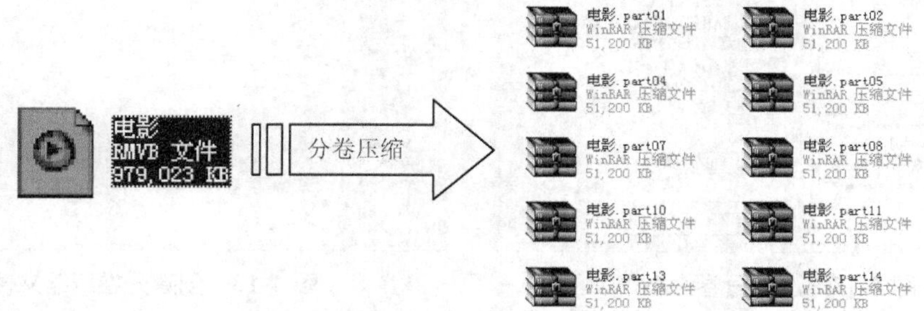

图 4-14 分卷压缩文件

操作步骤

（1）打开【压缩文件名和参数】对话框。

① 右键单击本机上的一个容量较大的文件，弹出快捷菜单，选择【添加到压缩文件】命令，如图 4-15 所示。

② 弹出【压缩文件名和参数】对话框，如图 4-16 所示。

（2）设置分卷压缩。

① 在【切分为分卷（v），大小】下拉列表中选取分卷大小，如图 4-17 所示，完成后单击 确定 按钮启动压缩。例如，如果将分卷用于刻录 CD 光盘，则可选择 700MB；如果将分卷用于刻录 DVD 光盘，则可选择 4481MB。

② 由于文件较大，压缩时间会较长，可以单击 后台(B) 按钮将压缩程序调整到后台，这样可以节约系统开销但耗时较长，压缩完成的效果如图 4-18 所示。

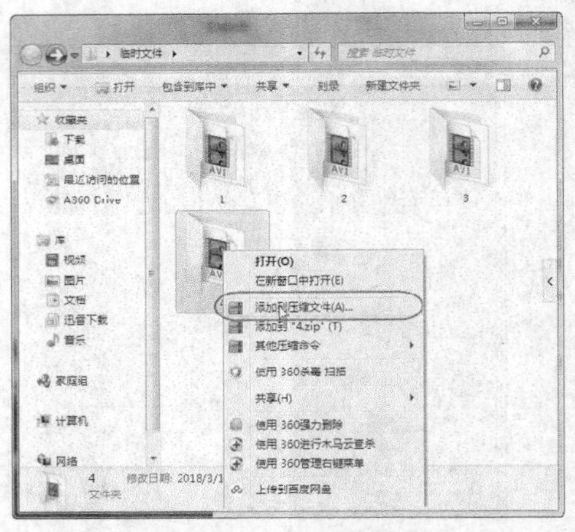

图 4-15　添加到压缩文件

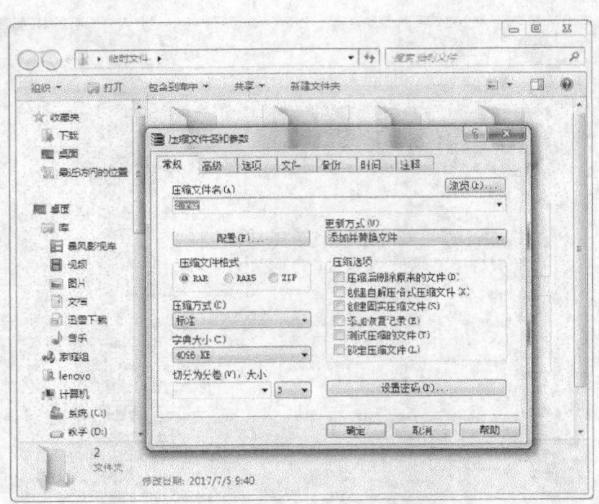

图 4-16 【压缩文件名和参数】对话框

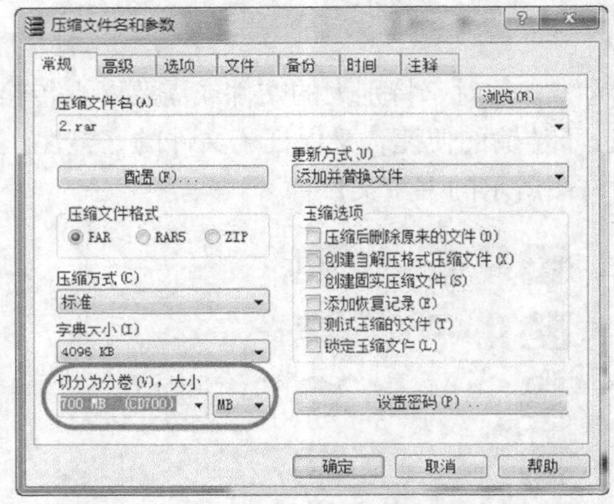

图 4-17　选取分卷大小

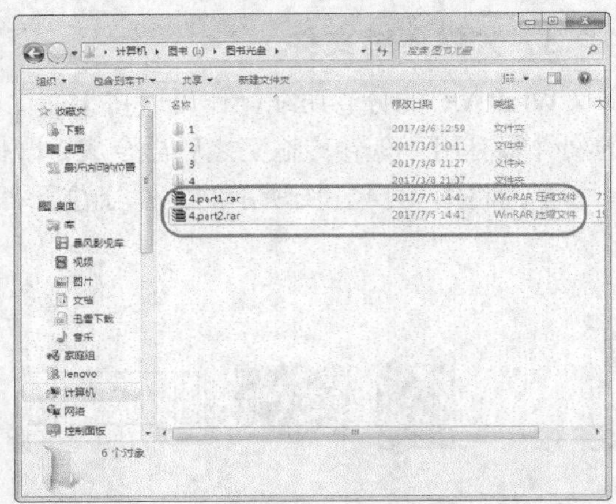

图 4-18　创建分卷压缩文件

4.1.4　解压压缩文件

如果压缩文件对解压没有特殊的要求，一般采用快速解压功能，此方法可将压缩文件释放到当前目录下。

操作步骤

（1）解压到当前文件夹。

① 右键单击本机上的压缩文件。

② 在弹出的快捷菜单中选择【解压到当前文件夹】命令，启动解压程序。

③ 解压完成后，在与原文件相同的目录下创建解压文件，操作效果如图 4-19 所示。

（2）解压到指定文件夹。

① 右键单击本机上的压缩文件。

② 在弹出的快捷菜单中选择【解压文件】命令，启动解压程序，如图 4-20 所示。

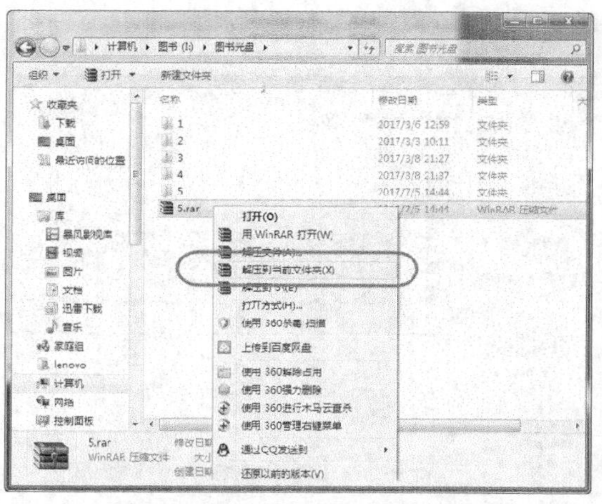

图 4-19　解压到当前文件夹

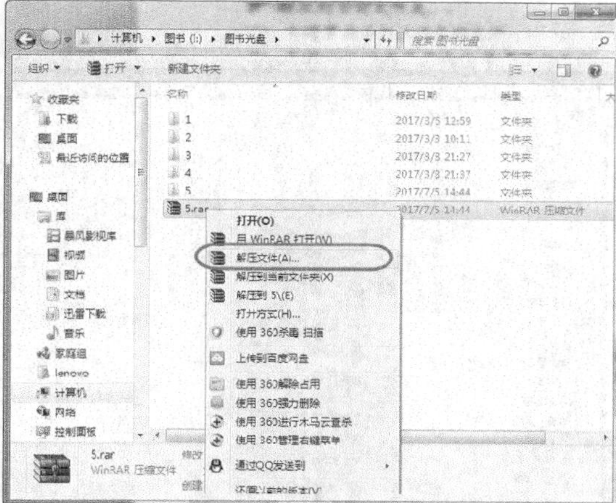

图 4-20　解压到文件夹

③ 弹出【解压路径和选项】对话框，从右侧目录树中选取目标路径或单击 新建文件夹(E) 按钮新建文件夹作为目标文件夹，单击 确定 按钮解压文件，如图 4-21 所示。

要点提示

如果直接双击打开压缩包，可以观察发现其中包含了多个文件。用户可以查看压缩包的内容，也可以在任意文件上单击鼠标右键，然后选择适当的操作，如图 4–22 所示。

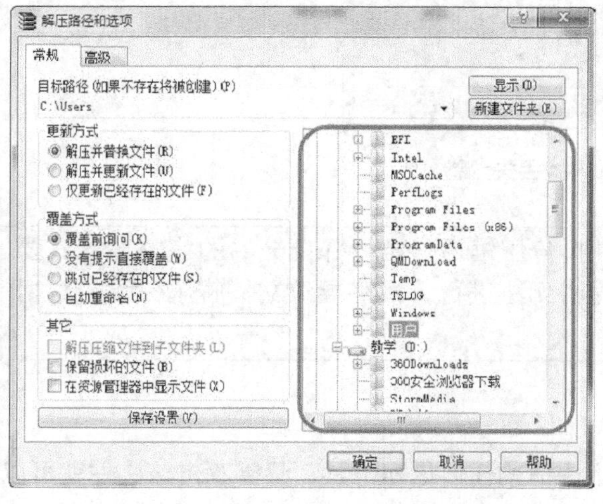

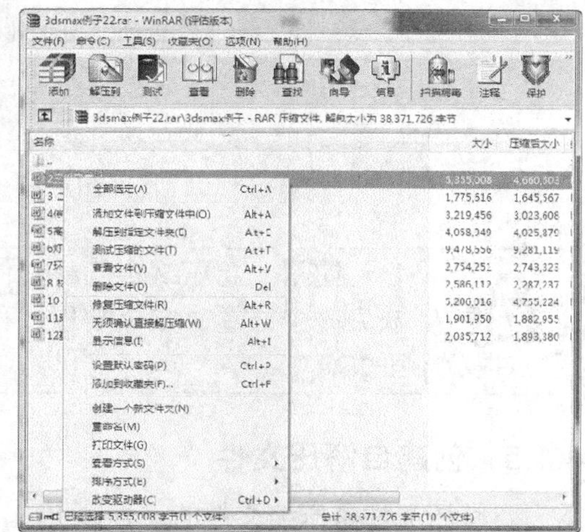

图 4-21　选择路径　　　　图 4-22　包含多个文件的压缩包

（3）解压分卷压缩文件。

① 解压分卷压缩文件。右键单击任意一个分卷压缩包，在弹出的快捷菜单中选择【解压到当前文件夹】命令，如图 4-23 所示。被分卷压缩的文件解压合并，如图 4-24 所示。

② 寻找丢失分卷。在分卷解压过程中，如果所有分卷没有在同一目录下，就会弹出【需要下一压缩分卷】对话框。单击 浏览(B)... 按钮查找分卷，或直接输入丢失分卷的正确路径，如图 4-25 所示。单击 确定 按钮继续解压文件。

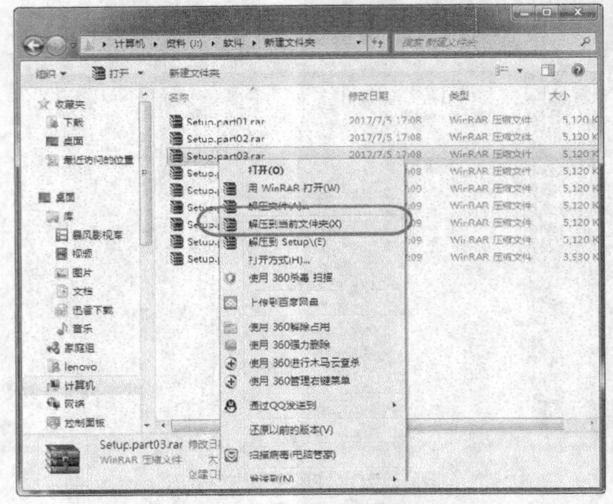

图 4-23　解压分卷压缩文件 1

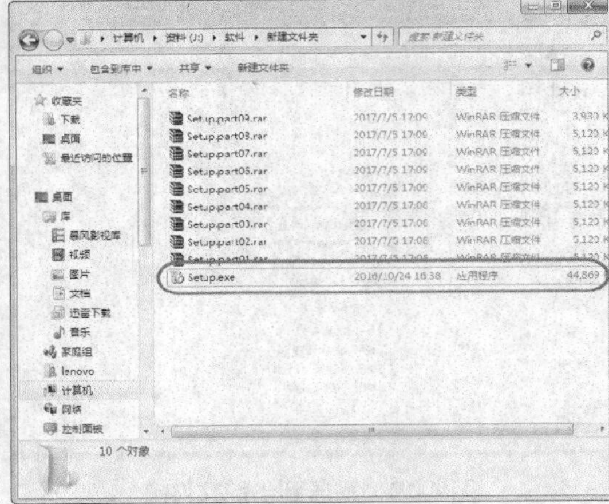

图 4-24　解压分卷压缩文件 2

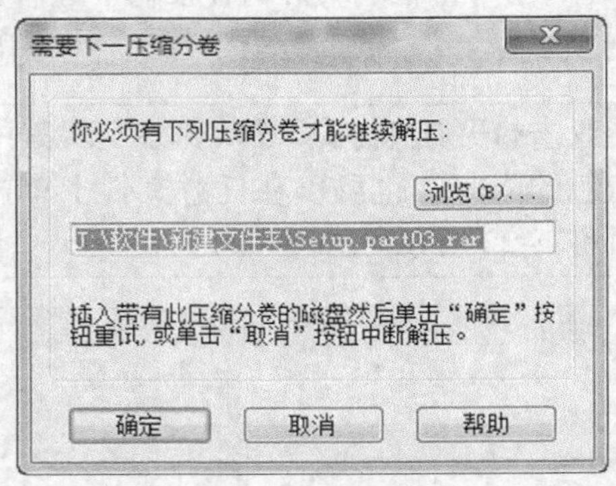

图 4-25　寻找丢失分卷

要点提示

使用分卷压缩功能将文件拆分压缩后一定要保证分卷的完整性，只要缺失一个分卷，整个解压过程将无法进行，最终导致文件解压失败、数据丢失。

4.1.5　创建自解压文件

自解压文件是压缩文件的一种，可以不用借助任何压缩工具，只需双击该文件就可以自动执行解压缩操作。不过，自解压文件要大于普通的压缩文件（由于内置了自解压程序），其文件类型通常为.exe 格式。

（1）在需要解压的文件上单击鼠标右键，选择【添加到压缩文件】选项，如图 4-26 所示。

（2）弹出【压缩文件名和参数】对话框，选中【创建自解压格式压缩文件】复选框，再输入文件名，此时文件名后缀自动更改为.exe，如图 4-27 所示。

（3）切换到【高级】选项卡，单击 自解压选项(X)... 按钮，如图 4-28 所示。弹出【高级自解压选项】对话框，根据需要进行参数设置，如图 4-29 所示。

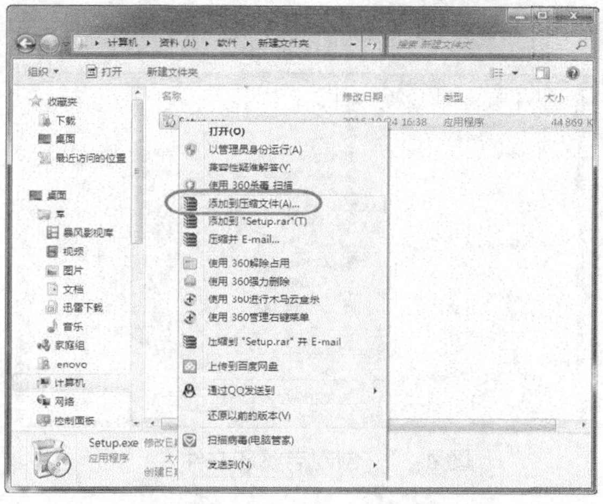

图 4-26　创建自解压文件 1

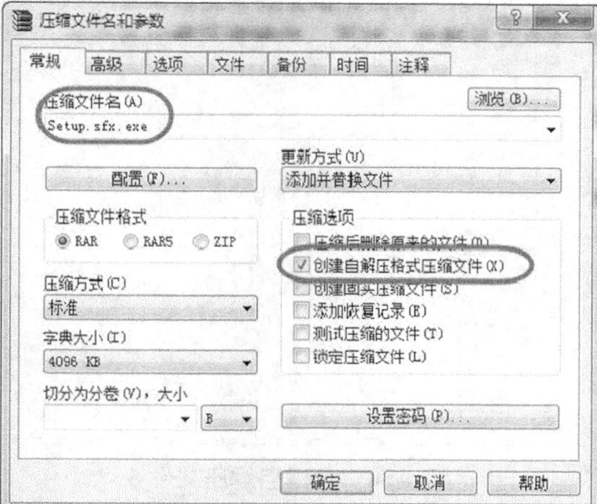

图 4-27　创建自解压文件 2

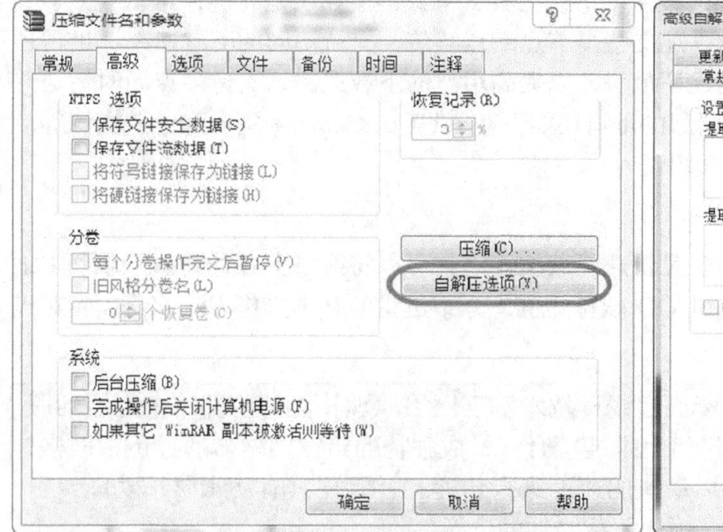

图 4-28　创建自解压文件 3

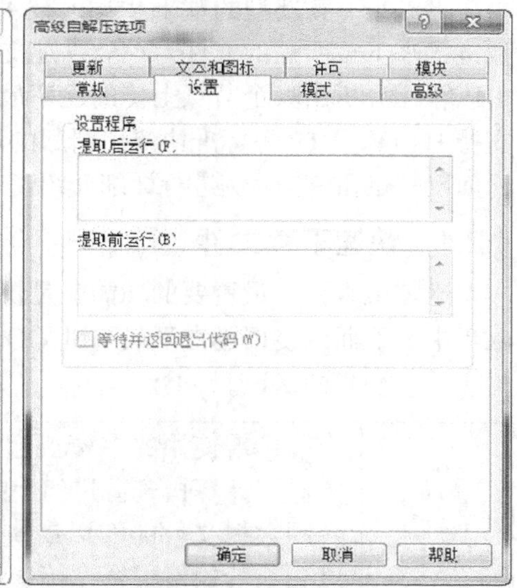

图 4-29　创建自解压文件 4

（4）设置完成后，在【压缩文件名和参数】对话框中单击 确定 按钮创建自解压文件，如图 4-30 所示。

要点提示

注意：危险的自解压程序可能携带病毒。收到可执行的附件文件时，先把它们保存起来，然后在这个文件上单击鼠标右键，如果【用 WinRAR 打开】命令可用，如图 4–31 所示，则表明此程序是一个自解压程序。此时，可以把该文件的扩展名由.exe 改为.rar，双击后即可用 WinRAR 打开它，这样会更安全。

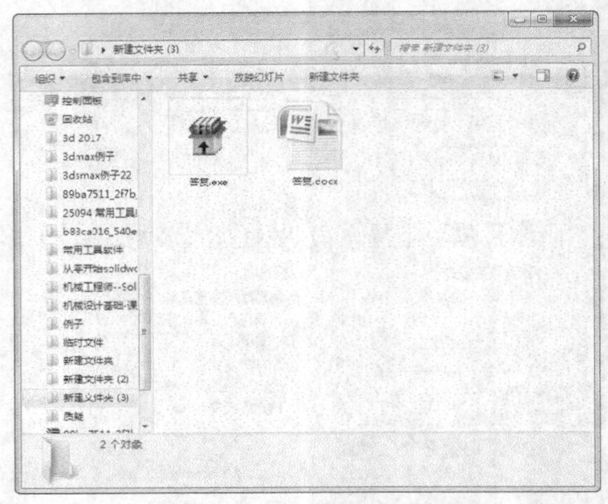

图 4-30　创建自解压文件 5

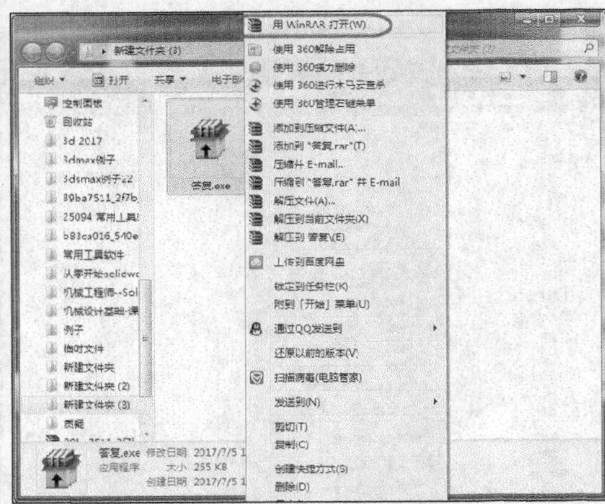

图 4-31　创建自解压文件 6

4.2　文件下载工具——迅雷

迅雷是一款新型的基于 P2SP 技术的下载工具，下载链接如果是死链，迅雷会搜索其他链接来下载所需的文件。该软件还支持多节点断点续传，支持不同的下载速率。迅雷还可以智能分析出哪个节点上传的速率最快，以提高用户的下载速率，支持多点同时传送并支持 HTTP、FTP 等标准协议。新版的迅雷还能下载 BT（BitComet）资源和电驴资源等。下面以“迅雷 9”为例进行详细介绍。

4.2.1　快速下载文件

迅雷最直接、最重要的功能就是快速下载文件，它可以将网络上各种资源下载到本地磁盘中。下面以使用迅雷下载腾讯 QQ 软件为例，介绍迅雷的基本操作方法，让读者对迅雷有一个初步的认识。

要点提示

迅雷使用的多资源超线程技术基于网络原理，能够将网络上存在的服务器和计算机资源进行有效的整合，构成独特的迅雷网格。通过迅雷网格，各种数据文件能够以最快的速度进行传递，并且还具有病毒防护功能，可以和杀毒软件配合，确保下载文件的安全。

操作步骤

（1）启动迅雷。

启动迅雷 9，进入其操作界面，如图 4-32 所示。

（2）下载文件。

① 找到下载资源后，进入其下载页，然后单击下载地址链接。

② 在【新建任务】对话框的【存储路径】下拉列表中设置文件的保存路径，如图 4-33 所示。

③ 单击 普通下载 按钮下载文件，如图 4-34 所示。

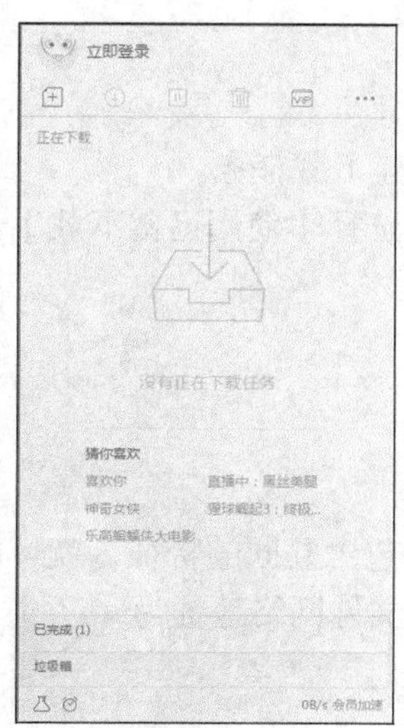

图 4-32　迅雷 9 的操作界面

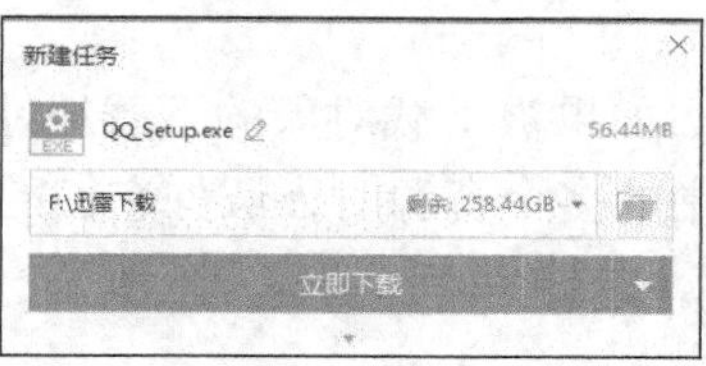

图 4-33　下载文件

图 4-34　下载链接

④ 开始下载文件后，在迅雷的操作界面中将显示文件的下载速度、完成进度等信息，如图 4-35 所示。

⑤ 下载完成后，选择左侧面板中的【已完成】选项，可以看到下载完成后的文件信息，如图 4-36 所示。

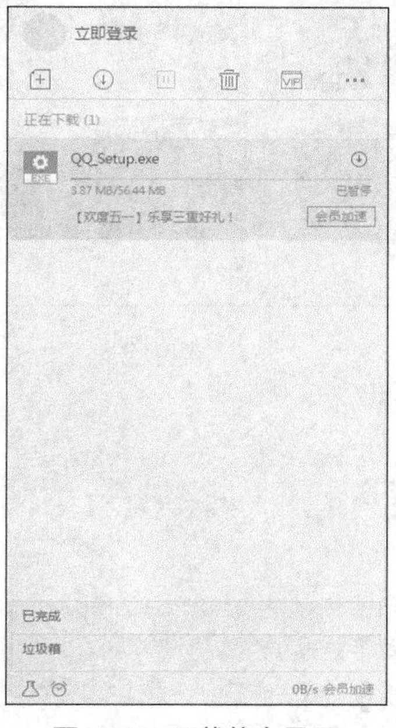

图 4-35　下载信息显示

图 4-36　下载完成后的文件信息

下载完成后，选中下载的文件，在任务信息栏中还可以对文件进行重命名操作，以便管理计算机中的文件。

【知识链接】

下载单个文件时，向迅雷中添加下载任务有以下 4 种方法。

（1）在浏览器中单击要下载的文件，系统自动启动迅雷并新建下载任务。

（2）在要下载的文件上单击鼠标右键，在弹出的快捷菜单中选择【使用迅雷下载】命令，新建下载任务。

（3）在【文件】菜单中选择【新建】命令，新建下载任务。

（4）在图 4-32 所示界面顶部单击 ⊞ 按钮添加新任务。

4.2.2 批量下载文件

迅雷提供了批量下载文件功能，如果被下载对象的下载地址包含共同的特征，就可以进行批量下载。例如，在下载网页中的多个资源时，假如它们的文件网络地址为

http://www.a.com/01.zip

…

http://www.a.com/10.zip

如果对每一个地址链接都单独建立下载任务，操作将会非常烦琐。使用迅雷的批量下载功能可以减少许多重复的操作。下面将以图 4-37 左图所示的多张连续的图片为例，让用户掌握批量下载文件的操作方法，下载后的效果如图 4-37 右图所示。

需要下载的图片　　　　下载后的效果

图 4-37　批量下载文件

操作步骤

（1）复制下载地址。

① 在要下载的图片上单击鼠标右键，弹出快捷菜单。

② 在快捷菜单中选择【属性】命令，弹出【属性】对话框。

③ 在【属性】对话框中复制图片的地址，如图 4-38 所示。

要点提示

批量下载时，一定要多查看几张图片的下载地址，确保其具有序号上的连续性，防止因为图片的下载地址不连续而无法下载文件。

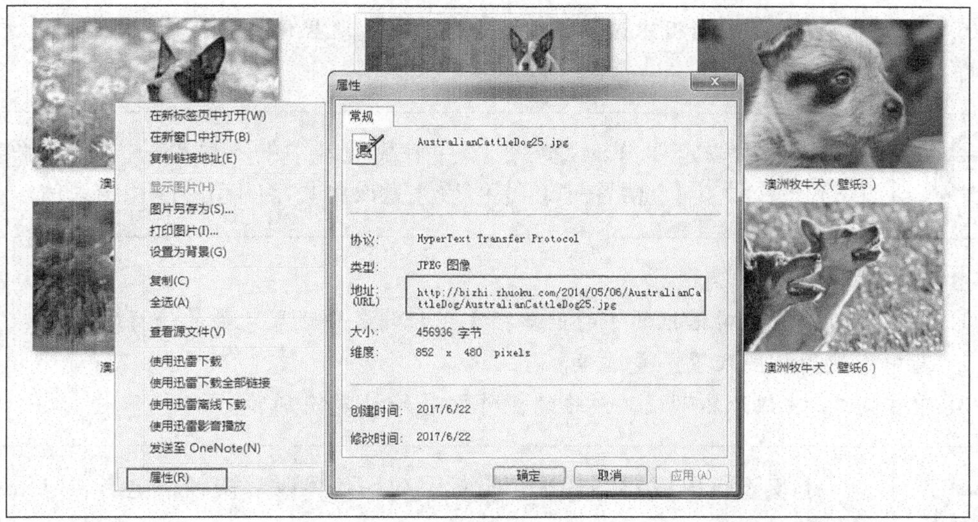

图 4-38　复制地址

④ 启动迅雷，选择【新建任务】/【添加批量任务】命令，如图 4-39 所示。弹出【新建任务】对话框，如图 4-40 所示。

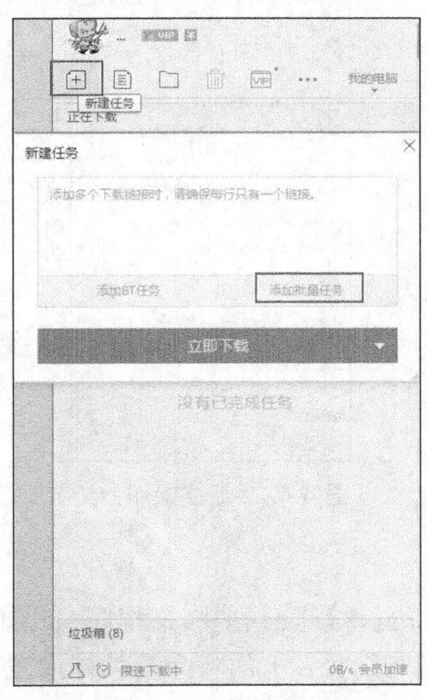

图 4-39　添加批量任务

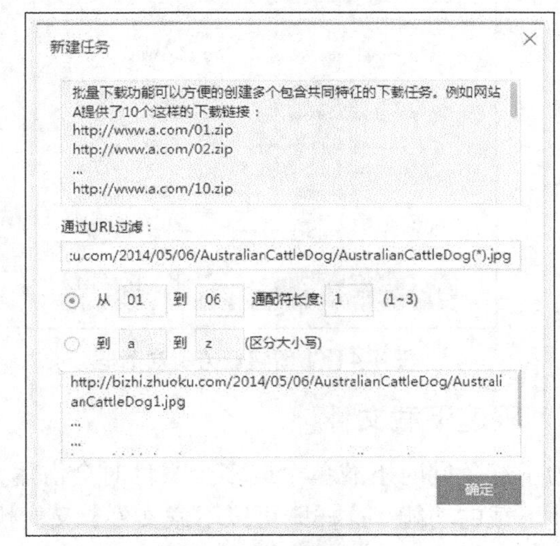

图 4-40 【新建任务】对话框

（2）设置参数。

① 在【新建任务】对话框中将下载地址粘贴到【URL】文本框中。

② 将地址后面连续的数字部分修改为“(*)”。

③ 设置【通配符长度】为“1”。

④ 设置数字的开始和结束值分别为“01”和“06”。

⑤ 单击 确定 按钮，弹出【新建任务】对话框，如图 4-41 所示。

⑥ 在【新建任务】对话框中选择需要下载的资源，这里保持默认选择，选择【立即下载】即可完成批量下载。

此处，一定要分清楚每张图片下载地址中的不同部分并将其修改为“(＊)”，在设置【通配符长度】值后注意设置数字的起始值和结束值。

（3）设置文件保存信息。

① 在【新建任务】对话框的【存储路径】下拉列表中设置文件的保存路径。

② 选中【使用相同配置】复选框。

③ 单击立即下载按钮开始下载，最终的操作效果如图 4-42 所示。

迅雷不仅可以对图片进行批量下载，还可以对视频、电影、电子书等进行批量下载。

图 4-41 【新建任务】对话框

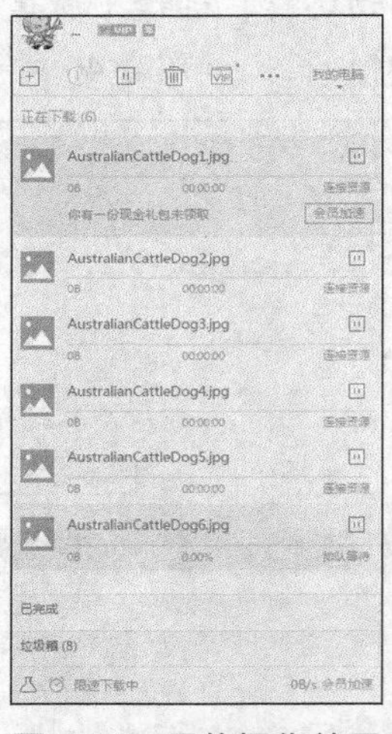

图 4-42 最终操作效果

4.2.3 限速下载文件

为了避免同时下载单个或多个文件时会占用大量带宽，影响其他网络程序，迅雷提供了限速下载的功能。这样既可以下载文件，又能快速浏览网页。下面将介绍具体设置方法。

操作步骤

（1）启动迅雷。

选择【更多】/【设置中心】命令，如图 4-43 所示，弹出【设置中心】对话框。

（2）设置下载与上传速度。

① 在【设置中心】对话框的下方面板中选择【基本设置】选项。

② 在【下载模式】面板中选中【限速下载】/【修改配置】按钮。

③ 分别设置【最大下载速度】和【最大上传速度】参数。

④ 单击 确定 按钮，如图 4-44 所示。

⑤ 设置完成，下载所需的文件，这样迅雷在下载文件时就不会超过用户设定的速度，如图 4-45 所示。

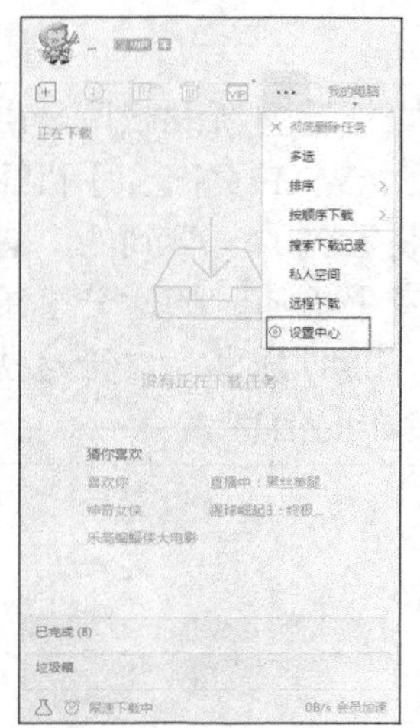

图 4-43 选择【设置中心】命令

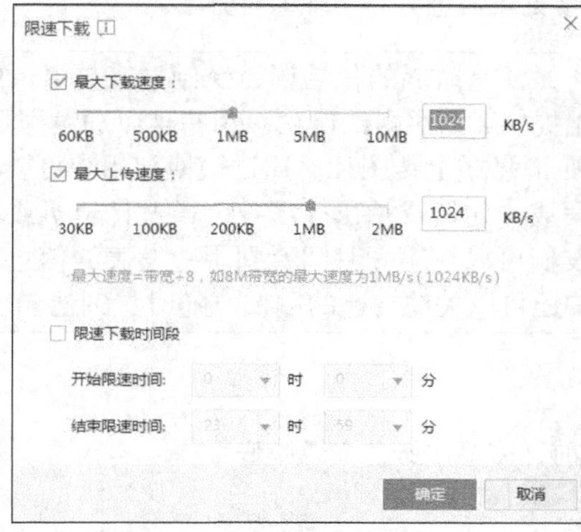

图 4-44 设置下载与上传速度

图 4-45 显示下载速度

迅雷 9 还提供了【我的电脑功能板块】和【优化离线空间】，其含义如下。

- 【我的电脑功能板块】：在这里用户可以添加手机迅雷和下载宝这两个产品，实现资源和记录的云端同步，解决在 PC 端、移动端以及客户端不同场景下的需求。
- 【优化离线空间】：迅雷 9 的离线空间支持非迅雷会员用户使用，非会员用户也可以从离线空间获取到云端的下载记录，并且可以取回本地，而会员用户的离线加速将更快。同时，离线空间的新界面布局也变得更简约、操作更便捷。

【知识链接】

迅雷其他几个常用设置。

- 开机启动迅雷：这是一个开机自动启动程序，当计算机重新启动或者开机时，系统会自动启动迅雷软件。
- 完成后关机：这也是与计算机本身相联系的操作，选中此复选框后，当迅雷执行完下载任务时会自动将计算机关闭。
- 检查更新操作：开发该软件的公司会添加新的组件或将功能进行完善，所以需要进行软件更新，实现信息同步。
- 在【配置】对话框中还有其他的设置，一般都采用默认设置。

4.3 社交网络平台工具——新浪微博

微博，可以理解为“微型博客”（MicroBlog）或者“一句话博客”，是一个基于用户关系的信息分享、传播以及获取平台，用户可以通过 Web、WAP 以及各种客户端组建个人社区，以 140 字左右的文字更新信息，并实现即时分享。

目前，微博是时尚的代名词，受到越来越多人的喜爱。新浪微博是由新浪网推出提供微博服务的网站。用户可以通过网页、WAP 页面、手机短信/彩信发布消息或上传图片。通过微博，用户可以将看到的、听到的、想到的事情写成一句话或拍摄成图片，通过计算机或者手机随时随地分享给朋友。朋友们可以在第一时间看到用户发表的信息，随时分享、讨论这些信息。用户还可以关注自己的朋友，随时看到他们发布的信息。

4.3.1 注册微博

在使用新浪微博之前，需要注册一个微博账号。

操作步骤

（1）登录注册网站。

进入新浪微博登录注册界面，如图 4-46 所示。

（2）填写注册信息。

① 输入手机号，单击免费获取短信激活码按钮获取短信激活码，填写验证码。

② 单击立即注册按钮，进入【完善资料】界面填写资料，如图 4-47 所示。

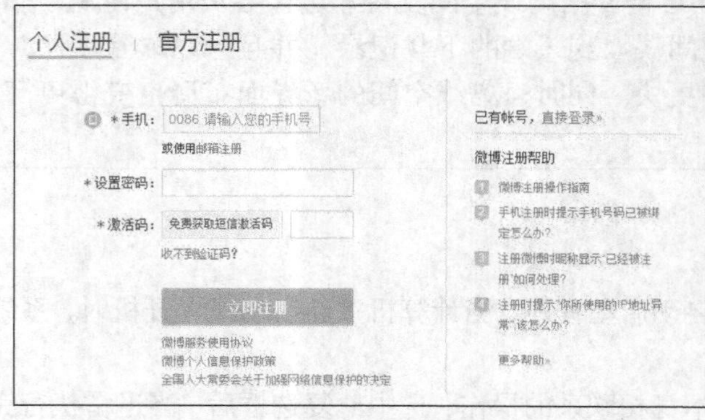

图 4-46　注册界面

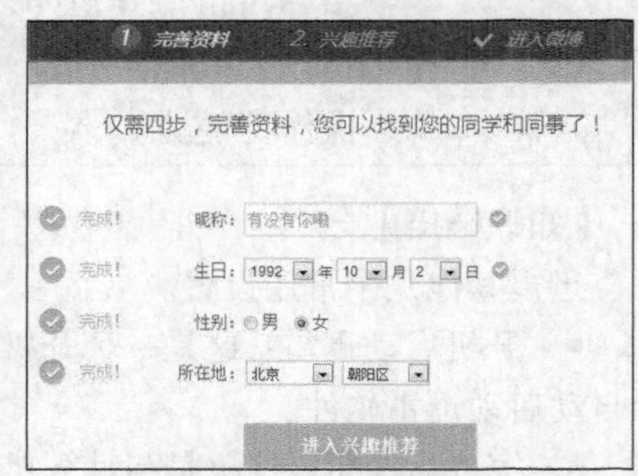

图 4-47　完善资料

③ 填写完资料后，单击进入兴趣推荐按钮，选择自己的兴趣或者在【人气推荐】中选择自己想要关注的人和事，如图 4-48 所示。

④ 进入微博，如图 4-49 所示。

图 4-48 兴趣推荐

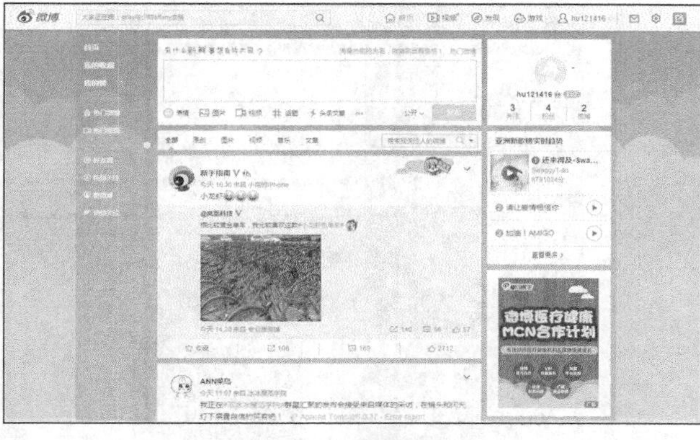

图 4-49 进入微博

4.3.2 发微博

微博注册成功后，就可以按照以下步骤发微博了。

操作步骤

（1）登录微博。

① 打开新浪微博，在页面右上角使用注册的邮箱、会员账号或手机号登录微博，如图 4-50 所示。

图 4-50 登录微博

② 随后打开微博首页，右上角会显示用户的个人信息，如图 4-51 所示。

（2）撰写微博。

① 在页面上方是简单的微博应用，在页面顶部的文本框中输入微博文本，如图 4-52 所示。

图 4-51　微博首页

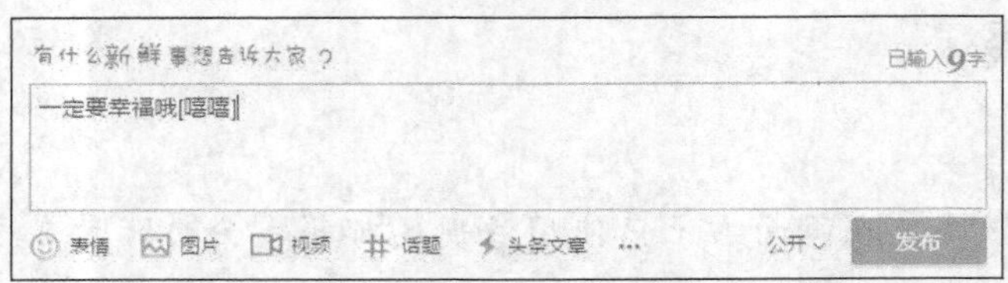

图 4-52　撰写微博

② 单击公开▾按钮的▾图标，如果选择【好友圈】选项，则你发表的微博可以被你的好友圈里面的人看到；如果选择【仅自己】选项则只有自己可以看见；如果选择【分组可见】选项，则可以根据用户手动设置可见的人群。

③ 单击发布按钮，即可完成一条简单微博的发布。

（3）添加表情。

① 单击文本框左下角的表情按钮打开表情列表，如图 4-53 所示。用户可以选择添加常用表情和暴走漫画表情等，如图 4-54 所示。

图 4-53　表情列表

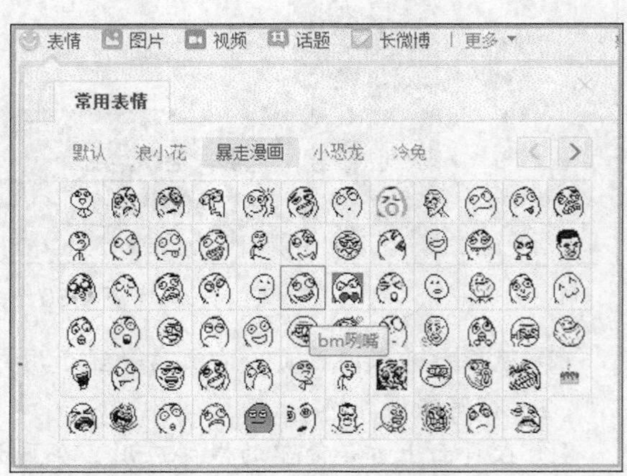

图 4-54　暴走漫画表情

② 添加表情后的效果分别如图 4-55 和图 4-56 所示。使用表情能直观地表达心情和情绪，可以使发布的微博更加生动活泼，富有趣味性。

（4）添加图片。

① 单击文本框左下角的图片按钮，打开图 4-57 所示的列表框，此处可以使用多种方式向微博中上传图片。

图 4-55 文本框中的效果　　图 4-56 最终效果　　图 4-57 添加图片

要点提示

当用户在微博中发布照片后，如果该图片宽（或高）大于 300 像素时，系统会自动在图片右下角添加用户微博地址的水印信息。若图片尺寸不足 300 像素，为了避免影响图片效果，系统不会添加水印信息。

② 在【单图/多图】选项卡中，可以使用【单张图片】、【多张图片】方式从本地计算机上传图片。

③ 选中【拼图】选项卡，可以选取图片进行自由拼图或者模板拼图，然后发到微博上面，如图 4-58 所示。

图 4-58 拼图上传

④ 选中【截屏】选项卡，可以截取图片上传微博。

⑤ 选中【传至相册】选项卡，可以把图片上传到微博相册，如图 4-59 所示。

（5）添加视频。

① 单击文本框下方的视频按钮，打开图 4-60 所示的列表框，可以使用多种方法向微博中上传视频文件。

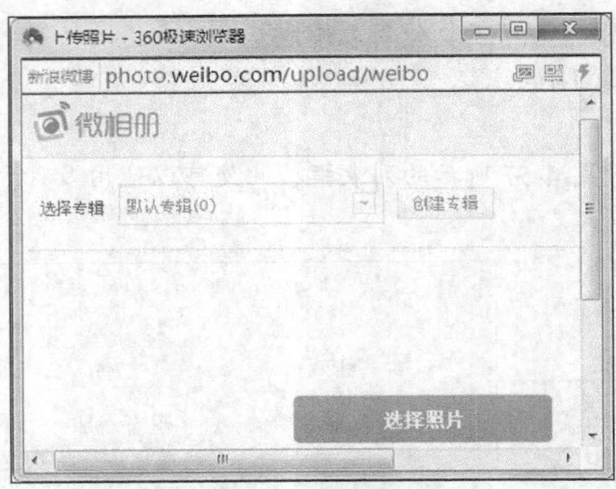

图 4-59　上传到微博相册

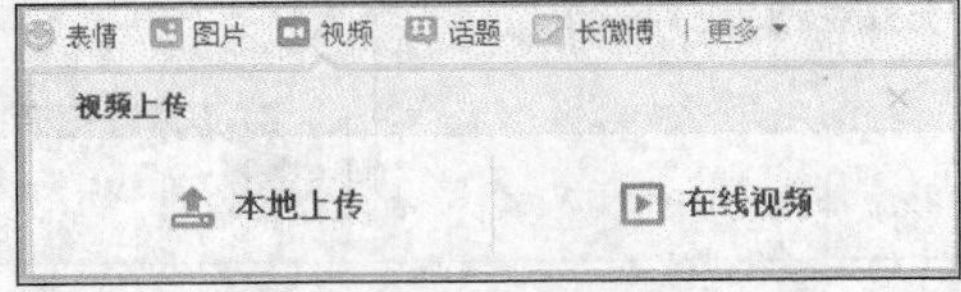

图 4-60　添加视频

② 选择【本地上传】选项，首先选取视频的保存位置，然后选择要上传的视频。文件大小不能超过 1GB，填写标题、简介、选区类别等，单击开始上传按钮，上传视频文件，如图 4-61 所示。

③ 选择【在线视频】选项，在地址栏中输入视频网址，单击确定按钮即可，如图 4-62 所示。新浪微博目前已支持新浪播客、优酷网、土豆网、酷 6 网、56 网、奇艺网、凤凰网等网站的视频播放页链接。

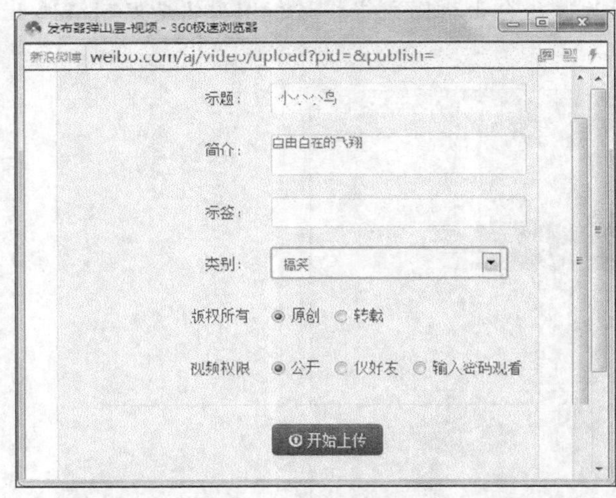

图 4-61　上传视频

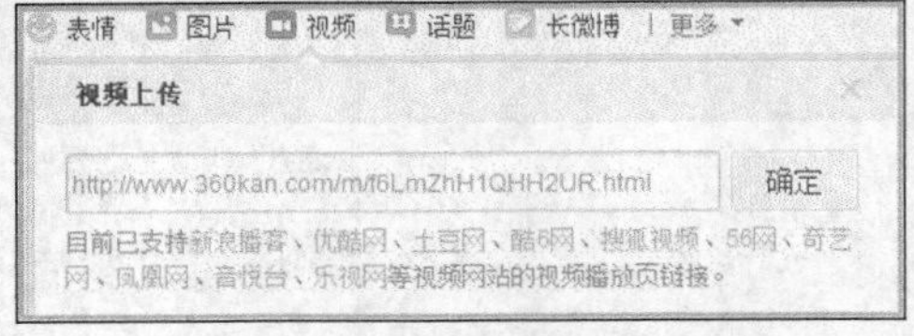

图 4-62　在线视频分享

（6）发布话题。

简单地说，“话题”就是微博搜索时的关键字，其书写形式是将关键字放在两个“#”符号之间，后面再加上想写的内容，例如，#舌尖上的母校#今天这话题真火。

① 单击文本框下方的话题按钮，打开图 4-63 所示的列表框，这里显示了当前的热门话题。单击这些链接可以将其加入微博中。

② 选择【插入话题】选项，将在文本框中显示两个“#”号，如图 4-64 所示，在其间插入话题即可。

（7）添加音乐。

① 单击更多▾按钮，打开图 4-65 所示的列表框，选择【音乐】命令，可以选择在线音频和上传原创作品，如图 4-66 所示。

图 4-63　话题列表

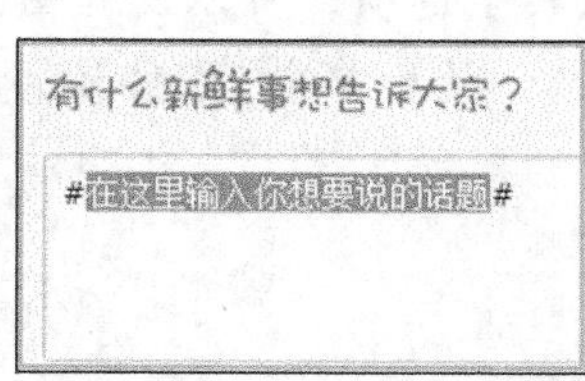

图 4-64　发布话题

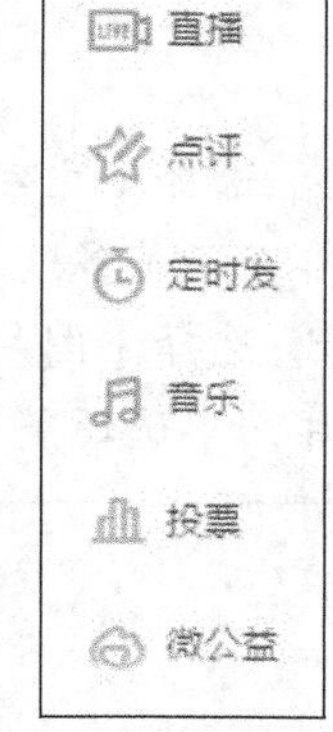

图 4-65 【更多】列表框

② 在【搜索歌曲】选项卡中输入关键字，搜索歌曲，如图 4-67 所示。搜到的歌曲可以单击右侧的按钮试听，然后选择喜欢的歌曲将其加入到微博中。

图 4-66　添加音乐

图 4-67　搜索歌曲

（8）发起投票。

① 单击更多▾按钮，打开图 4-65 所示的列表框，选择【投票】命令，打开下拉列表，如图 4-68 所示。

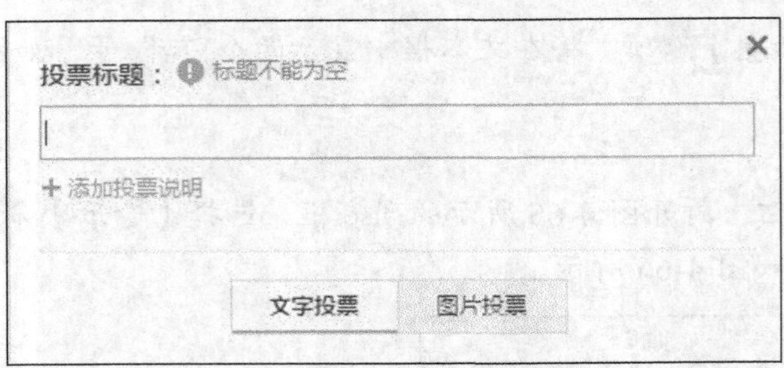

图 4-68　发起投票

② 选择【文字投票】选项，可以发起文字投票，按照图 4-69 所示设置投票标题、选项，单选还是多选，最后单击发起按钮。

③ 选择【图片投票】选项，可以发起图片投票，按照图 4-70 所示设置投票标题、上传图片，单选还是多选，最后单击发起按钮。

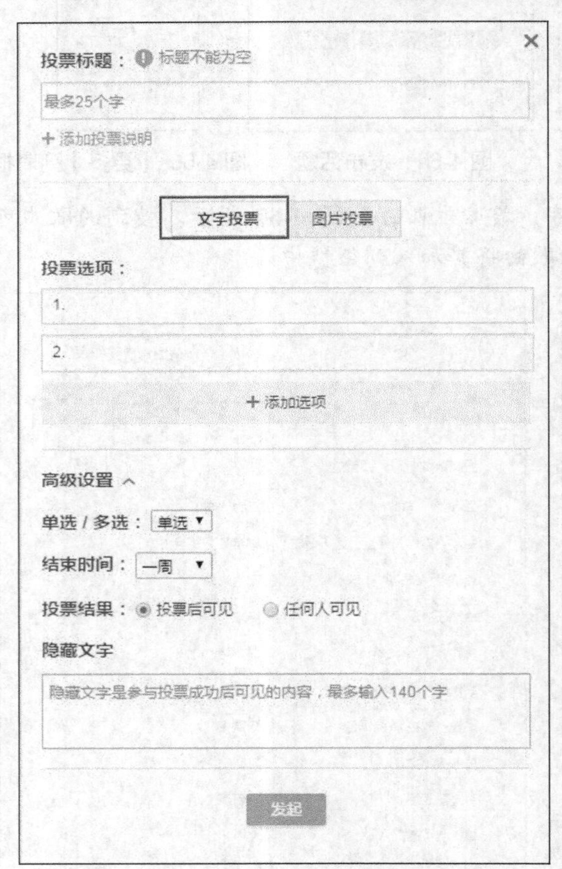

图 4-69　文字投票

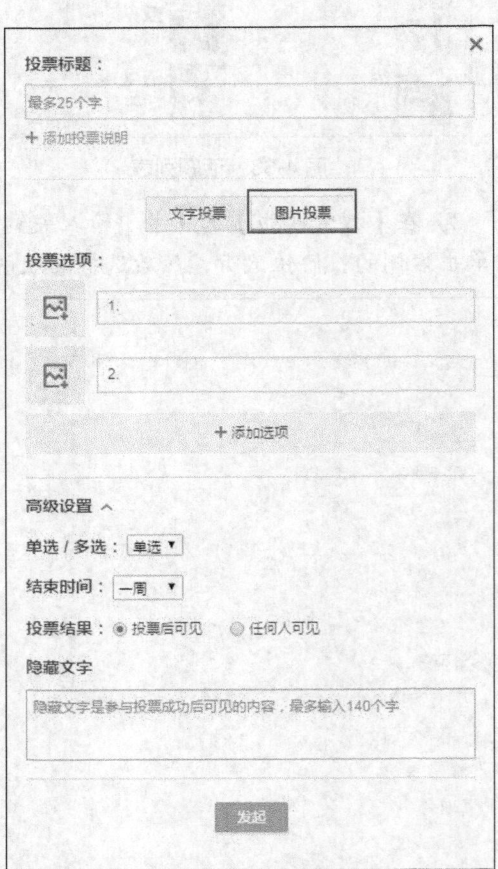

图 4-70　图片投票

4.3.3　互动

通过以上描述，相信读者对于如何发微博已经有了深刻的理解。那么，怎样在微博里和别人形成互动呢？这就需要加一些关注的人，同时尽量增加自己的粉丝。

操作步骤

（1）关注。

> “关注”是一种单向的、无需对方确认的关系，只要喜欢某网友的微博就可以关注对方。添加关注后，系统会将该网友所发的公开微博内容，立刻显示在用户的微博首页中，使用户可以及时关注网友的动态。

① 在“我的首页”的搜索框中输入关键字搜索，如图 4-71 所示，或在系统选择的用户可能感兴趣的人中去关注他人和邀请他人。

② 当关注的人越来越多时，管理会很麻烦，用户可以给这些关注的人分组。在“我的首页”的右侧，如图 4-72 所示，找到并单击“关注”，进入图 4-73 所示的页面。

图 4-71　找人、搜微博

图 4-72　关注链接

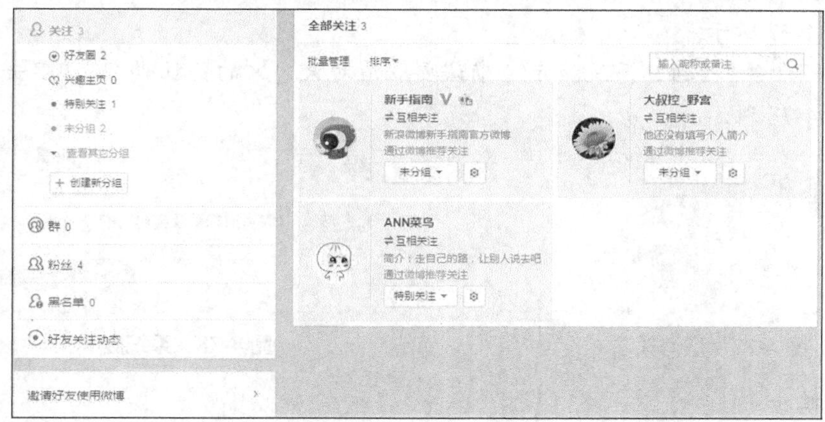

图 4-73　关注页面

③ 单击 + 创建新分组 按钮，弹出【创建分组】选框，设置【分组名】和【分组描述】，如图 4-74 所示。

④ 单击 添加组员 按钮，可以把关注的内容添加到新建组中，如图 4-75 所示。

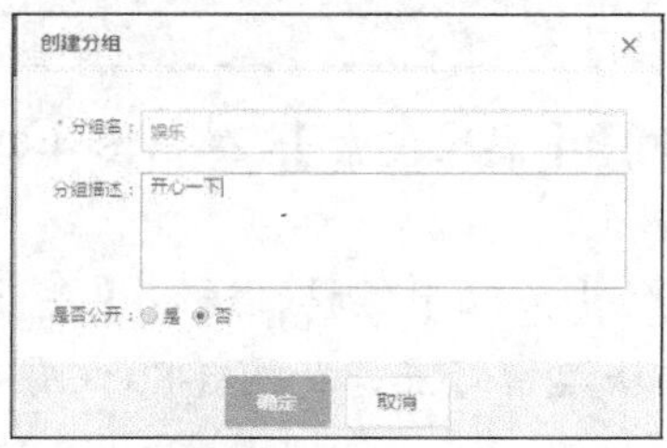

图 4-74　创建分组

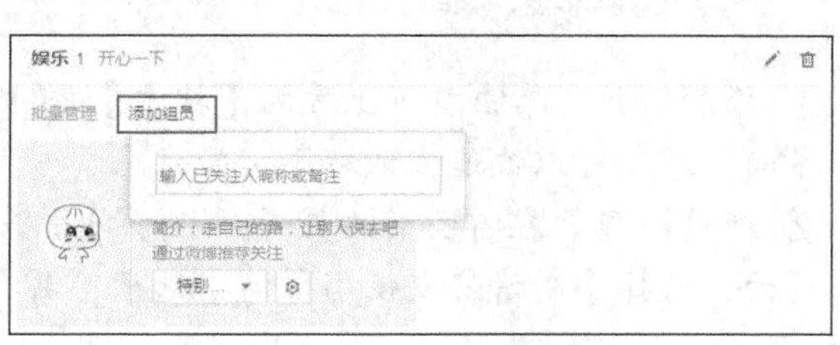

图 4-75　添加组员

⑤ 在对关注人进行分组后，在“我的首页”单击对应的组名，查看组内成员所发微博内容，如图 4-76 所示。

图 4-76　组内成员的微博内容

⑥ 取消关注。当用户对某网友失去关注兴趣时，可以取消关注。在“我的首页”的右侧，单击【关注】按钮，在【我关注的人】页面会显示所有关注的人，每项关注后均有取消关注按钮，如图 4-77 所示。

⑦ 单击取消关注按钮，系统提示“确认要取消对×××的关注吗？”，单击确定按钮即可，如图 4-78 所示。

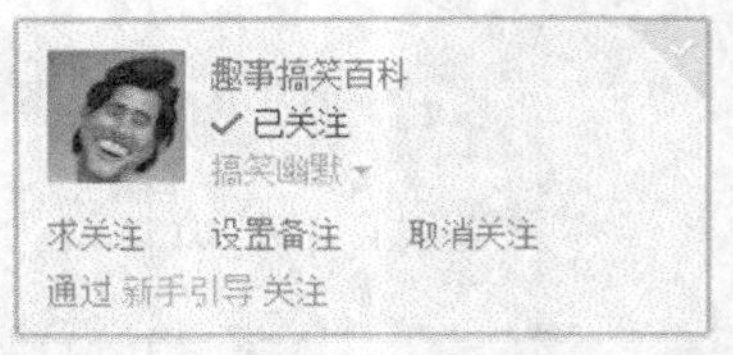

图 4-77　取消关注

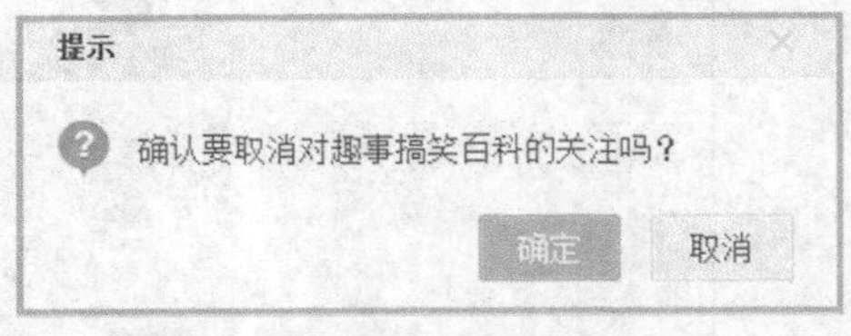

图 4-78　系统提示

（2）粉丝。

要点提示

粉丝指关注用户的人，无上限。一般只显示最新关注的 1000 人。在新浪微博中，关注是指用户关注的人，而粉丝则是指关注用户的人。在登录微博后，右侧头像下方会显示用户关注的人数和关注用户的人数。用户关注的人越多，则获取的信息量越大。粉丝越多，则表明用户发表的微博会被越多人看到。

① 增加粉丝。单击首页上方的【搜索】，单击【找人】/【高级搜索】，弹出图 4-79 所示的界面，此处可以快速方便地添加粉丝。

② 邀请粉丝。在首页的右侧导航栏中单击头像下方的【关注】链接，进入【关注/粉丝】页面，选择【邀请好友使用微博】选项，共有 4 种方法邀请好友，如图 4-80～图 4-83 所示。

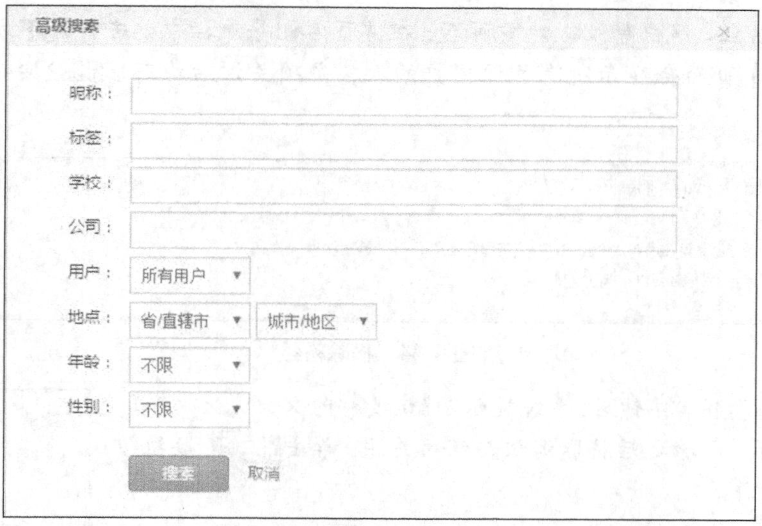

高级搜索　×

昵称：

标签：

学校：

公司：

用户：所有用户

地点：省/直辖市　城市/地区

年龄：不限

性别：不限

搜索　取消

图 4-79　找人

图 4-80　邀请手机好友

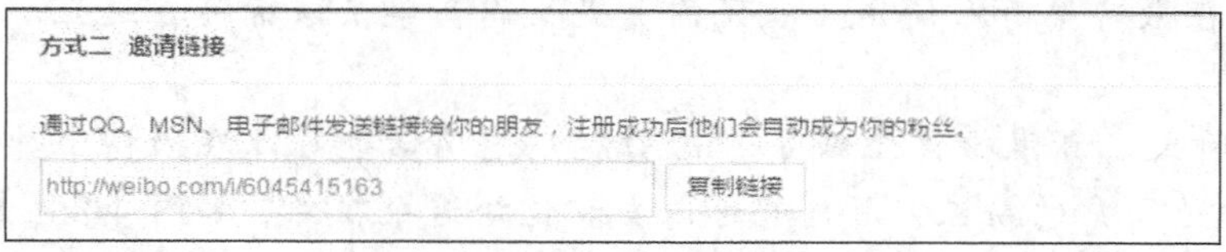

方式二　邀请链接

通过QQ、MSN、电子邮件发送链接给你的朋友，注册成功后他们会自动成为你的粉丝。

http://weibo.com/i/6045415163　复制链接

图 4-81　邀请链接

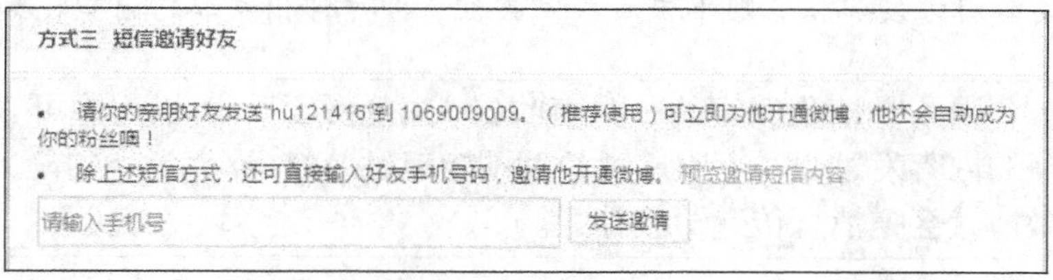

方式三　短信邀请好友

- 请你的亲朋好友发送"hu121416"到 1069009009。（推荐使用）可立即为他开通微博，他还会自动成为你的粉丝哦！
- 除上述短信方式，还可直接输入好友手机号码，邀请他开通微博。预览邀请短信内容

请输入手机号　发送邀请

图 4-82　短信邀请好友

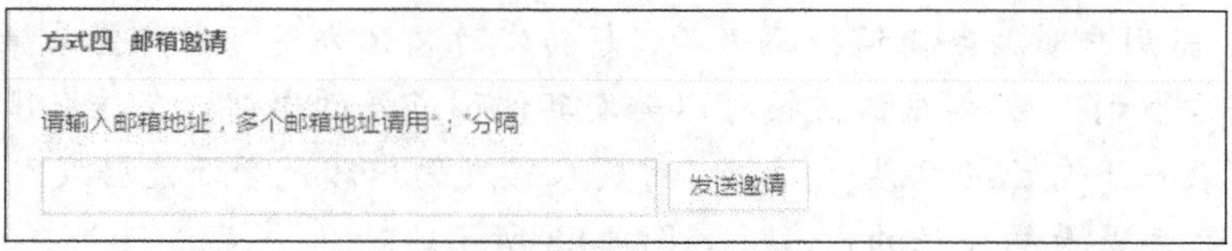

方式四　邮箱邀请

请输入邮箱地址，多个邮箱地址请用"；"分隔

发送邀请

图 4-83　邮件邀请

③ 移除粉丝。用户登录微博首页后，在首页右侧导航栏中单击头像下方的粉丝链接，【关注我的人】页面会显示所有关注用户的人，每项关注后均有移除粉丝按钮，如图 4-84 所示。

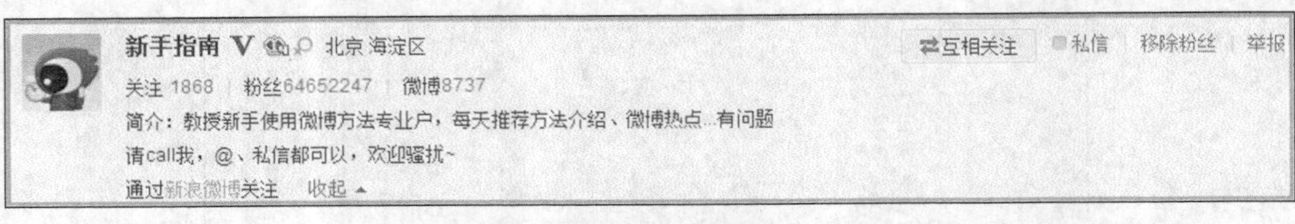

图 4-84 移除粉丝

④ 单击移除粉丝按钮后，系统提示“确认要移除×××××？”，如图 4-85 所示。移除之后将取消该粉丝的关注，单击确定按钮即可完成移除操作。

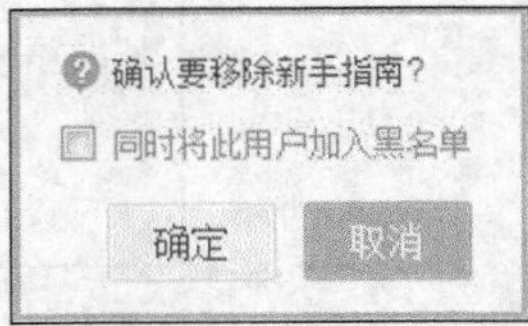

图 4-85 系统提示

（3）私信。

当用户想对某个人说话时，可以用@功能和发私信功能。

@这个符号英文读作 at，在微博里的意思是“向某某人说”。只要在微博用户昵称前加上一个@，并在昵称后加空格或标点，该用户就能看到。比如：@微博小秘书 你好啊。需要注意的是：@功能只能是对你加关注的人使用。对微博小秘书不加关注也可以用@发私信功能，但是对于其他的普通用户不行。昵称后一定要加上空格或者标点符号，以此进行断句。

① 查看私信。在微博的个人首页，微博右侧菜单中新增“@提到我的”，如果在微博里有人使用（@昵称）提及你，单击该标签在这里就能看到。

图 4-86 发私信

② 私信聊天。新浪微博上线了私信功能，悄悄话也可以在微博上聊。只要对方是用户的粉丝，用户就可以发私信给这个粉丝，如图 4-86 所示。

③ 如果要给对方发私信，则单击私信按钮，即可弹出发私信窗口，如图 4-87 所示。

因为私信是保密的，只有收信人才能看到，所以用户可以放心地把想写的内容发过去，但应注意长度不能超过 300 个汉字。单击发送按钮之后，微博就会把消息传递给收件人。

（4）其他操作。

① 转发。当用户对某条微博很感兴趣，想转发时怎么办呢？用户登录微博后，可以在每条微博右下方看到转发，单击该链接可以转发其他网友发的微博。在转发微博时，还可以对转发内容发表一下自己的意见。那么，对别人转发的内容是否还能转发？当然可以，而且转发后的内容还是最初原始的内容，如图 4-88 所示。

图 4-87 发私信窗口

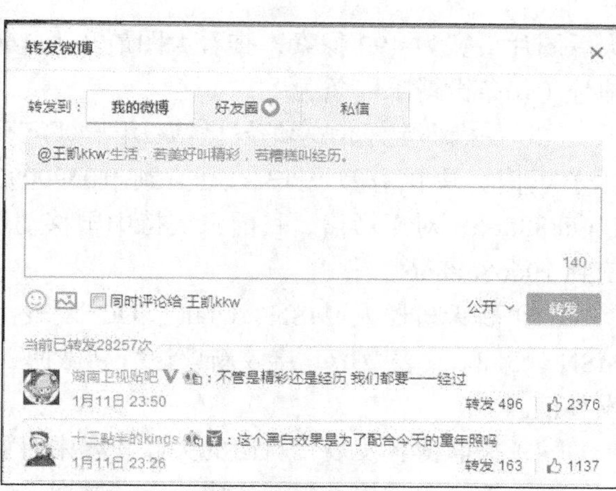

图 4-88 转发微博

② 评论。用户想对感兴趣的微博内容进行评论，单击微博下方的评论，页面会出现评论输入框，可在此处输入最多 140 个汉字的评论内容，如图 4-89 所示。

③ 回复。登录微博，如果看到微博内容右下方的评论后显示有红色数字，那说明该条微博有网友写了评论，数字则是评论的条数。单击评论链接，即可看到评论内容，在每条评论后均有回复链接，单击回复链接会出现输入框，最多可以输入 140 个汉字，如图 4-90 所示。

图 4-89 评论

图 4-90 回复评论

④ 删除评论。在登录微博后，你可以对收到的评论和发出的评论进行删除。单击微博右下方的评论链接，系统会在用户有权删除的评论后面显示删除链接。在单击删除链接后，系统会提示“确定要删除该回复吗？”。单击确定按钮即可完成删除操作，如图 4-91 所示。

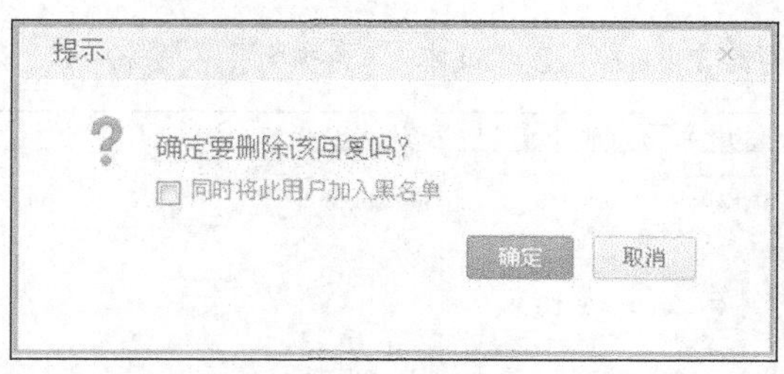

图 4-91 系统提示

【知识链接】

目前，新浪微博一共有 6 种方式发出。

（1）计算机发微博：可以在计算机上登录后发表微博，发表内容最多是 140 个汉字，一条微博内最多只能有一张图片，上传图片要求为 jpg、gif、png 格式并且小于 5MB，放大后图片最宽为490像素，查看大图最宽为1600像素。也可以直接输入音乐或视频的url地址（每条微博限一条）。

（2）手机绑定短信/彩信发微博：用户绑定手机后，可通过手机发短信或彩信更新微博。对于短信，中国移动用户发短信到1069009009，中国联通、中国电信用户发短信到1066888866；对于彩信，目前只支持中国移动用户、中国联通用户发彩信，用户可发送彩信到1066888866。

（3）聊天机器人MSN、Gtalk、UC发表：用户微博绑定MSN、Gtalk后，可以通过MSN、Gtalk发表微博，接收新评论、新微博、新粉丝、新私信的提醒，还可以通过MSN发私信。

（4）关联博客发表：自己的关联博客中有更新时，就会自动产生一条微博。

（5）评论：发他人微博生成一条新微博。

（6）通过手机WAP、客户端发表。

4.4 即时通信工具——微信

微信电脑版是腾讯公司推出的一款聊天、社交工具。它集成了聊天、交友、互动、娱乐等功能，为用户提供了一个沟通和展示自己的平台。通过注册成为微信用户，即可实现在计算机上登录微信，与微信好友聊天、发送截图给好友以及发送文件等诸多强大功能，使沟通更加便捷。本任务将以微信2.4版本为例进行介绍。

4.4.1 登录

登录微信电脑版与登录QQ等聊天工具一样，需要先注册用户。不同的是，登录时需要手机【扫码/确认】方可在计算机上使用。下面介绍具体操作方法。

操作步骤

（1）下载。

① 通过网页搜索到微信电脑版2.4版本，单击 立即下载 按钮，如图4-92所示。

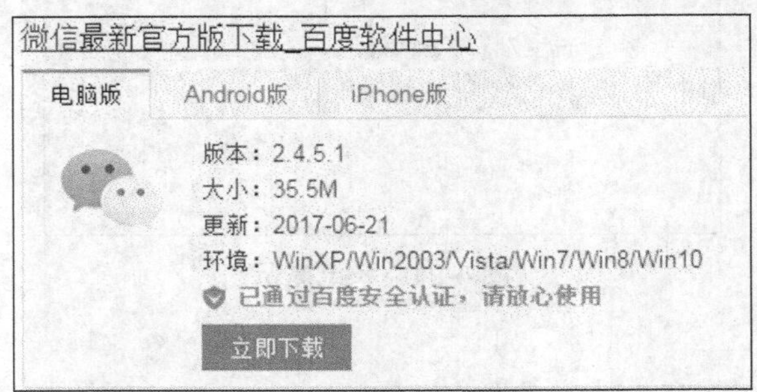

图4-92 下载微信电脑版

② 按照系统提示安装软件。

（2）登录。

① 双击桌面图标，运行微信。

② 第一次登录，会出现二维码，如图 4-93 所示。打开手机微信的扫一扫，扫码登录。扫描后，在手机上单击【确认】按钮登录，显示登录成功后即可开始使用。

③ 如果不是第一次登录，运行微信后，直接单击登录按钮，如图 4-94 所示。在手机上确认，即可开始使用。

图 4-93 扫码登录（本图为示意，请勿扫描图中二维码）

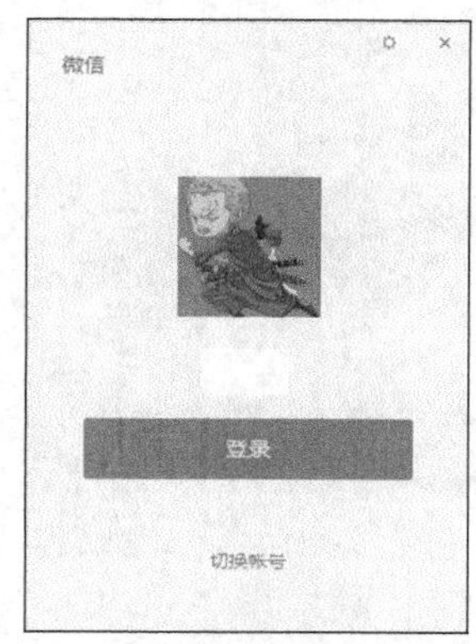

图 4-94 直接登录

4.4.2 好友聊天

微信登录成功后，即可正常使用。在聊天列表中选择想要聊天的好友或微信群，然后在输入框中输入内容，即可开始聊天。输入内容包括文字、表情、截图以及本地文件等，还可以与好友进行语音或视频聊天。下面介绍具体操作方法。

操作步骤

（1）选择聊天好友。

① 登录微信，进入微信的操作界面，如图 4-95 所示。

图 4-95 微信界面

② 在操作界面左方单击通讯录按钮，选择聊天好友，单击发消息即可进行聊天，如图 4-96 所示。

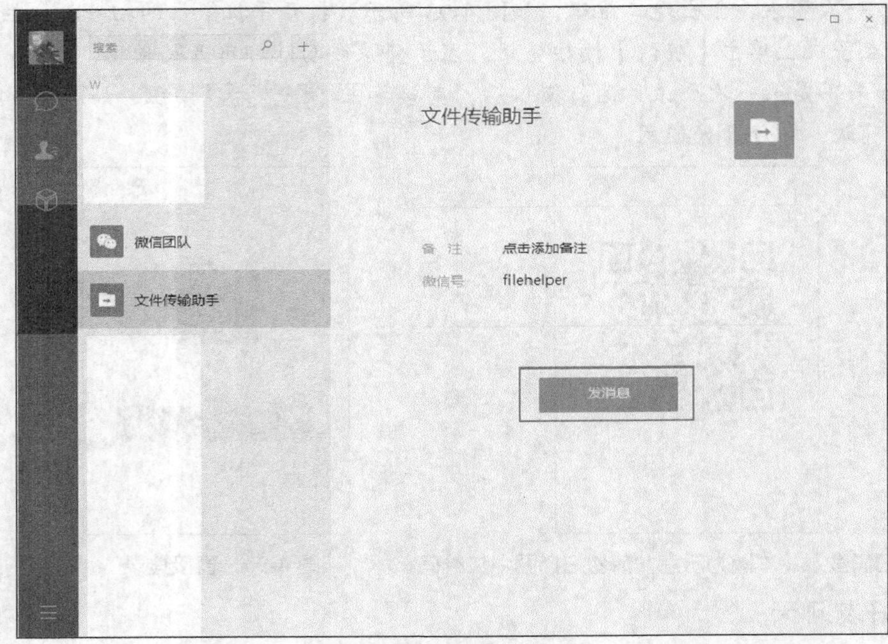

图 4-96 添加聊天好友

（2）输入聊天内容。

① 在微信的好友聊天对话框中输入想说的话，单击【发送】按钮即可，如图 4-97 所示。

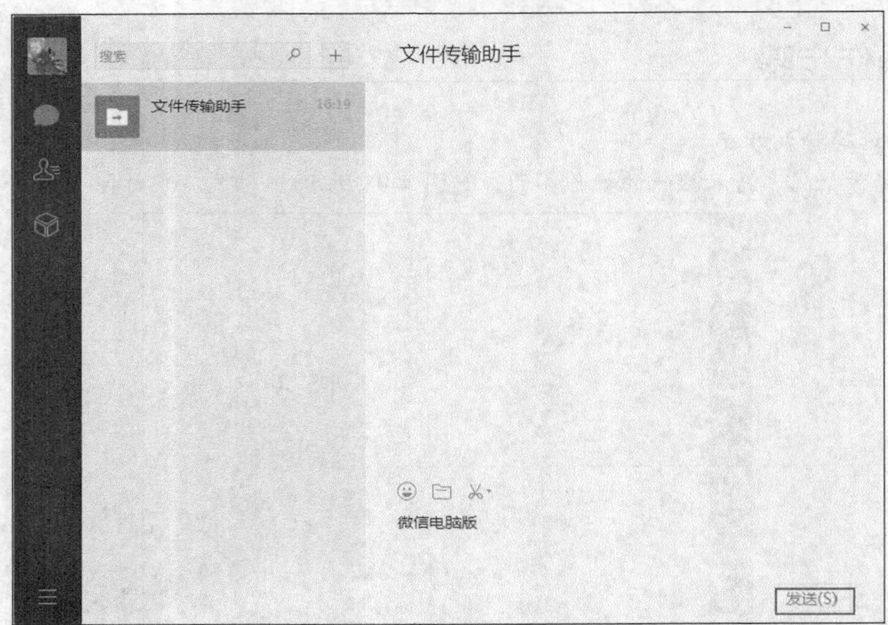

图 4-97 发送文字

② 使用微信发送表情，如图 4-98 所示。

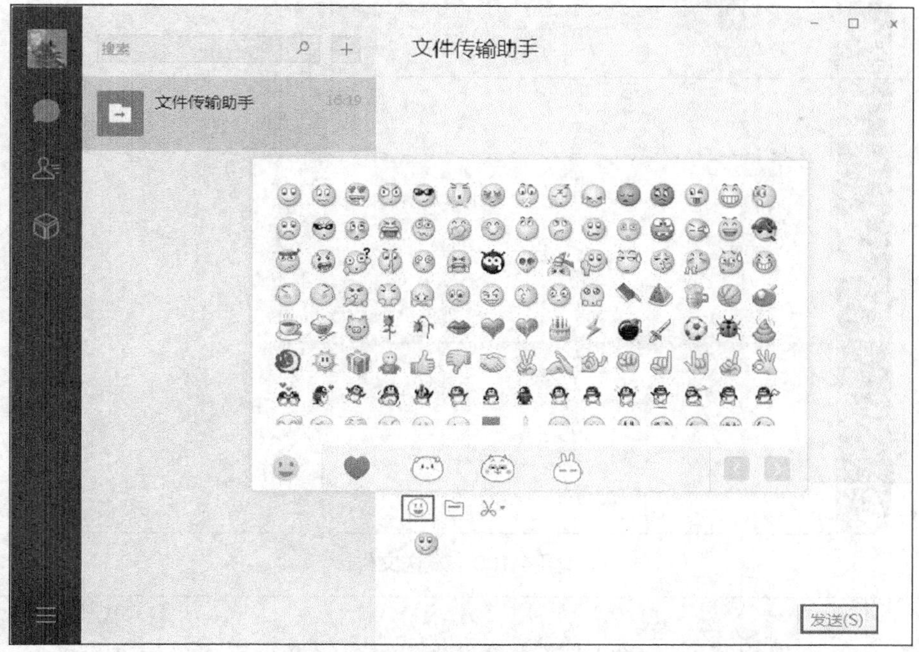

图 4-98 发送表情

③ 使用微信发送截图，如图 4-99 所示。

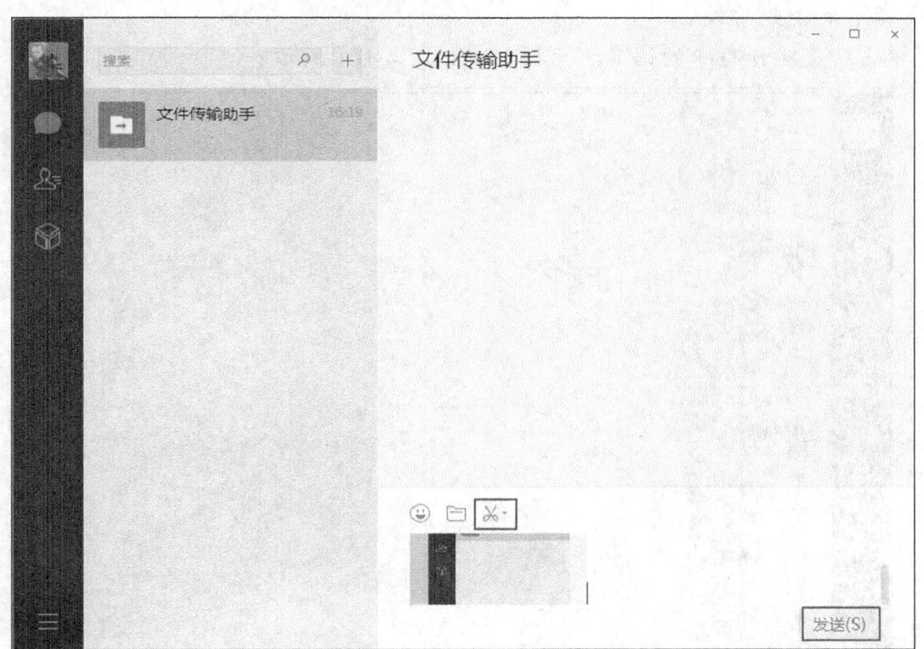

图 4-99 发送截图

④ 使用微信发送本地文件，如图 4-100 所示。

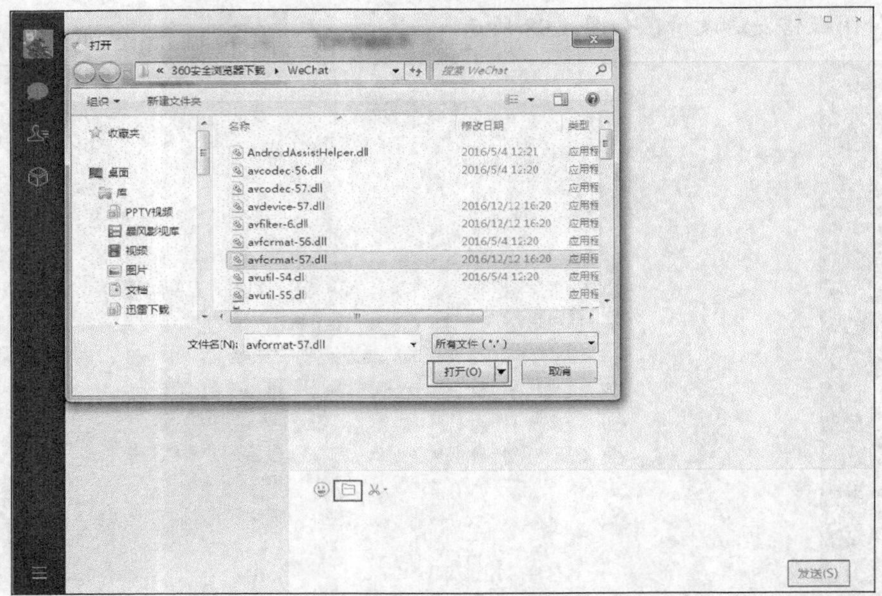

图 4-100　发送文件

用户还可将截图或者文件发送给自己，通过手机微信进行接收。

（3）语音和视频聊天。

① 单击聊天对话框中的语音聊天按钮，如图 4-101 所示。

图 4-101　启动语音聊天

② 待对方同意并执行确认操作后即可语音聊天，如图 4-102 所示。

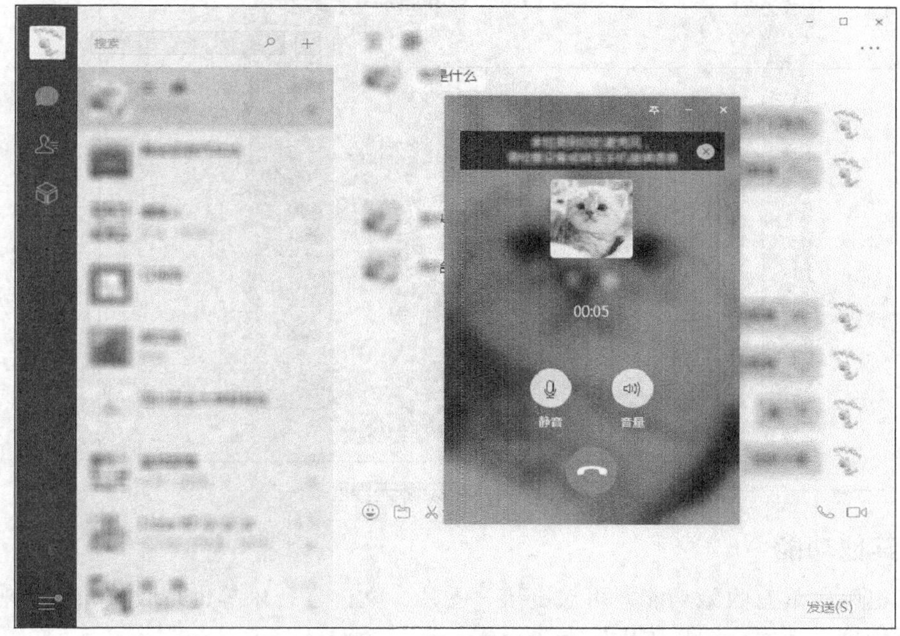

图 4-102　语音聊天界面

③ 单击聊天对话框中的视频聊天按钮，如图 4-103 所示。

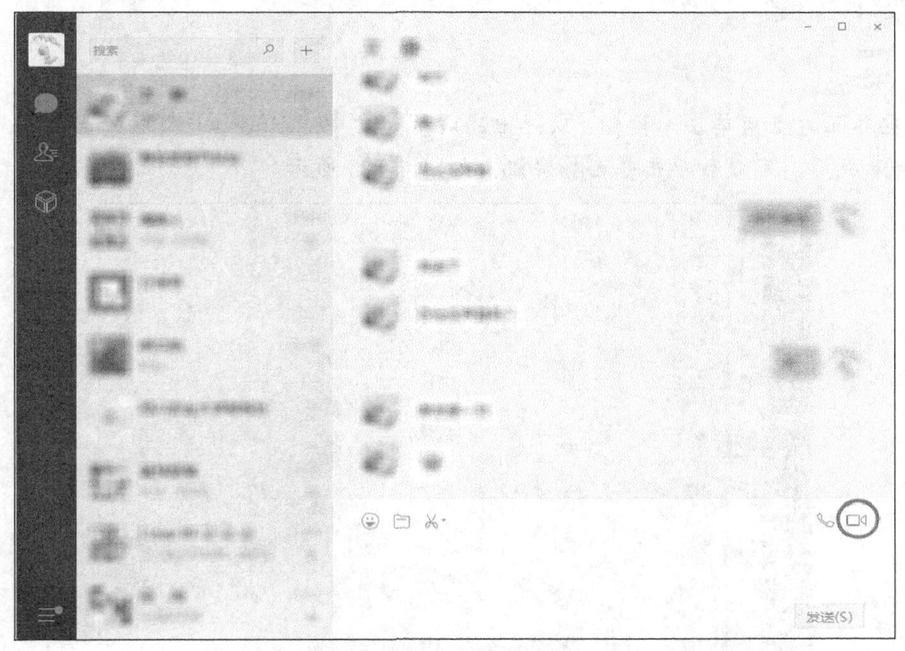

图 4-103　启动视频聊天

④ 待对方同意并执行确认操作后即可进行视频聊天，如图 4-104 所示。

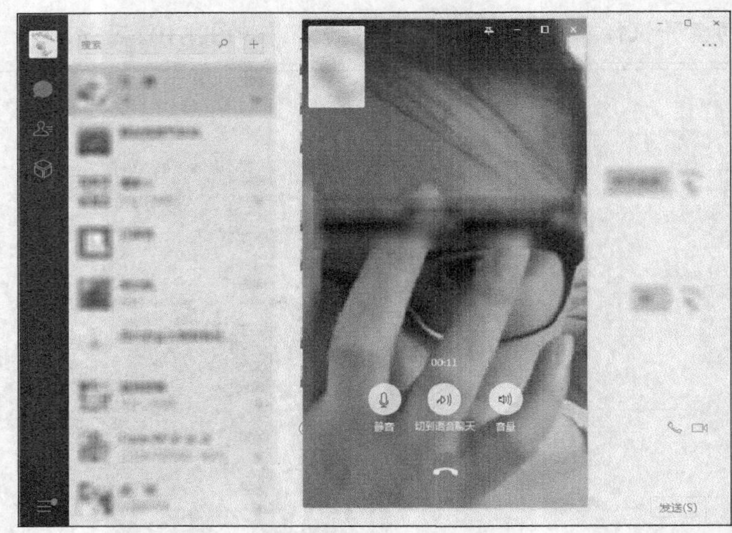

图 4-104　视频聊天界面

4.4.3　其他功能

微信电脑版具有收藏功能，可对链接、图片、文件、音乐等进行收藏，还可对接收的文件进行管理。下面介绍具体操作方法。

操作步骤

（1）群聊。

① 在界面左上角单击 + 按钮，从弹出的成员列表中选取要参与群聊的成员，或通过搜索方式搜索成员，完成后单击 确定 按钮，如图 4-105 所示。

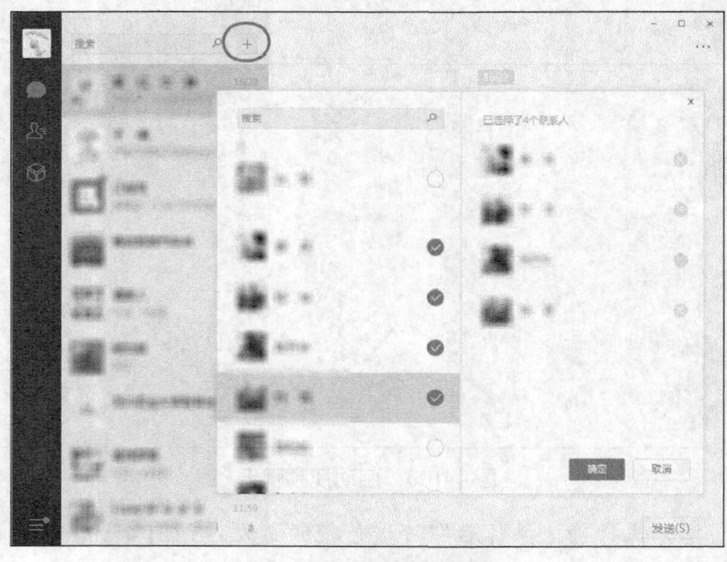

图 4-105　添加群聊成员

② 此时即可开始群聊，在打开的界面中输入信息，如图 4-106 所示。

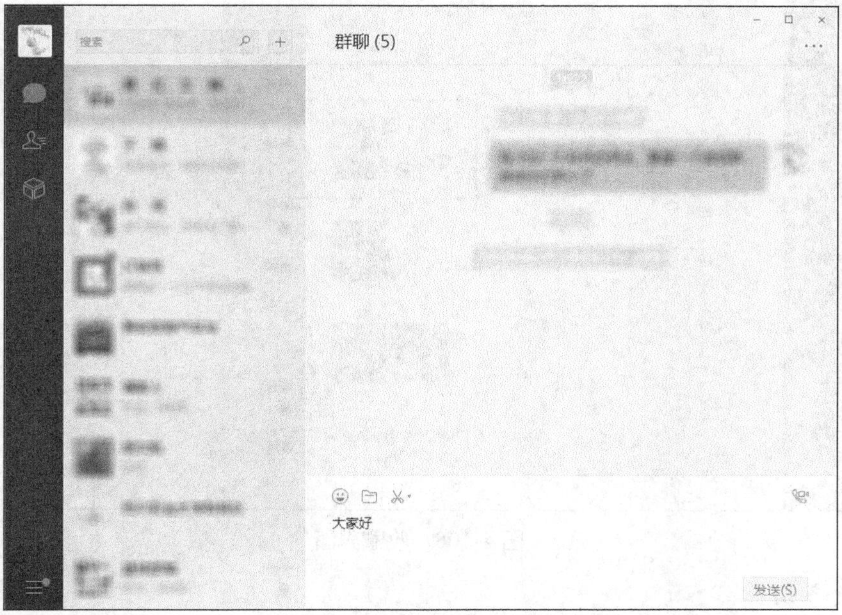

图 4-106　开始群聊

（2）收藏功能。

① 右键单击聊天界面中的图片、链接等，在下拉菜单中选择【收藏】命令，如图 4-107 所示。

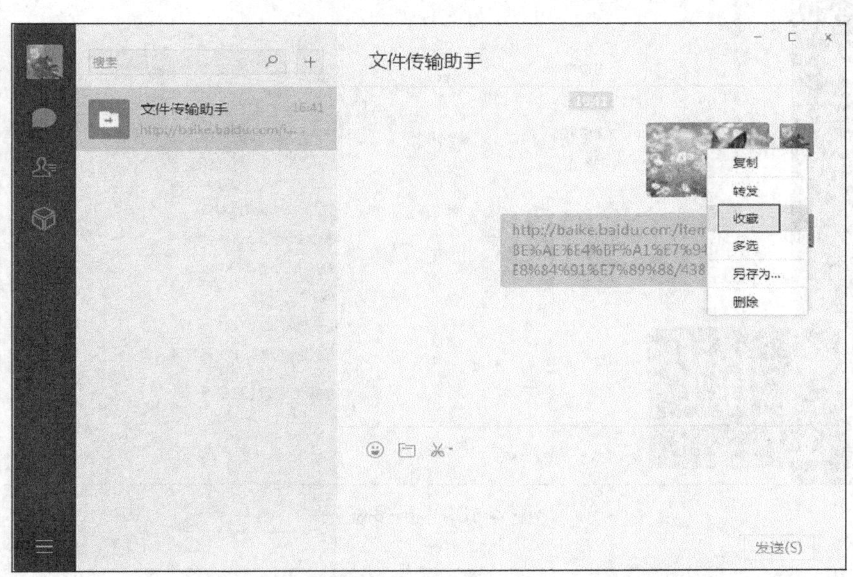

图 4-107　收藏

② 单击微信界面左方的 按钮，进入收藏界面，即可找到刚刚收藏的内容，如图 4-108 所示。

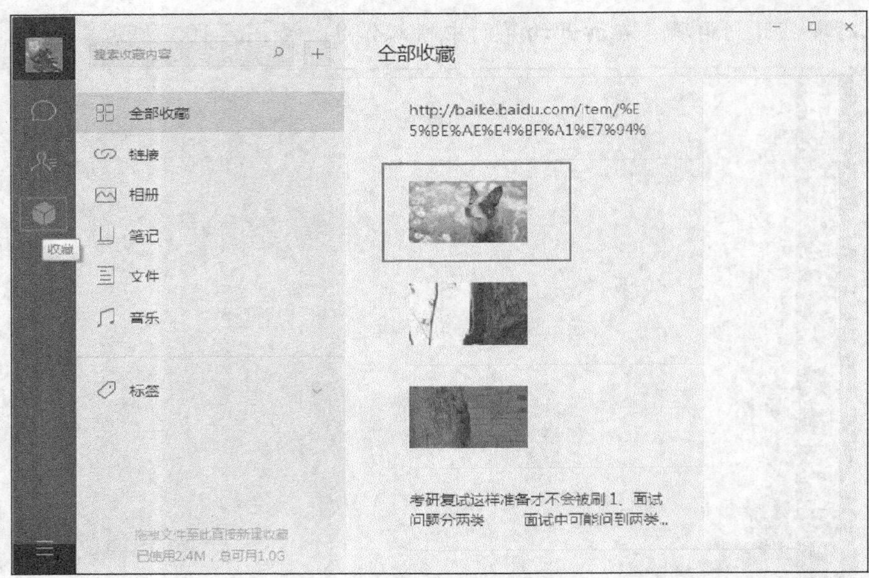

图 4-108　收藏界面

（3）更多设置。

① 在微信界面左下角单击☰按钮，选择【设置】命令，打开【设置】界面。

② 在【设置】界面中选择需要设置的内容，如图 4-109 所示。

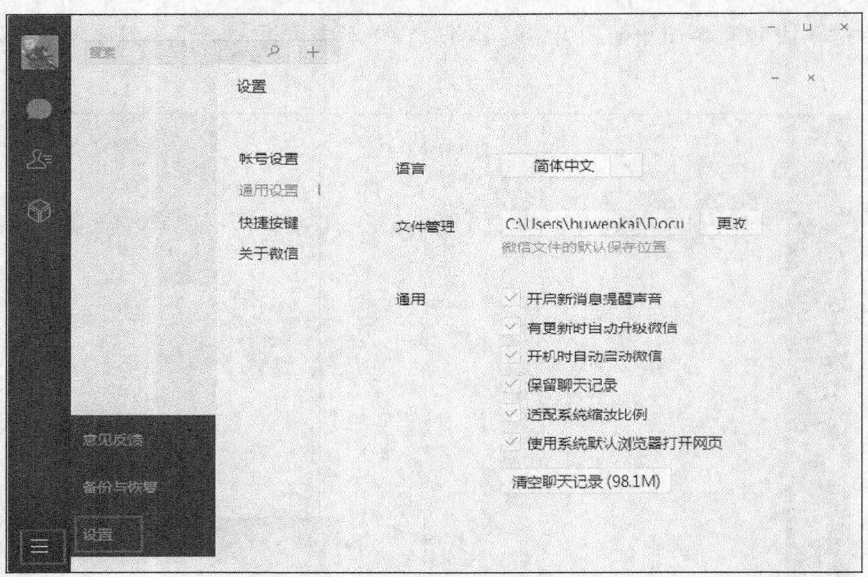

图 4-109　更多设置

在微信电脑版的设置面板中选择【备份与恢复】命令，按照界面提示，可以将手机上的聊天记录备份到计算机上，或者将计算机的聊天记录恢复到手机上。

4.5 邮件管理工具——Foxmail

电子邮件以其简单、快捷的特点为人们的日常生活和工作带来了极大的方便。通常，人们在大多数情况下都通过相关网站来收发电子邮件，这十分麻烦，特别是用户的邮箱较多时，收发更不方便。Foxmail 是一个很好的邮件管理工具，可以帮助用户在不登录网站的情况下实现邮件的收发，而且还能实现过滤垃圾邮件、添加联系人信息等操作，易学易用。下面介绍 Foxmail 的使用方法。

4.5.1 用户基本设置

在使用 Foxmail 收发电子邮件前，首先要创建用户账户，通过用户账户连接到相应的邮件服务器，这样才可以收发电子邮件。Foxmail 可以同时管理多个账户，使用户与他人联系时变得更加方便、快捷。下面介绍如何在 Foxmail 上创建用户账户。

操作步骤

（1）建立新的用户账户。

① 启动 Foxmail 7.2，打开图 4-110 所示的【新建账号】对话框，在其中填写邮件账户信息，主要填写以下内容。

- 电子邮件地址：设置邮箱地址，这一项必填。
- 密码：设置登录邮箱的密码。如果在这里填写了密码，则在登录账户时不再需要输入密码；如果没有填写，则在登录账户时会弹出输入密码对话框，要求用户输入密码。

② 填写完，单击 创建 按钮，设置成功后如图 4-111 所示，单击 完成 按钮进入 Foxmail 主页。

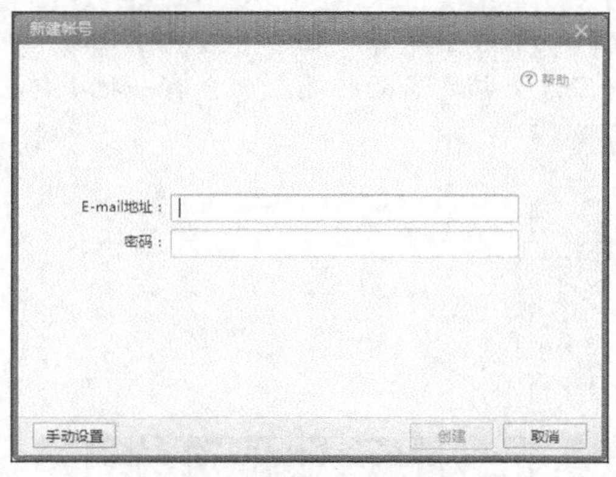

图 4-110 【新建账号】对话框

图 4-111 设置成功后的对话框

（2）添加邮箱。

① 打开 Foxmail，单击窗口右边的菜单栏，下拉菜单中有很多命令，选择【账号管理】命令，如图 4-112 所示，随后打开【系统设置】对话框。

② 在【系统设置】对话框中，单击 新建 按钮，添加新的账号，如图4-113所示。

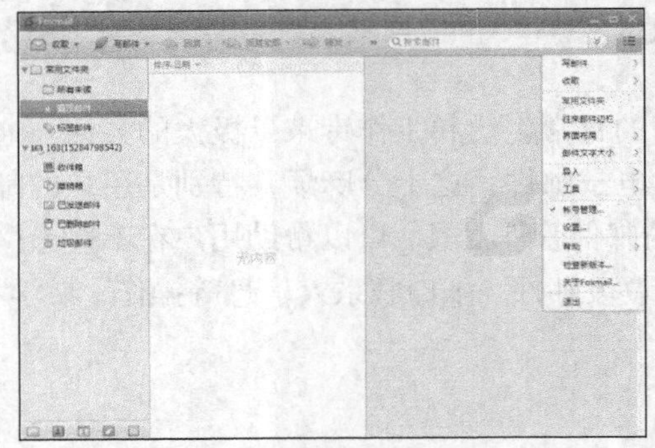

图4-112 选择【账号管理】命令

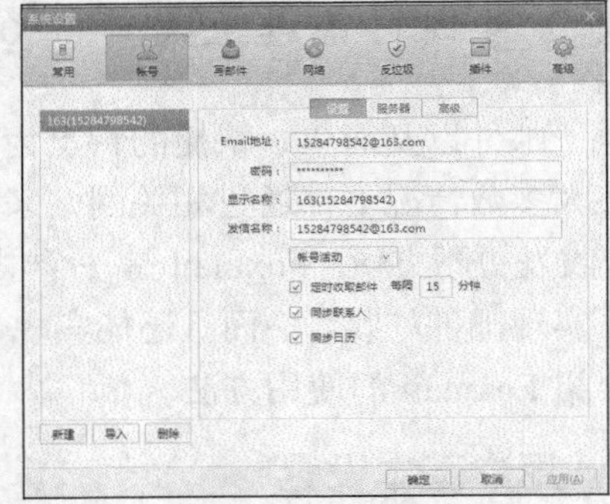

图4-113 创建账号

③ 输入要添加的邮箱地址和密码，单击 创建 按钮添加新账号，如图4-114所示。

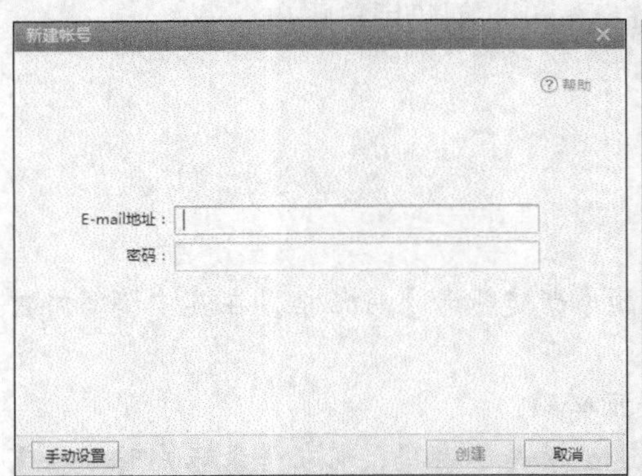

图4-114 添加新账号

（3）设置邮箱密码。

① 打开Foxmail窗口，选中左边需要设置密码的邮箱，单击鼠标右键，如图4-115所示。

② 在右键菜单中选择【账号访问口令】命令，弹出【设置访问口令】对话框，如图4-116所示。输入要设置的口令，邮箱就设置好了。上锁之后的邮箱上面会有一把小锁。

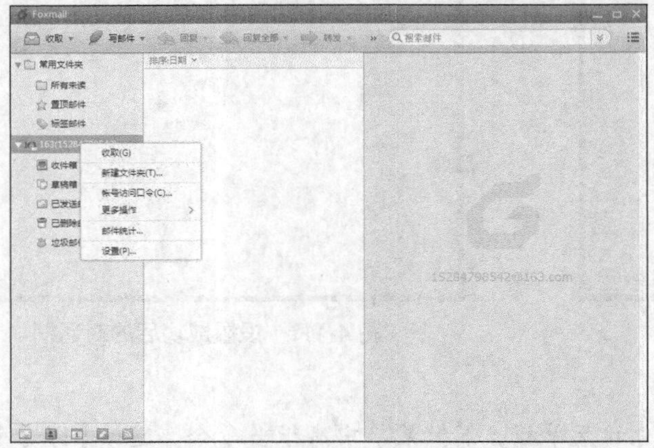

图4-115 选择设置口令命令

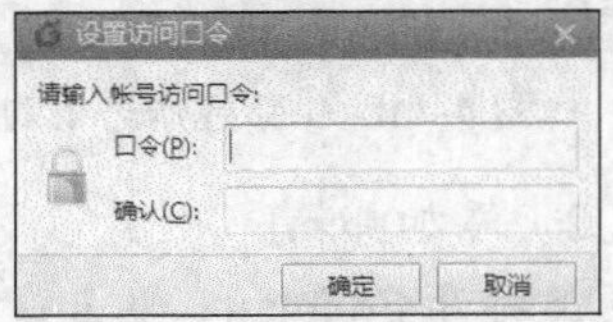

图4-116 设置访问口令

4.5.2　处理邮件

创建好账户后，Foxmail 就可以处理日常生活和工作中的邮件了。下面介绍 Foxmail 在处理邮件时的详细功能。

操作步骤

（1）接收邮件。

① 启动 Foxmail 后，在界面左上角单击 收取 命令即可开始收取邮件，如图 4-117 所示。

② 系统开始收发邮件，收发结束后显示任务成功完成，如图 4-118 所示。

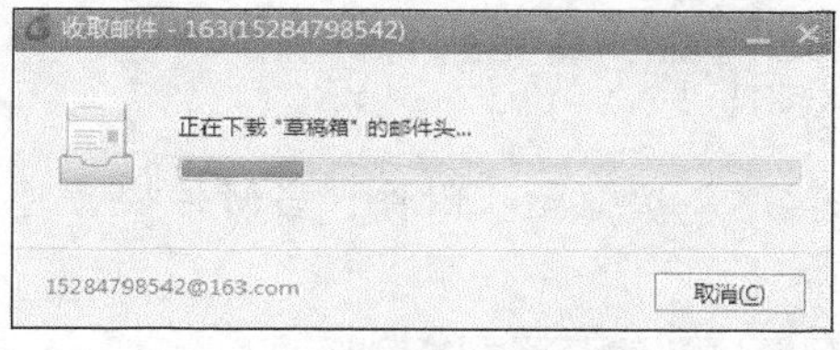

图 4-117　收取新邮件

图 4-118　收发结束后的效果

（2）查看邮件。

展开账户后，选中【收件箱】项目，可以在界面右侧的窗口列表中查看到相关的邮件信息，如图 4-119 所示，新邮件和已读邮件会被不同的图标来标示。

（3）回复邮件。

收到邮件后，一般需要回复对方的邮件。在邮件中，用户可以根据自己的喜好设置字体颜色、插入背景图片、音乐等。

① 在查看邮件模式下，单击工具栏中的 回复 按钮，弹出【写邮件】对话框，在工具栏中单击 A 按钮打开调色板选择背景颜色。如果希望选择更多的颜色，可以在调色板中单击【更多】按钮，在弹出的【颜色】对话框中可以设置喜欢的颜色，如图 4-120 所示。

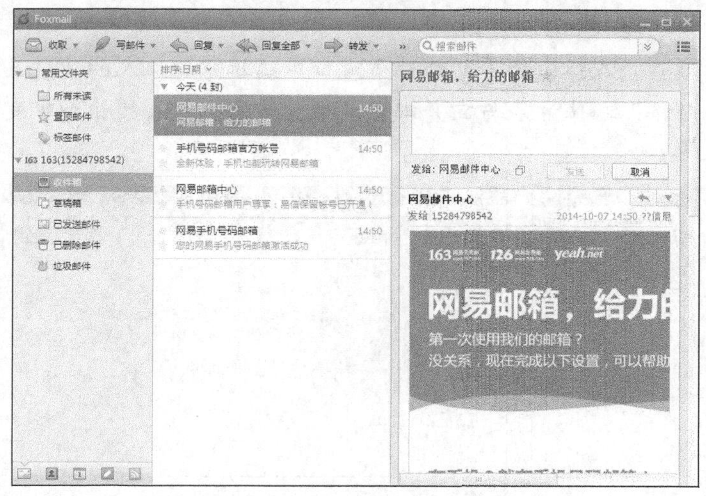

图 4-119　查看邮件

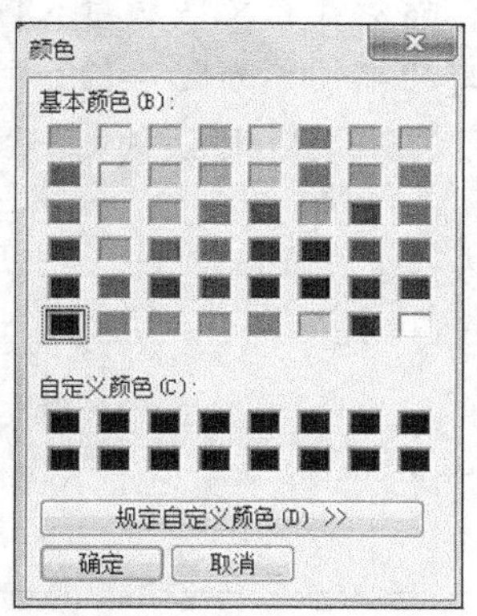

图 4-120　设置背景颜色

② 输入回复邮件的内容，需要插入图片时，可以在工具栏中单击 图片 按钮插入本地图片或网络图片，如图 4-121 所示。

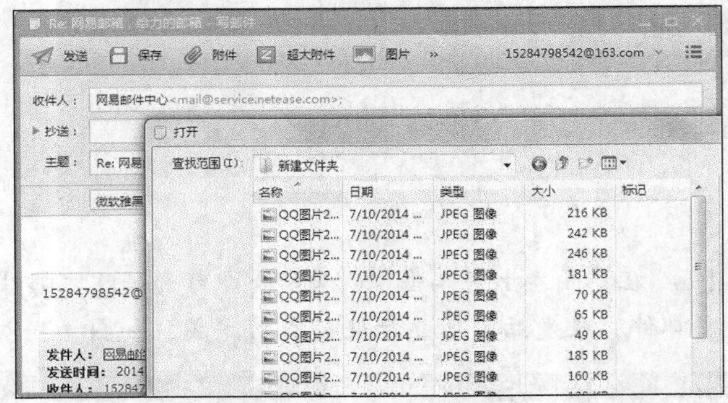

图 4-121　插入图片

③ 如果需要插入附件，可以在工具栏中单击 附件 按钮插入附件；当附件较大时，单击 超大附件 按钮插入超大附件，如图 4-122 所示。

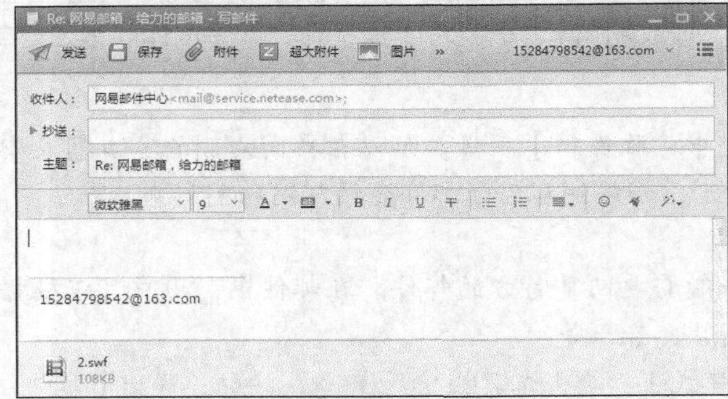

图 4-122　添加附件

④ 写好邮件以后，选择菜单栏上面的 发送 命令发送邮件。

（4）写新邮件。

单击主界面上的 写邮件 按钮，在弹出的【写邮件】窗口中编辑好收件人的地址及主题，然后在正文区域输入信件内容，具体方法与回复邮件类似，单击 发送 按钮即可发送写好的邮件，如图 4-123 所示。

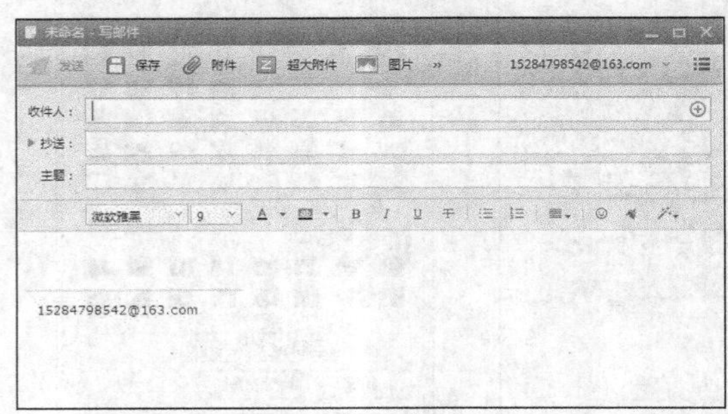

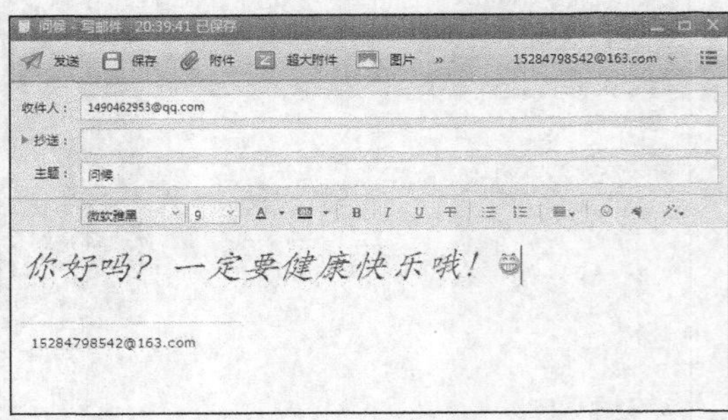

图 4-123　写邮件

4.5.3　使用地址簿

使用地址簿能够很方便地对用户的 E-mail 地址和个人信息进行管理。它以卡片的方式存放信息，一张卡片对应一个联系人的信息，同时又可以从卡片中挑选一些相关用户编成一个组，这样可以方便用户一次性地将邮件发送给组中的所有成员。下面介绍 Foxmail 在使用地址簿时的相关功能。

操作步骤

（1）打开地址簿。

单击窗口左下方的按钮，弹出【地址簿】窗口，如图 4-124 所示。

（2）编辑地址簿。

单击 新建联系人 按钮，在弹出的【联系人】对话框中输入联系人的信息，如个人姓名、邮箱、电话等信息，单击 保存 按钮，完成联系人的添加，如图 4-125 所示。

图 4-124　【地址簿】窗口

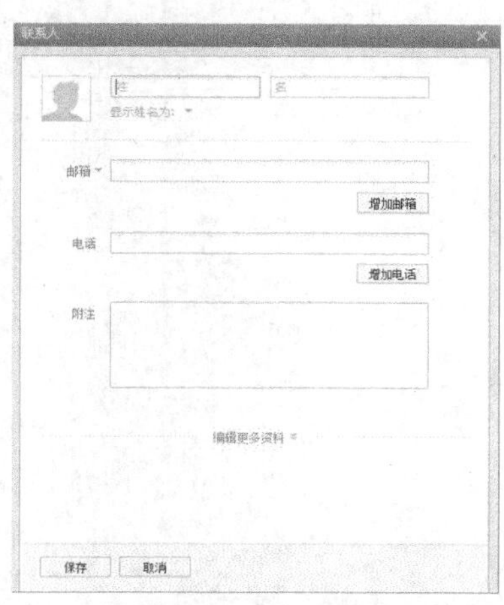

图 4-125　新建联系人

（3）使用地址簿。

编辑好地址簿后，用户可以直接写信。双击发信人的信息，弹出【写邮件】窗口，可以看到发信人的地址已经填写好了，用户只需要写好信的内容和主题就可以发送邮件了。

习题

一、简答题

1. 使用 WinRAR 进行分卷压缩有何用途？
2. 如何在使用迅雷下载文件时限定下载速度？

3．新浪微博是何种工具？

4．怎样使用微信进行群聊？

5．使用 Foxmail 可以管理多个邮件账户吗？

二、操作题

1．使用 WinRAR 对大容量文件进行分卷压缩。

2．练习使用迅雷下载一部你最喜欢的电影。

3．练习创建一个新浪微博账号并使用微博了解新闻动态。

4．在计算机上安装微信电脑版并组建一个篮球兴趣群。

5．练习安装 Foxmail 管理你的邮件账户。

第 5 章 图像处理工具

使用数码相机、扫描仪等获取图片后，经常要对这些图片做进一步的加工处理，使之更加美观、漂亮。本章将为读者详细介绍 4 款图形图像工具的使用方法和技巧，让读者快速进入图形图像的奇妙世界。

学习目标

- 掌握图像管理工具——ACDSee 的使用方法。
- 掌握抓图工具——SnagIt 的使用方法。
- 掌握图像编辑工具——光影魔术手的使用方法。
- 掌握 GIF 动画制作工具——Ulead GIF Animator 的使用方法。

5.1 图像管理工具——ACDSee

ACDSee 是一款目前流行的数字图像处理软件，广泛应用于图片的获取、管理、浏览和优化。ACDSee 支持多种格式的图形文件，并能完成格式间的相互转换。它能快速、高质量地显示图片，配以内置的音频播放器，可以播放精彩的幻灯片。ACDSee 还是很好的图片编辑工具，能够轻松处理数码影像，拥有去除红眼、剪切图像、锐化、浮雕特效、曝光调整、旋转、镜像等功能，并能进行批量处理。下面以 ACDSee 10.0 版本为例进行讲解。

5.1.1 浏览图片

ACDSee 的主要功能是浏览图片，它不但可以改变图片的显示方式，而且还可以放映幻灯片或浏览多张图片。本节将以浏览“C:\Desktop\我的图片秀秀”下的图片为例，介绍 ACDSee 浏览图片的方法。

操作步骤

（1）打开要浏览的图片。

① 启动 ACDSee，进入 ACDSee 的主界面，如图 5-1 所示。

② 选择菜单栏中的【文件】/【打开】命令，打开图片所在的文件夹，这里展开“C:\Desktop\我的图片秀秀”文件夹，按 Ctrl+A 组合键选中全部图片，单击【打开】按钮打开图片，如图 5-2 所示。

③ 在图片文件显示窗口中，移动鼠标指针到需要浏览的图片上，会弹出一个独立于窗口的显示图片，以便用户清晰地浏览图片，如图 5-3 所示。

拖动图片文件显示窗口右上角的 ⊖═══⊕ 图标上的滑块，可以调整图片缩略图的显示比例。

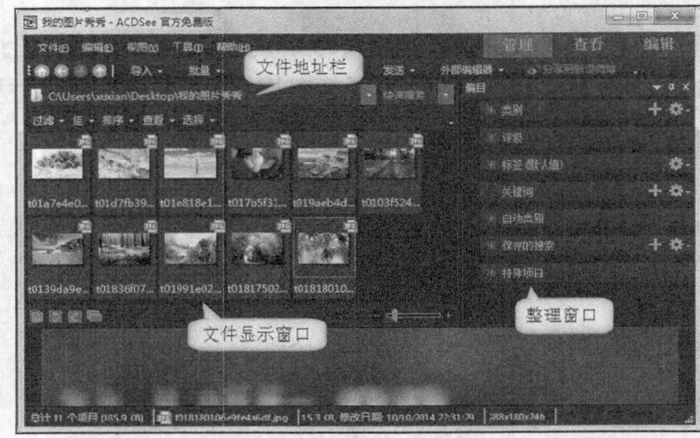

图 5-1　ACDSee 主界面

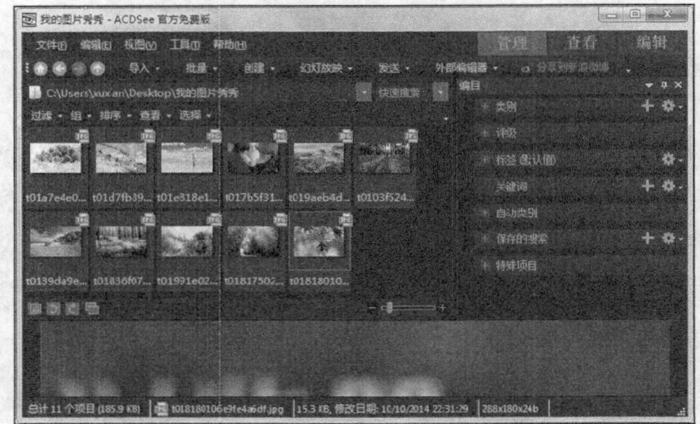

图 5-2　浏览图片

图 5-3　显示独立窗口图片

（2）选择浏览方式。

① 单击图片文件显示窗口上方的 过滤 按钮，打开下拉菜单，如图 5-4 所示。选择【高级过滤器】命令，弹出【过滤器】对话框，通过选择【应用过滤准则】项目下面的规则对图片进行过滤，如图 5-5 所示。

图 5-4 对图片进行过滤

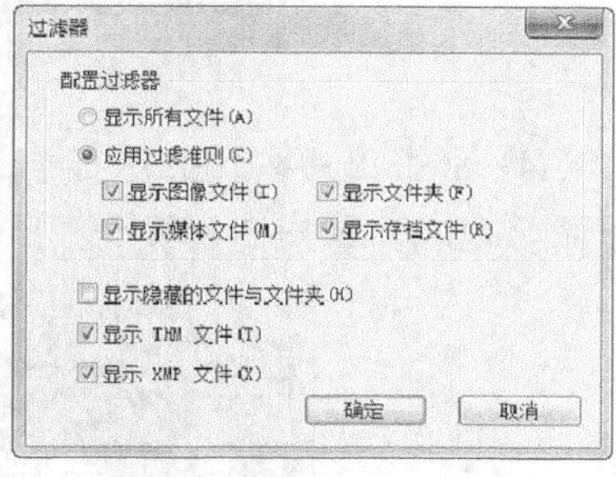

图 5-5 【过滤器】对话框

② 单击图片文件显示窗口上方的 组 按钮，打开下拉菜单，如图 5-6 所示。此外，可以根据【文件大小】、【拍摄日期】等方式组合图形文件。

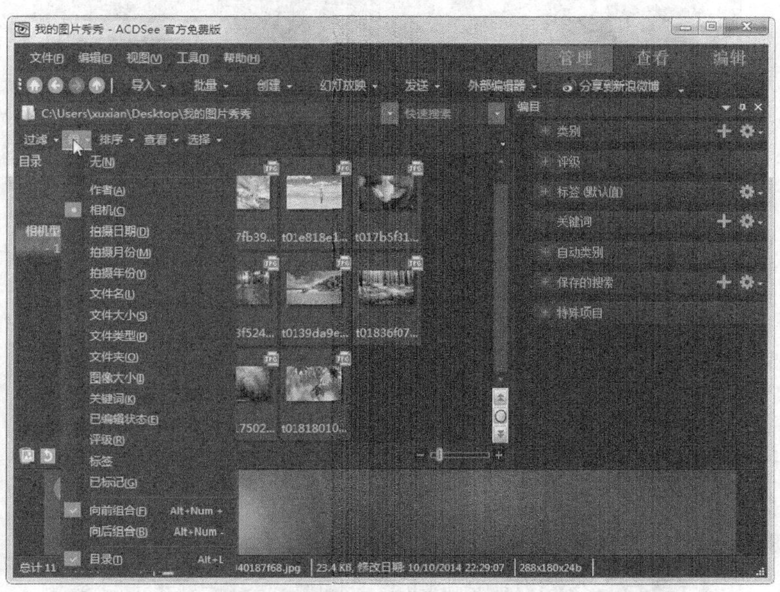

图 5-6 按【组】分类图片

③ 单击图片文件显示窗口上方的 排序 按钮，在打开的下拉菜单中可以选择按文件名、大小、图像类型等进行排序，如图 5-7 所示。

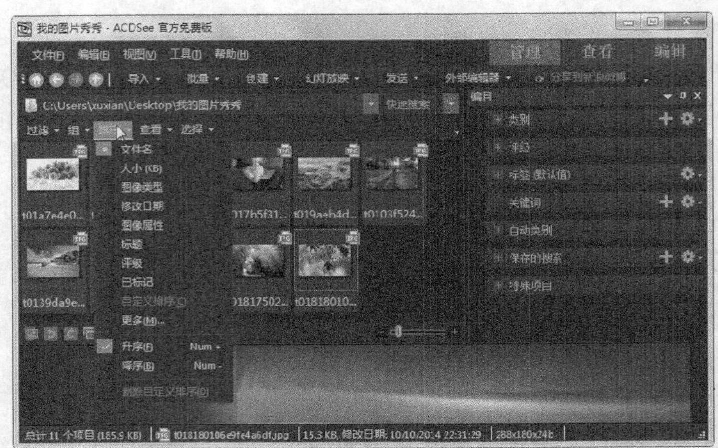

图 5-7　对图片排序

④ 单击图片文件显示窗口上方的 查看 按钮，打开下拉菜单，可以选择【平铺】【图标】等显示方式，如图 5-8 所示。图 5-9 所示为选择【图标】方式进行浏览的效果。

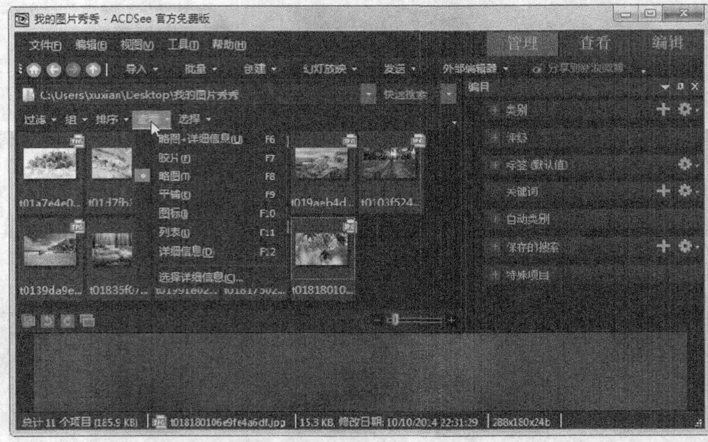

图 5-8　查看模式

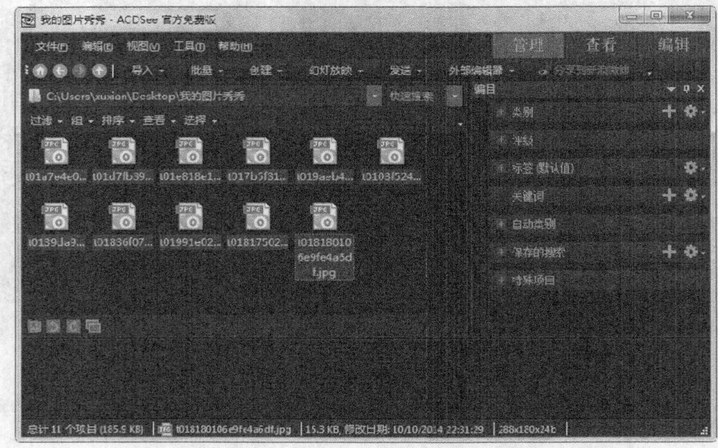

图 5-9　用【图标】方式浏览图片

要点提示

在图片文件显示窗口中的空白处单击鼠标右键，在弹出的快捷菜单中选择【查看】命令也可打开查看菜单。

⑤ 单击图片文件显示窗口上方的选择按钮，打开下拉菜单，可以通过【选择所有文件】【按评级选择】等方式选择文件，如图 5-10 所示。

图 5-10 选择文件方式

（3）管理图片。

① 获取图片的另一种方式是导入图片，单击图片管理界面的导入按钮，打开下拉菜单，可以从设备、CD/DVD、磁盘、扫描仪、手机文件夹导入图片，如图 5-11 所示。

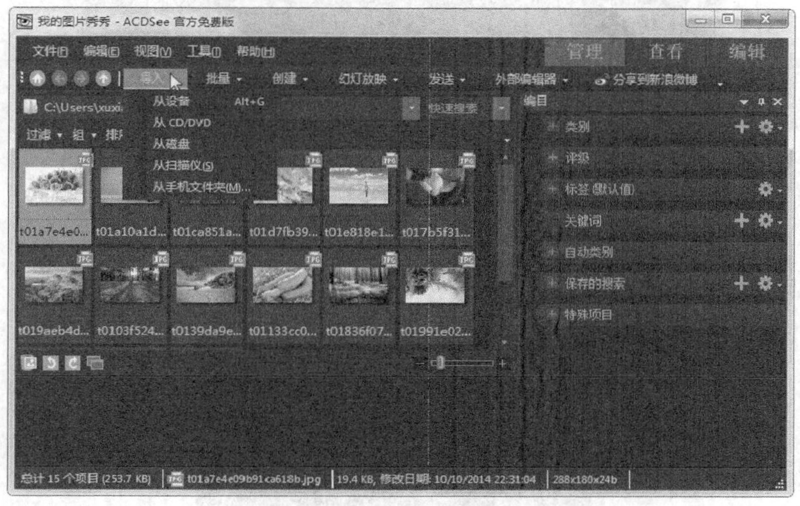

图 5-11 导入图片

② ACDSee 还给用户提供了批量管理图片的功能。选择各种各样的图片，单击批量按钮，从打开的下拉菜单中可以对所选中的图片进行统一的修改，比如转换文件格式、旋

转/翻转、调整大小、调整曝光度、调整时间标签等，如图 5-12 所示。这样做可以提高效率，减轻工作量。

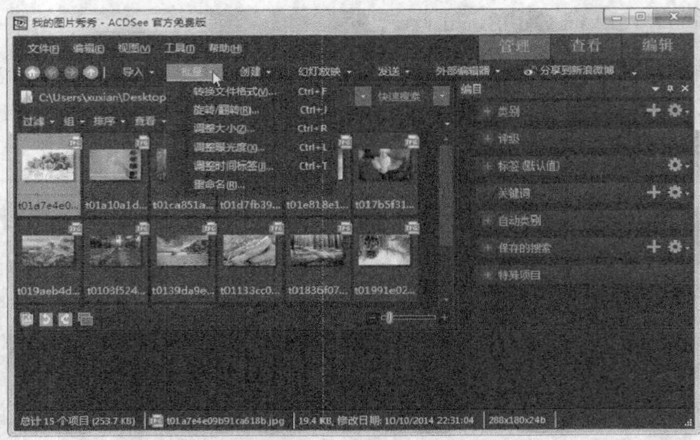

图 5-12　批量管理图片

③ ACDSee 还给用户提供了另外一个功能——转换图片的文件类型。选择需要转换文件类型的图片，单击创建按钮，打开下拉菜单，选择文件类型，如图 5-13 所示。打开【创建 PPT 向导】对话框，如图 5-14 所示，按照对话框要求进行参数设置直至完成操作。

图 5-13　创建文件类型

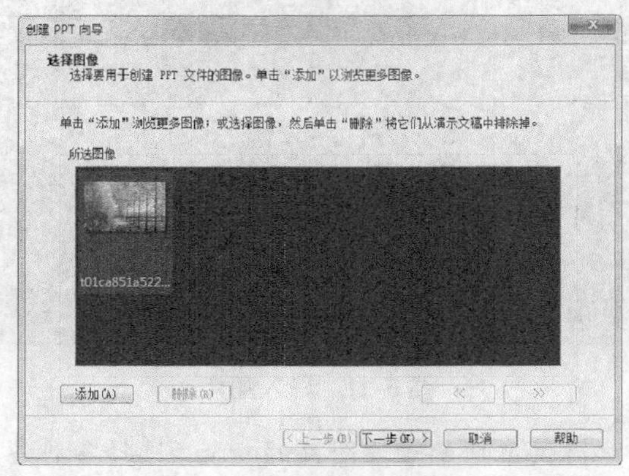

图 5-14　创建 PPT 向导

④ 单击幻灯放映按钮，打开下拉菜单，选择【幻灯片放映】命令，使图片按照幻灯片形式播放。选择【配置幻灯放映】命令可以设置幻灯片放映的参数。

⑤ 单击发送按钮，可以把图片发送到新浪微博、FTP 站点等。

5.1.2 查看图片

ACDSee 还提供了图片查看功能，使用它可以对图片进行适当旋转、缩放等调整，便于用户查看图片。

操作步骤

（1）在图片文件显示窗口中选中某张需要详细查看的图片，按 Enter 键或双击该图片即可切换到查看窗口，单击按钮即可切换到全屏模式，如图 5-15 所示。

图 5-15 全屏查看图片

（2）在图像上单击鼠标右键，选择【全屏幕】命令，即可退出全屏模式并进入图片查看器中，快捷键为 F 键，如图 5-16 所示。

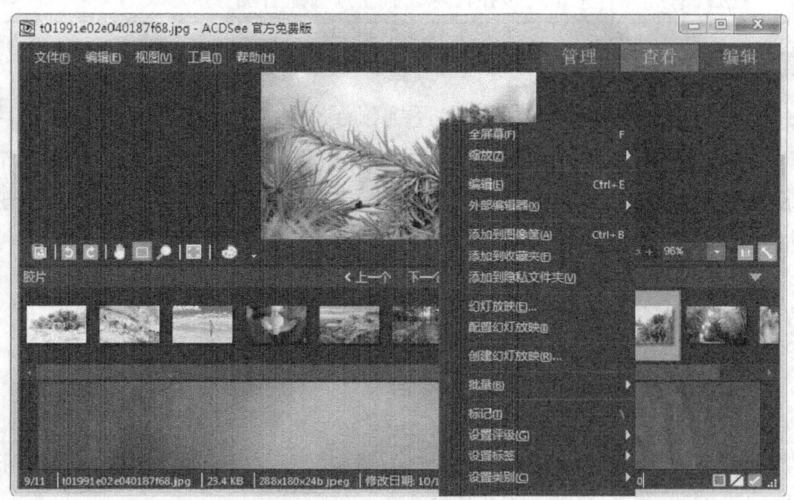

图 5-16 右键退出全屏模式

（3）在图片查看器中通过单击主工具栏中的相应按钮便可进行查看上一张或下一张图片、缩放、旋转等操作。图 5-17 所示为单击 （顺时针旋转 180° ）按钮后的效果。

图 5-17　图片旋转 180° 后的效果

【知识链接】

主工具栏中查看图片的常用按钮功能如表 5-1 所示。

表 5-1　主工具栏的常用按钮功能

按钮	名称	功能
	添加到图像框	单击此按钮，可把选中图片添加到图像框
	向左旋转	单击此按钮，可逆时针旋转图片 90°
	向右旋转	单击此按钮，可顺时针旋转图片 90°
	滚动工具	单击此按钮，可将放大后的图像拖动并进行浏览
	选择工具	单击此按钮，可任意框选图片上的任何部分
	缩放工具	单击此按钮，可放大或者缩小图像
	全屏幕	单击此按钮，可全屏模式看图片
	外部编辑器	单击此按钮，可对选中图片进行外部编辑
	适合图像	单击此按钮，可调整图片为适合图像屏幕

5.1.3　编辑图片

ACDSee 除了具有图片浏览功能外，还提供了强大的图片编辑功能，使用它可以对图片的亮度、对比度和色彩等进行调整，还可进行裁剪、旋转、缩放、添加文本等操作。下面将以为一张图片添加文本为例，帮助读者掌握 ACDSee 编辑图片的使用方法与技巧，熟悉图片查看器中编辑工具栏上的工具。

操作步骤

（1）进入编辑模式。

启动 ACDSee，进入 ACDSee 主界面后，选择要进行操作的图片，单击界面右上方的编辑按钮进入图片编辑器，如图 5-18 所示。

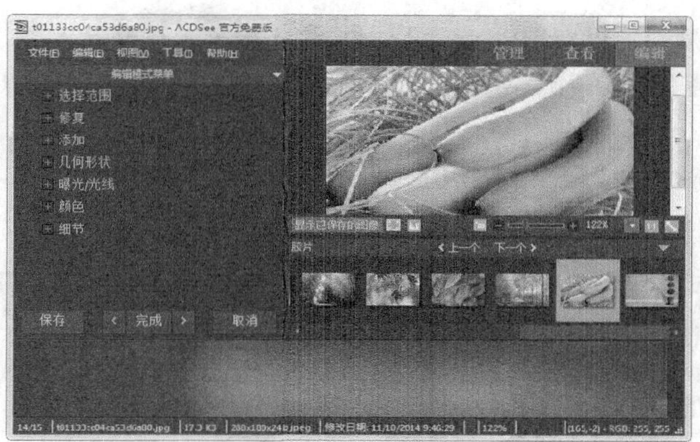

图 5-18　打开待编辑的图片

（2）调整图片。

① 单击编辑工具栏上的 添加 按钮，打开下拉菜单，单击 文本 按钮，在此窗口中可对文本进行详细设置，如图 5-19 所示。

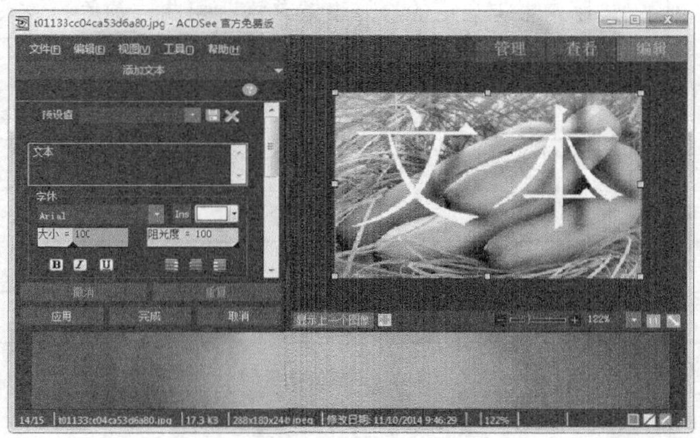

图 5-19　打开文本窗口

② 在【文本】字段中输入要添加的文本“香蕉”，并设置字体为“楷体_GB2312”，选择喜欢的颜色，适当调整图片的大小，设置阻光度为 100，保留其他参数的默认设置，最终效果如图 5-20 所示。

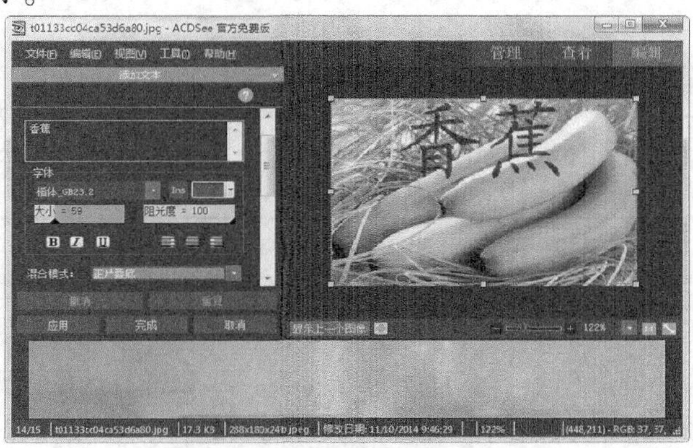

图 5-20　设置文本参数

③ 单击 完成 按钮，返回图片查看器，查看进行文本设置后的图片，单击主工具栏上的💾按钮可保存设置后的图片。

【知识链接】

编辑工具栏上常用的按钮名称和功能如表 5-2 所示。

表 5-2 编辑工具栏上常用的按钮名称和功能

选项	名称	功能
选择范围	选择范围	利用套索等工具框选图片
修复	红眼消除	去除图片中的红眼
	修复工具	对图片局部进行颜色上的修复
添加	文本	为图片添加文本
	边框	通过颜色、纹理的设置为图片添加边框
	晕影	设置水平、垂直等参数显示部分图片
	特殊效果	用户根据自己的喜好设置艺术、扭曲、颜色等效果，使图片多样化
	绘图工具	可对图片进行涂鸦操作
几何形状	旋转	对图片进行任意角度的旋转
	翻转	对图片进行水平或者垂直的翻转
	裁剪	裁剪掉图片中不需要的部分
	调整大小	改变图片的实际大小
曝光/光线	曝光	调整图片对比度和颜色
	色阶	调整图片的色阶
	自动色阶	自动调整图片的色阶
	色调曲线	调整图片的色阶曲线图
	光线	调整阴影、感光等参数，以调整图片的光线强弱
颜色	白平衡	消除色偏现象
	色彩平衡	调整图片的饱和度、亮度、色调等，改变图片的颜色效果
细节	锐化	调整图像边缘细节的对比度
	模糊	使图片呈现模糊的效果
	杂点	去除图片中的杂点
	清晰度	调整图片的清晰度

5.2 抓图工具——SnagIt

在对图形图像的处理过程中，有时候需要捕获一些非常有用的图形界面或者其他一些画面。SnagIt 是一款非常精致、功能强大的屏幕捕获软件，不仅可以捕获 Windows 屏幕图像，还可以捕获文本和视频图像，捕获后可以保存为 BMP、PCX、TIF、GIF、JPEG 等多种图形格式。此外，SnagIt 还可以捕获屏幕操作视频，并将其保存为 AVI 格式文件。在抓取图像后，SnagIt 可以用其自带的编辑器进行编辑。本任务将以 SnagIt 11 版本为例进行介绍。

5.2.1 捕获图像

SnagIt 的主要功能就是捕获图像。使用 SnagIt 捕获屏幕图像、文本对象或视频图像前，需要先定义好输入和输出样式，以及是否使用过滤效果等。下面将介绍利用 SnagIt 11 捕获图像的基本方法，使读者对 SnagIt 有一个基础性的认识。

操作步骤

（1）设置捕获配置。

① 启动 SnagIt 11，进入其主界面。

② 单击主界面【捕获配置】面板中的【图像】按钮，选择捕获配置为【图像】，如图 5-21 所示。

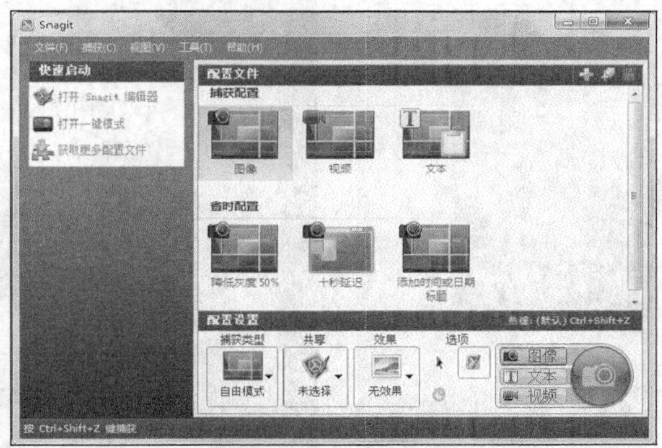

图 5-21 SnagIt 主界面

③ 单击主界面【配置设置】面板中的【捕获类型】按钮，选择捕获类型为【全部】，如图 5-22 所示。其余捕获类型的特点和用法如表 5-3 所示。

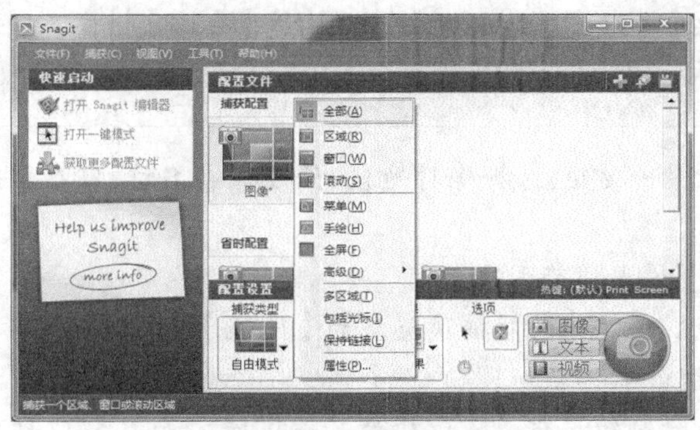

图 5-22 捕获类型

表 5-3　常用捕获类型

捕获类型	功能
全部	任意捕获，自由模式
区域	使用最多的捕获方式，由用户选定任意区域进行捕获
窗口	选择此选项，系统自动识别各个窗口进行捕获
滚动	用于捕获带有滚动条的大型窗口，系统能在捕获时滚动滚动条将窗口捕获完整
菜单	捕获程序中的多级菜单为图像
自由绘制	单击鼠标左键手动绘制不规则的选框作为捕获区域
全屏	捕获整个计算机屏幕

（2）使用【全部】方式捕获图像。

① 打开需要捕获的图像，如图 5-23 所示。设置捕获类型为【全部】，单击 SnagIt 主界面中的按钮或按默认 Ctrl+Shift+Z 组合键开始捕获。

② 移动十字光标到图片上，效果如图 5-24 所示。

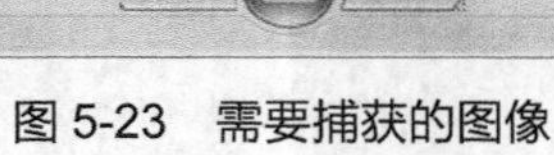
图 5-23　需要捕获的图像

图 5-24　捕获范围

③ 在画面中单击，打开预览窗口，黄色虚线矩形框即为捕获范围，如图 5-25 所示。

要点提示

如果【捕获配置】面板中选择的是【文本】按钮，捕获配置为文本时，则按住鼠标左键从左上角拖曳鼠标至右下角，框选文本图像，如图 5–26 所示。

④ 单击工具栏上的按钮，选择保存地址、修改保存名称，保存捕获的图像，返回 SnagIt 的主界面。

（3）使用【区域】方式捕获图像。

① 打开需要捕获的图像，设置捕获类型为【区域】，单击 SnagIt 主界面中的按钮或按 Ctrl+Shift+Z 组合键开始捕获。

② 在画面中拖曳绘制矩形框，以此框选捕获区域，如图 5-27 所示。

图 5-25　图像捕获预览

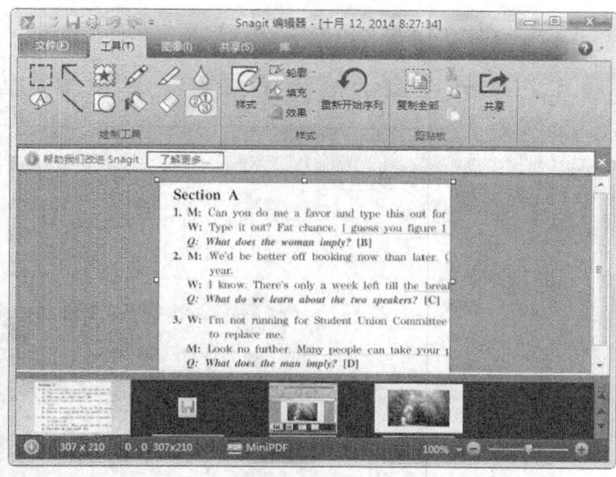

图 5-26　文本捕获预览

③ 打开预览窗口，单击工具栏上的按钮，选择保存地址、修改保存名称，保存捕获的图像，返回 SnagIt 的主界面。

（4）使用【窗口】方式捕获图像。

① 打开需要捕获的图像，设置捕获类型为【窗口】，单击 SnagIt 主界面中的按钮或按 Ctrl+Shift+Z 组合键开始捕获。

② 移动鼠标将自动捕获已有的窗口，如图 5-28 所示。

图 5-27 【区域】捕获

图 5-28 【窗口】捕获

③ 在需要捕获的窗口上单击，打开预览窗口，单击工具栏上的按钮，选择保存地址、修改保存名称，保存捕获的图像，返回 SnagIt 的主界面。

（5）使用【滚动】方式捕获图像。

① 打开有滚动条的图像，设置捕获类型为【滚动】，单击 SnagIt 主界面中的按钮或按 Ctrl+Shift+Z 组合键开始捕获。

② 单击按钮将自动滚动滚动条把窗口捕获完整，如图 5-29 所示。

③ 在需要捕获的窗口上单击，打开预览窗口，单击工具栏上的按钮，选择保存地址、修改保存名称，保存捕获的图像，返回 SnagIt 的主界面。

（6）使用【菜单】方式捕获图像。

① 打开子菜单，设置捕获类型为【菜单】，单击 SnagIt 主界面中的按钮或按

Ctrl+Shift+Z 组合键开始捕获。

② 系统将自动捕获子菜单，打开预览窗口，将显示子菜单图像，如图 5-30 所示。

图 5-29 【滚动】捕获

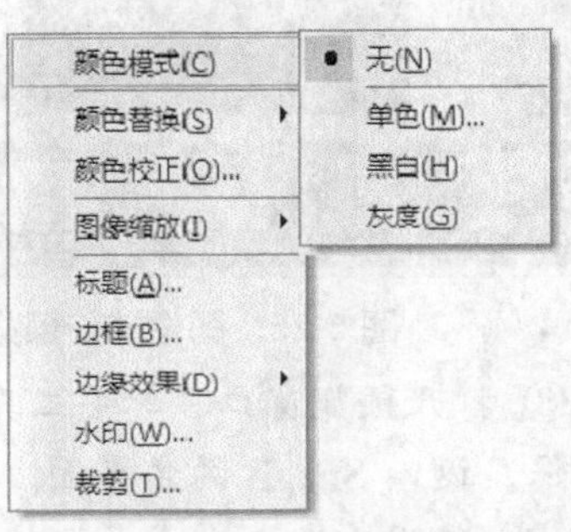

图 5-30 【菜单】捕获

（7）使用【自由绘制】方式捕获图像。

① 打开子菜单，设置捕获类型为【自由绘制】，单击 SnagIt 主界面中的按钮或按 Ctrl+Shift+Z 组合键开始捕获。

② 当鼠标指针将变成剪刀形状时，按住鼠标左键并拖曳，绘制出任意不规则区域作为捕获区域，如图 5-31 所示。

图 5-31 【自由绘制】捕获

③ 在需要捕获的窗口上单击，打开预览窗口，单击工具栏上的按钮，选择保存地址、修改保存名称，保存捕获的图像，返回 SnagIt 的主界面。

（8）使用【全屏】方式捕获图像。

① 打开子菜单，设置【捕获类型】为“全屏”，单击 SnagIt 主界面中的按钮或按 Ctrl+Shift+Z 组合键开始捕获。

② 在需要捕获的窗口上单击，打开预览窗口，将显示整个计算机屏幕的捕获图像，如图 5-32 所示。

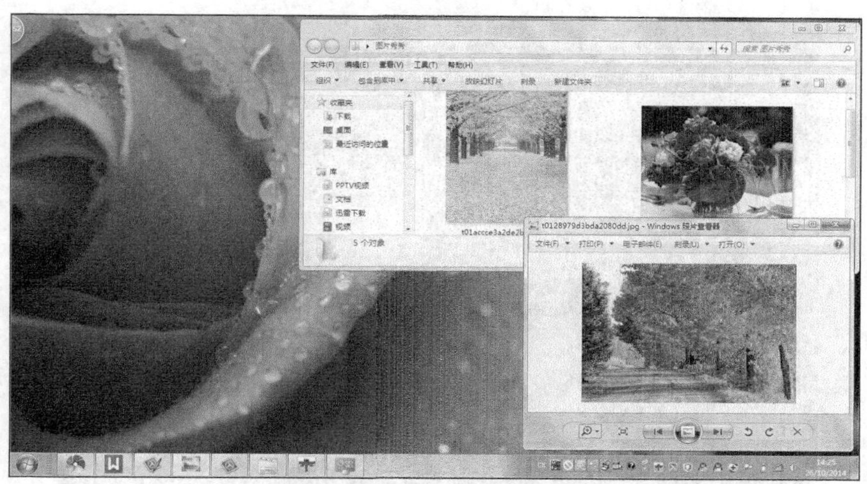

图 5-32　【全屏】捕获

（9）捕获视频图像。

使用 SnagIt 可以对视频的各帧图像、文本进行捕获，然后将其保存为 AVI 格式的文件。下面就以使用 SnagIt 来捕获一段用 Windows Media Player 播放的视频为例来介绍如何捕获视频，具体操作如下。

① 单击 SnagIt 主界面上【捕获配置】面板中的【视频】按钮，设置【捕获配置】为【视频】。

② 单击主界面【配置设置】面板中的【捕获类型】按钮，设置【捕获类型】为【全部】，【输出】样式为“文件”，【效果】为“无效果”，如图 5-33 所示。

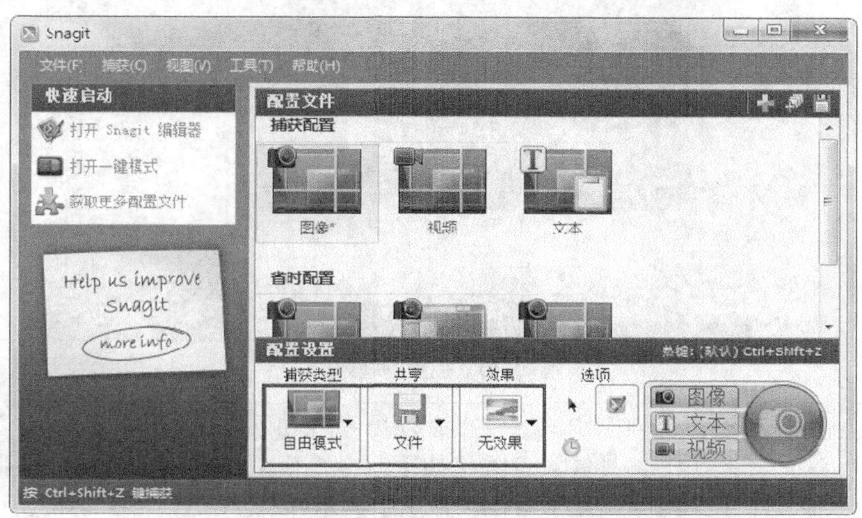

图 5-33　视频捕获设置

③ 打开需要播放的媒体文件，开始播放后单击 SnagIt 主界面中的按钮或按 Ctrl+Shift+Z 组合键开始捕获。在视频播放窗口中选择要捕获的视频图像区域，该区域以黄色边框显示，并打开一个对话框，如图 5-34 所示。

图 5-34　选择视频捕获区域

④ 单击按钮，开始捕获视频图像，视频图像左右两边的黄色线框开始向上滚动，单击按钮，即可停止捕获视频图像，单击按钮即完成视频录制，效果如图 5-35 所示。

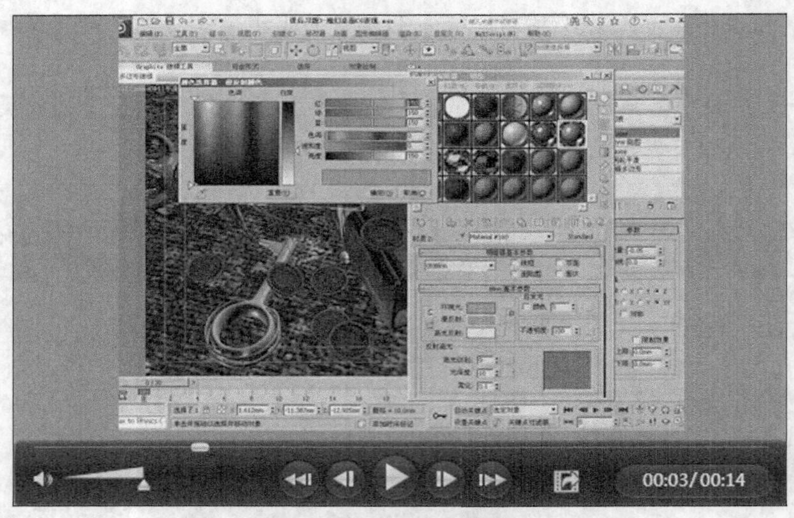

图 5-35　视频捕获效果

要点提示

在进行视频抓图的时候，必须把系统的硬件加速调为最低，否则抓出来的图是黑的，具体设置方法如下。在桌面上单击鼠标右键，在弹出的快捷菜单中选择【属性】命令，弹出【显示 属性】对话框，切换到【设置】选项卡，单击 高级(V) 按钮。在弹出的对话框中选择【疑难解答】选项卡，设置【硬件加速】为【无】，这样截取出来的视频图像才是静态的图像。

⑤ 进入【SnagIt 捕获预览】窗口，单击预览窗口菜单栏上的按钮，弹出【保存】对话框，指定保存位置和文件名，单击【保存】即可将其保存为 AVI 格式的视频文件。

5.2.2 编辑捕获的图像

SnagIt 不仅提供了强大的捕获图像功能，还提供了对所捕获的图像进行编辑的功能。下面将介绍 SnagIt 的编辑功能，让读者掌握 SnagIt 编辑图像的方法与技巧。

操作步骤

（1）打开 SnagIt 编辑器，切换到【图像】选项卡，单击边缘按钮，打开边缘选项菜单，如图 5-36 所示。

（2）选择【撕裂边缘选项】命令，弹出【撕裂边缘】对话框，设置其参数，单击确定按钮，效果如图 5-37 所示。

图 5-36 启动"边缘"效果

图 5-37 撕裂边缘对话框的效果

（3）单击工具栏上的按钮保存捕获的图像，选择保存地址、修改保存名称，保存捕获的图像，返回 SnagIt 编辑器的主界面。

【知识链接】

SnagIt 中一些常用的编辑操作方法如表 5-4 所示。

表 5-4 SnagIt 中一些常用的编辑操作方法

选项	命令	作用
工具	选择	在画布上按住鼠标左键并拖曳出一个选区进行旋转、裁剪、复制等操作
	箭头	添加现成的箭头指出重要信息
	图案	插入一个小图形添加强调或者重要性
	钢笔	在画布上添加手绘线条，自定义颜色、宽度、形状等
	突出区域	突出显示画布上的矩形区域
	模糊	模糊画布或者任意扁平对象的一部分
	标注	添加现成的形状，包括文字

续表

选项	命令	作用
工具	线条	绘制一条线
	形状	绘制任何矩形
	填充	使用任意颜色填充封闭的矩形区域
	擦除	擦除任意合并的捕获或对象，露出底部的画布颜色
	步骤	自动添加一系列数字或字母标注在捕获步骤或项目上
图像	裁剪	删除不需要的区域
	旋转	向左、向右或者水平、垂直的翻转画布
	剪切	按照选定格式删除画布横向或纵向选择区域，并保留余下的部分
	调整大小	更改图像或者画布大小
	修剪	自动削减捕获边缘所有不变的纯色部分
	画布颜色	捕获背影的颜色
	边框	添加或更改所选边框的周围或整个画布的颜色和宽度
	效果	添加所选的图像外围或整个画布的阴影、视角、剪切效果
	边缘	选择外围或整个画布添加自定义边缘
	灰度	改变整个画布内容为黑色、白色、灰色调
	水印	插入一个幻影或彩色图样
	颜色效果	为选中区域或整个画布添加及更改颜色效果

5.2.3 添加配置文件

有时需要经常捕获某一类型的屏幕图像，如每次都进行设置会非常麻烦，而且需要切换到 SnagIt 主操作界面中单击按钮来抓图，操作起来也不方便。针对这种情况，可以通过添加配置文件将常用的捕获参数保存下来，同时自定义捕获快捷键。下面将通过创建一个输入为【窗口】，输出为【剪贴板】【无效果】，捕获后显示预览窗口且捕获快捷键为 F2 键的配置文件，向读者介绍添加配置文件的方法与技术。

操作步骤

（1）设置添加方案向导。

① 单击 SnagIt 主界面右上方的按钮，弹出【新建配置文件向导】对话框，如图 5-38 所示。

要点提示

在【新建配置文件向导】对话框中，将鼠标指针移到左侧相应的捕获按钮上，就会在对话框的右侧【注释】区域中显示出相应模式的具体功能，此方法在后面的步骤中同样适用。

② 在此对话框中选择一种捕获模式，本例选择【图像】捕获模式。

③ 单击 下一步(N) > 按钮，进入【选择捕获类型】向导页，单击按钮，在弹出的下拉菜单中选择【窗口】命令，如图 5-39 所示。

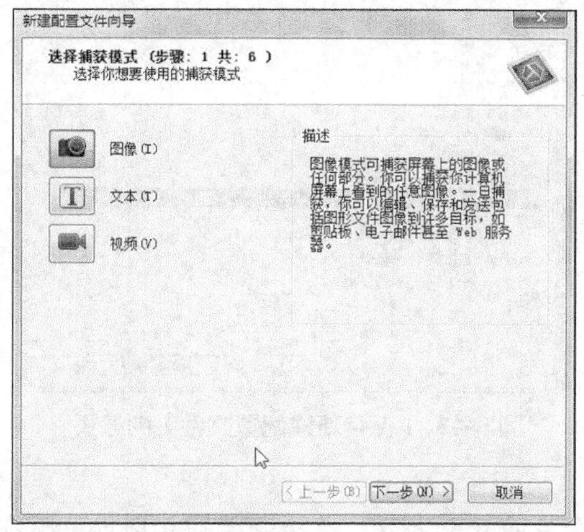

图 5-38　【新建配置文件向导】对话框

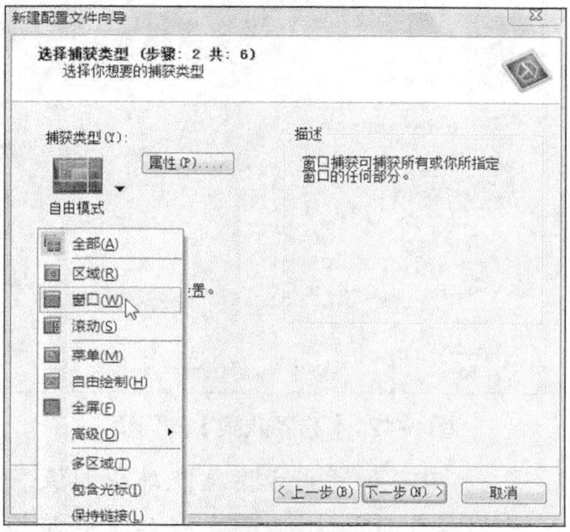

图 5-39　【选择捕获类型】向导页

④ 完成后单击 下一步(N) > 按钮，进入【选择如何共享】向导页，单击按钮，在弹出的下拉菜单中选择【剪贴板】命令，如图 5-40 所示。

⑤ 单击 下一步(N) > 按钮，进入【选择选项】向导页，如图 5-41 所示。在此对话框中选择一种在捕获时需要使用的选项，本例选择【编辑器预览】选项。

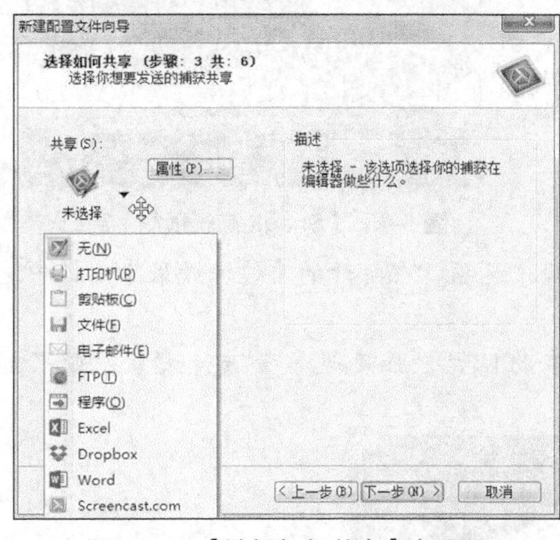

图 5-40　【选择如何共享】向导页

图 5-41　【选择选项】向导页

⑥ 单击 下一步(N) > 按钮，进入【选择效果】向导页，单击【更多效果】下拉列表，在弹出的下拉菜单中可选择相应的效果，如图 5-42 所示。本例保持默认设置，即【无效果】。

⑦ 单击 下一步(N) > 按钮，进入【保存新建配置文件】向导页，在此对话框中设置新方案的保存位置、名称和热键，如图 5-43 所示。

⑧ 单击 完成 按钮，返回 SnagIt 主界面，即可在主界面的【方案】区域中的【我的方案】列表中看到所添加的新方案，如图 5-44 所示。

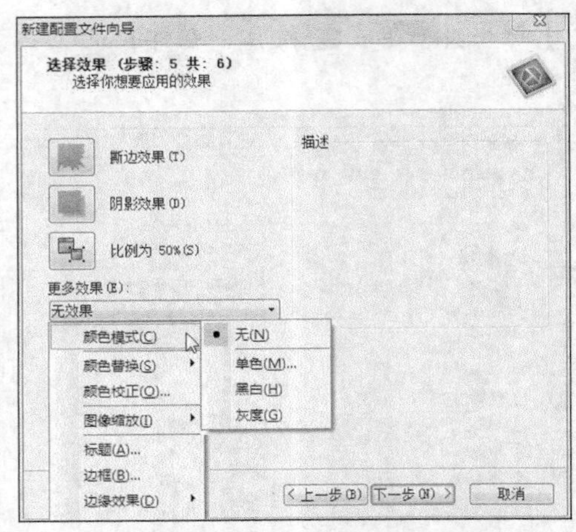

图 5-42 【选择效果】向导页

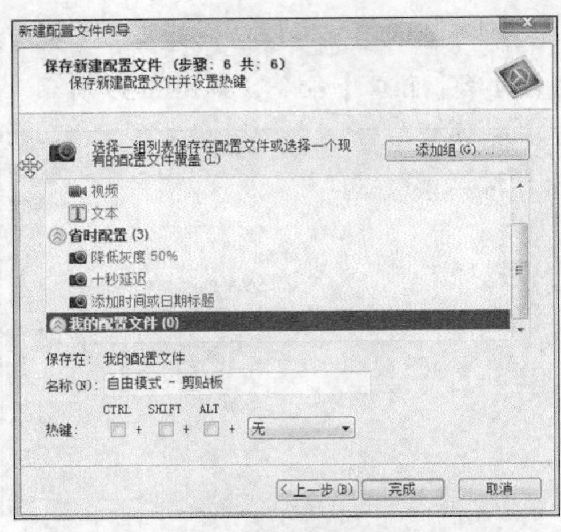

图 5-43 【保存新建配置文件】向导页

（2）用添加的新方案捕获屏幕图像。

① 在桌面上按F2键，使绿色线框框选整个桌面背景部分，单击画面捕获图像，随即打开【SnagIt 捕获预览】窗口，如图 5-45 所示。

图 5-44 添加新方案成功

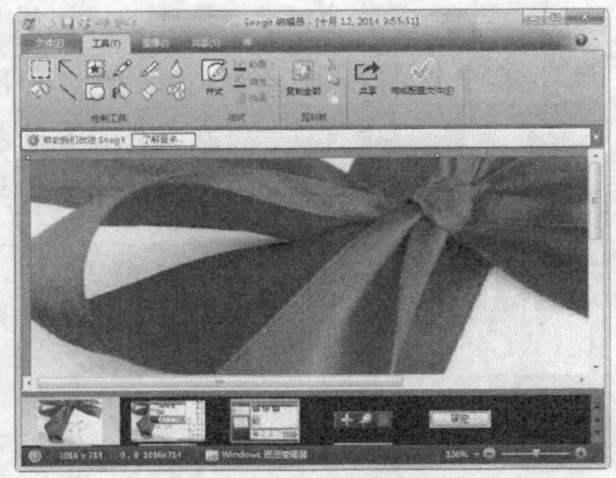

图 5-45 【SnagIt 捕获预览】窗口

② 单击此窗口右侧【图像】面板上的【边缘】选项，在打开的【边缘效果】面板中选择【波浪边缘】选项。

③ 在展开的【波浪边缘】面板中可对波浪的位置、强度等参数进行设置，效果如图 5-46 所示。

图 5-46 边缘效果设置

5.3 图像编辑工具——光影魔术手

光影魔术手是一款改善图片画质以及个性化处理图片的软件，除了图像的基本处理功能外，还可以制作精美相框、艺术照、专业胶片等效果，让每一位用户都能快速制作出漂亮的图片效果。本节将以光影魔术手 4.4.0 版本为例进行详细介绍。

5.3.1　掌握基本的图像调整功能

光影魔术手具有基本的图像调整功能，如自由旋转、缩放、裁剪、模糊与锐化、反色、变形校正等。本例将以对一张图片进行剪辑为例，让用户初步了解光影魔术手的基本的图像调整功能，编辑前后的效果如图 5-47 所示。

编辑前　　编辑后

图 5-47　编辑图像前后的效果

操作步骤

（1）打开要处理的图片。

① 启动光影魔术手 4.4.0 版，进入其操作界面，如图 5-48 所示。

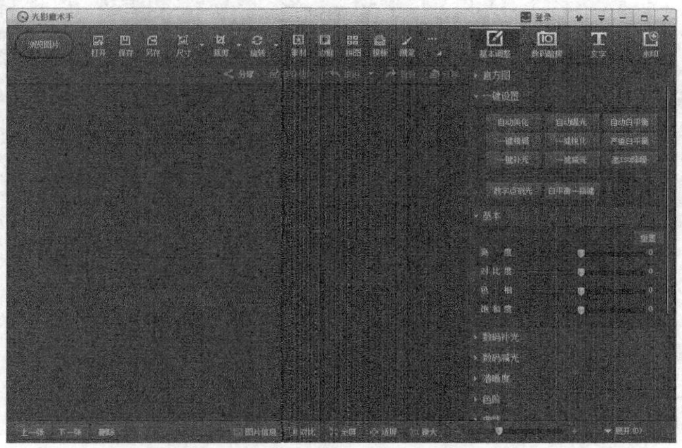

图 5-48　光影魔术手 4.4.0 版操作界面

② 单击工具栏中的按钮，弹出【打开】对话框。

③ 选择本书素材文件"素材\第 5 章\5.3.1\leaf.jpg"。

④ 单击打开(O)按钮，如图 5-49 所示。

图 5-49　打开编辑图像

⑤ 光影魔术手将打开选中的图像，如图 5-50 所示。

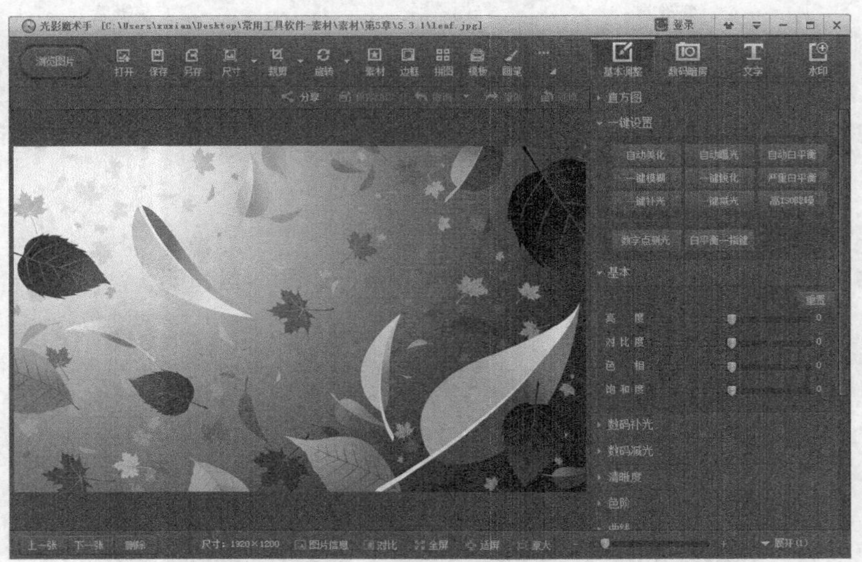

图 5-50　打开的图像效果

（2）裁剪图片。

① 单击工具栏中的按钮，弹出【裁剪】对话框。

② 按住鼠标左键不放，拖曳鼠标框选需要保留的部分。

③ 单击确定按钮可剪辑图片，单击取消按钮可取消本次操作，如图 5-51 所示。

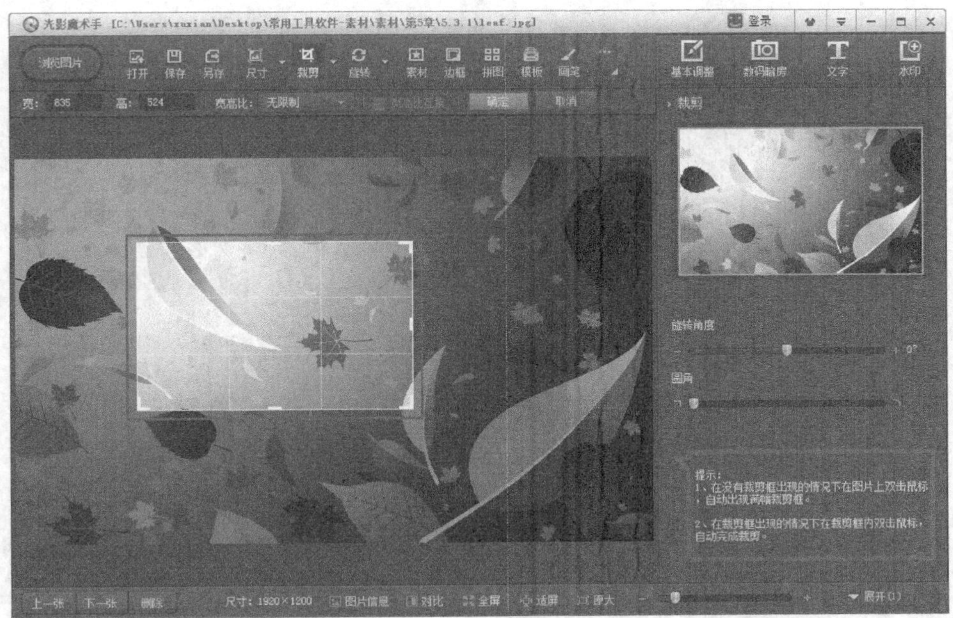

图 5-51　裁剪图片

④ 单击【还原】按钮可以恢复原图片样式，单击【重做】按钮可以返回上一步操作，单击【重做】按钮可以取消所有操作内容，还原图片。

要点提示

单击【裁剪】命令旁边的按钮打开【裁剪】选项的下拉菜单，常用的裁剪方式如表 5–5 所示。

表 5-5　常用的裁剪方式

裁剪方式	含义
按 1∶1 裁剪	照片的长和宽尺寸一样
按 3∶2 裁剪	照片的长宽尺寸比为 3 比 2
按 4∶3 裁剪	照片的长宽尺寸比为 4 比 3
按 16∶9 裁剪	照片的长宽尺寸比为 16 比 9
按标准 1 寸/1R 裁剪	照片的长度为 413，宽度为 295
按标准 2 寸/2R 裁剪	照片的长度为 579，宽度为 413
按大 2 寸/2R 裁剪	照片的长度为 626，宽度为 413
按二代身份证裁剪	照片的长度为 441，宽度为 358
按护照照片裁剪	照片的长度为 567，宽度为 390
按 5 寸/3R 裁剪	照片的长度为 1500，宽度为 1050

⑤ 保存图片。单击工具栏上的【另存】按钮，如图 5-52 所示，将剪辑后的图片保存到指定文件夹中。

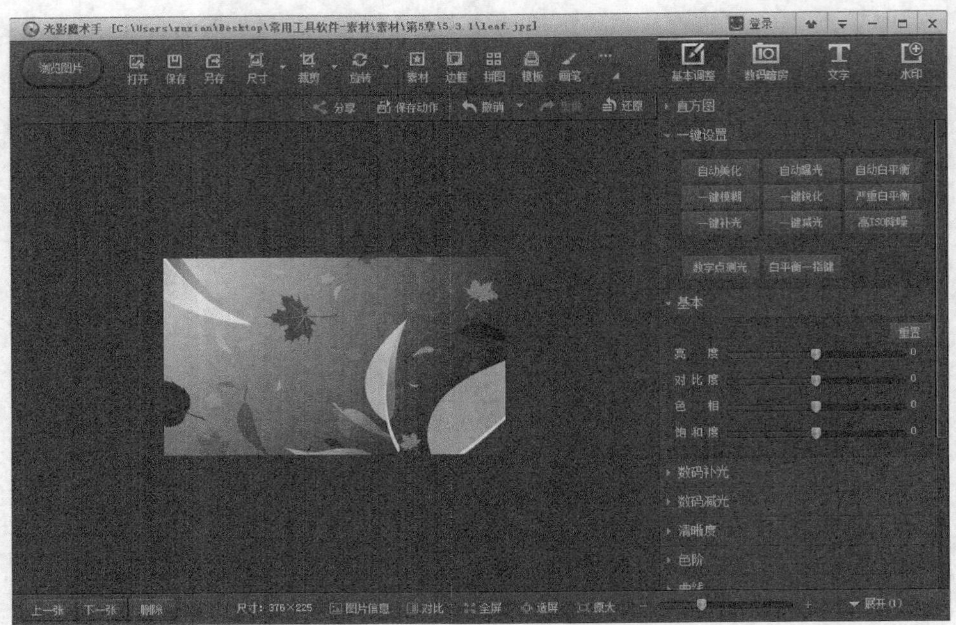

图 5-52　裁剪效果

（3）旋转图片。

① 选择本书素材文件“素材\第 5 章\5.3.1\fish.jpg”。

② 单击工具栏中的旋转按钮，弹出【旋转】对话框。

③ 按住鼠标左键拖动滑块角度：－ ＋，可以手动旋转图片的角度，也可以手动输入角度值，图片旋转效果如图 5-53 所示。

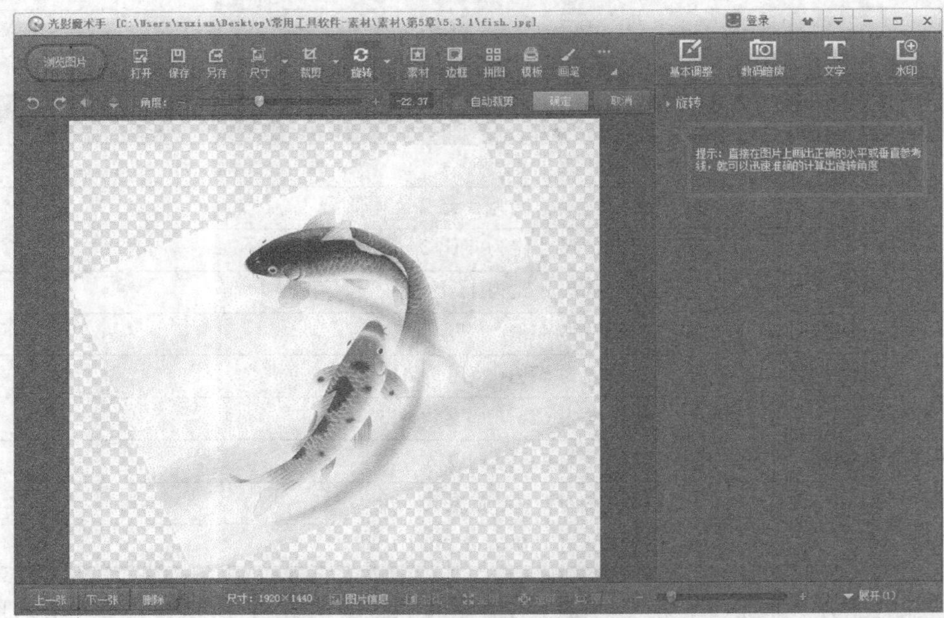

图 5-53　旋转效果

④ 单击按钮向左旋转 90°，单击按钮向右旋转 90°，如图 5-54 所示。

⑤ 单击确定按钮可旋转图片，单击取消按钮可取消本次操作。

要点提示

单击【旋转】命令旁边的按钮，打开【旋转】选项的下拉菜单，旋转方式如表 5-6 所示。相应的操作示例如图 5-55 所示。

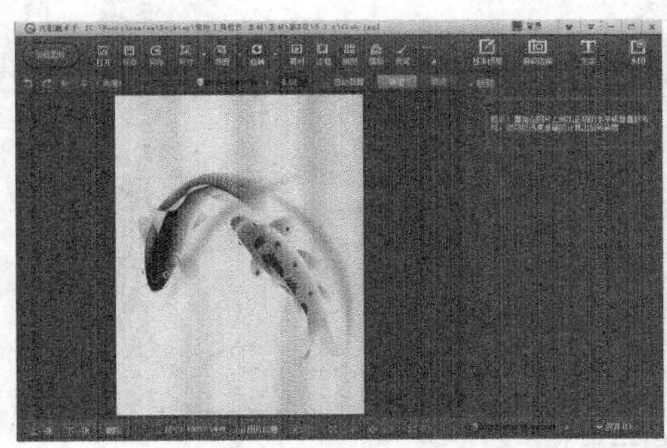

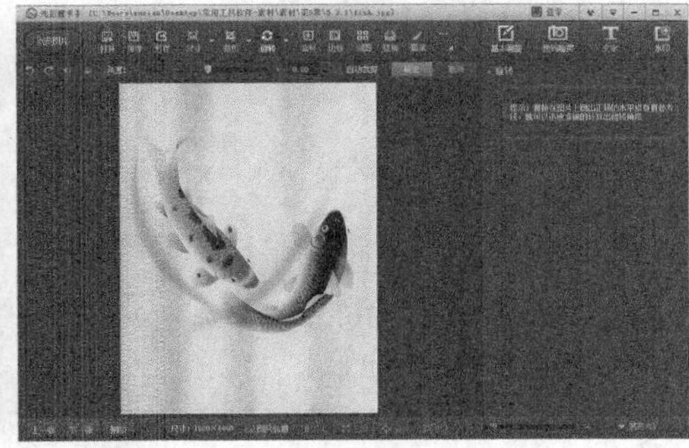

图 5-54　向左/向右旋转效果

表 5-6　旋转方式

旋转方式	含义
向左旋转	把图片向左旋转 90°
向右旋转	把图片向右旋转 90°
左右镜像	把图片在水平方向上对称翻转，如图 5-55 中图所示
上下镜像	把图片在垂直方向上对称翻转，如图 5-55 右图所示

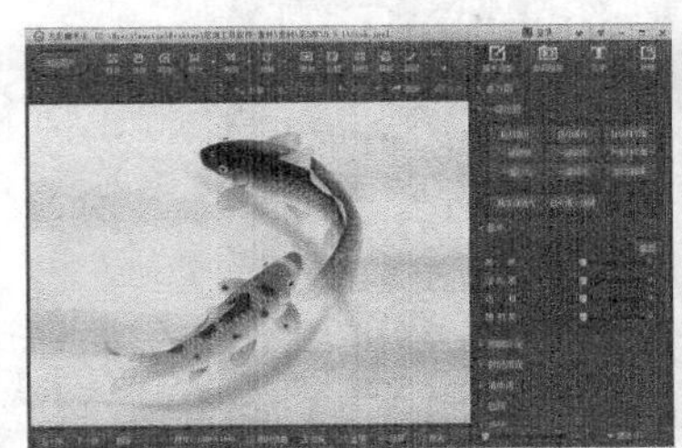

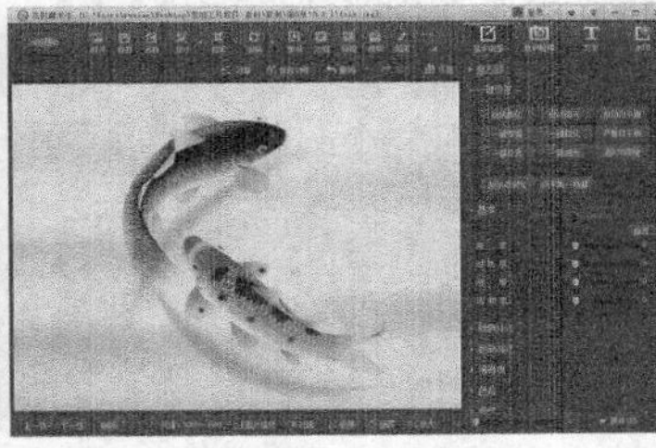

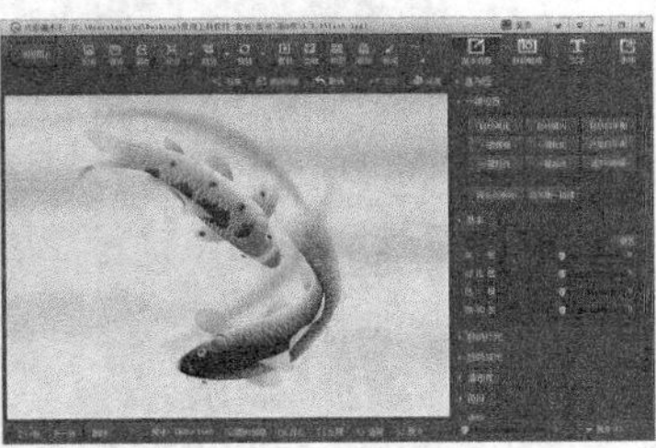

图 5-55　原图（左）、左右镜像（中）、上下镜像（右）

（4）管理素材。

① 进入素材中心。移动鼠标指针到【素材】选项的按钮上，选择下拉菜单中的【素材中心】命令，弹出【素材中心】对话框，可以下载各种素材，如图 5-56 所示。

② 上传素材。移动鼠标指针到【素材】选项的按钮上，选择下拉菜单中的【上传素材】命令，登录迅雷账号，即可上传图片。

（5）为图片添加边框。

① 移动鼠标指针到【边框】选项的按钮上，选择下拉菜单中的【轻松边框】命令，弹出【轻松边框】对话框。

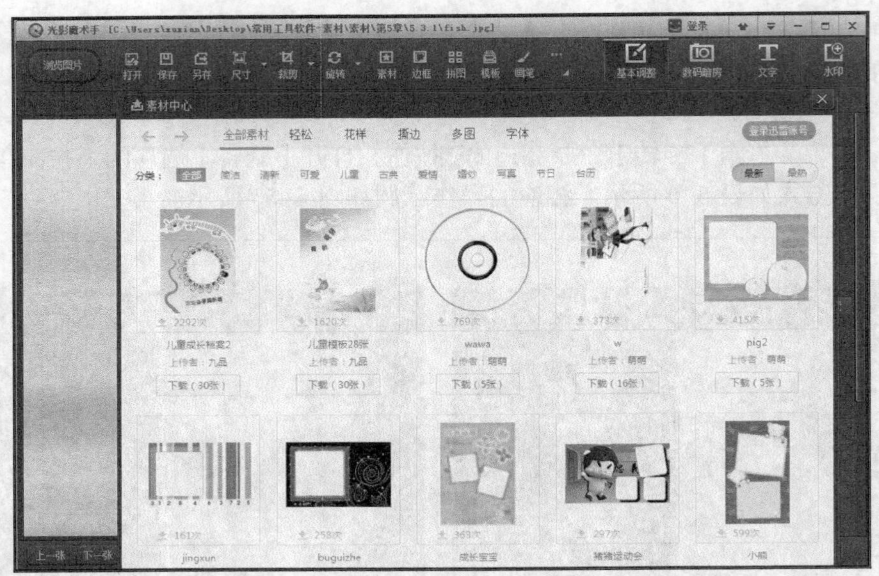

图 5-56　素材中心

② 任意选择右侧的边框为图片添加边框，单击确定按钮可添加此边框，单击取消按钮可取消本次操作，如图 5-57 所示。

图 5-57　添加边框的效果

③ 单击 + 添加文字标签 按钮，可以为图片添加文字。

要点提示

移动鼠标指针到【边框】选项的按钮上，可以看到边框样式有图 5-58 所示的几种。

花样边框

撕边边框

多图边框

自定义边框

图 5-58　边框样式

（6）制作拼图。

① 制作自由拼图。移动鼠标指针到【拼图】选项按钮上，选择【自由拼图】命令，弹出【自由拼图】对话框。接着添加图片，选择画布。最后将图片拖曳到画布上，单击按钮可以旋转图片，单击按钮可以删除图片，如图 5-59 所示。

② 制作模板拼图。移动鼠标指针到【拼图】选项按钮上，选择【模板拼图】命令，弹出【模板拼图】对话框。接着添加图片，选择模板。最后将图片拖曳到模板上，选择图片，在图片上按住鼠标左键拖动可以移动图片，单击底纹按钮为图片添加作为底纹的图片，如图 5-60 所示。

图 5-59　自由拼图

图 5-60　模板拼图

③ 制作图片拼接。移动鼠标指针到【拼图】选项按钮上，选择【图片拼接】命令，弹出【图片拼接】对话框。然后添加图片，选择【横排】或者【竖排】选项，设置各种参数。最后选择左侧的图片，系统会自动把图片填入画布，拖动图片可以改变图片的排列顺序，如图 5-61 所示。

图 5-61　图片拼接

5.3.2　解决数码照片的曝光问题

在使用数码相机拍摄照片时，经常会因为天气、时间、光线、技术等原因而使拍摄的照片存在过亮、过黑或者没有对比度、层次和暗部细节等缺陷，这就是通常所说的曝光不足和曝光过度。光影魔术手提供的自动曝光、数码补光和白平衡等功能，可以解决数码拍摄时出现的问题。本例将以处理部分区域曝光不足的照片为例，介绍使用光影魔术手解决数码拍摄问题的方法和技巧，操作前后的对比效果如图 5-62 所示。

处理前

处理后

图 5-62　图像处理前后的效果

操作步骤

（1）打开需要处理的图片。

① 启动光影魔术手，进入其操作界面。

② 打开本书素材文件“素材\第 5 章\5.3.2\曝光不足.jpg”，如图 5-63 所示。

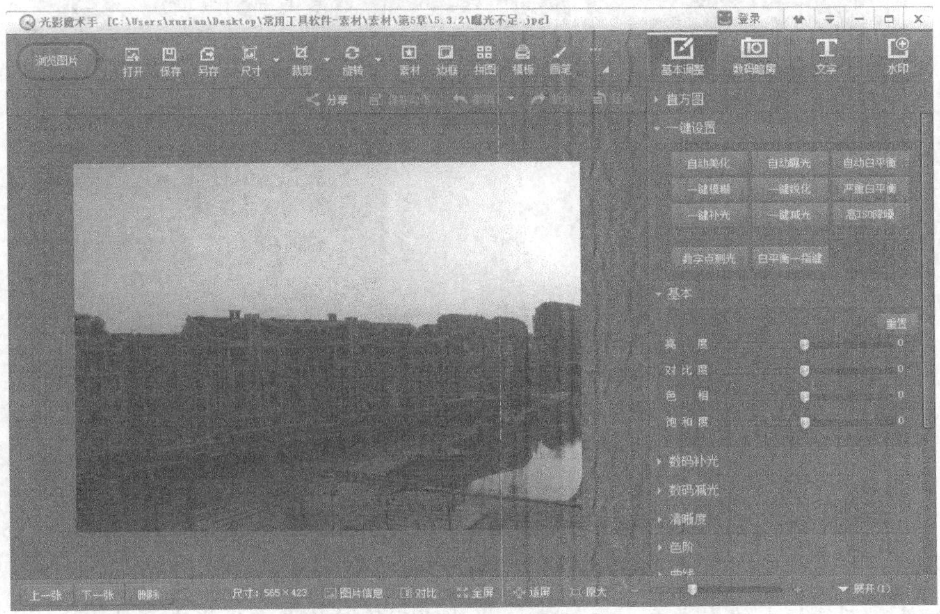

图 5-63　打开曝光不足的图片

（2）选择数码补光功能。

① 单击界面右边的【基本调整】按钮，单击一键补光按钮，软件将自动提高暗部的亮度，同时，亮部的画质不受影响，效果如图 5-64 所示。

图 5-64　通过补光功能调整曝光度

② 再单击一键补光按钮 2～4 次，直至显示效果如图 5-65 所示。

图 5-65 再补光 2～4 次

③ 单击工具栏上的【另存】按钮，将处理后的图片保存到指定文件夹中。

5.3.3 制作个人艺术照

随着人们生活水平的不断提高，人们对于精神生活的追求也越来越高，艺术照也随之进入了人们的生活视野。本例将通过一张艺术照片的制作过程主要说明光影魔术手在人像方面的处理功能和添加边框文字的功能，图像处理前后的对比效果如图 5-66 所示。

处理前

处理后

图 5-66 图像处理前后的对比效果

操作步骤

（1）打开个人照片。

① 启动光影魔术手，进入其操作界面。

② 打开本书素材文件“素材\第 5 章\5.3.3\girl.jpg”，如图 5-67 所示。

图 5-67　打开个人照片

（2）制作影楼人像。

① 在界面右侧选择【数码暗房】选项。

② 在【全部】选项下拉列表中选择【冷绿】选项。

③ 单击确定按钮，制作冷绿效果的影楼人像，如图 5-68 所示。

图 5-68　制作影楼人像效果

（3）制作边框。

① 移动鼠标指针到【边框】选项，选择【花样边框】命令。

② 在界面右侧的边框样式中选中 作者:雪菜celery 边框样式。

③ 单击 确定 按钮，添加边框效果，如图 5-69 所示。

图 5-69　制作边框

（4）添加文字。

① 添加文字 1。在界面右侧单击 T 按钮，弹出【文字】对话框。单击 添加新的文字 按钮，在上面的矩形框中书写文字“微笑”。设置【字体】为【华文新魏】，字体【大小】为【200】，字体【颜色】为【白色】。单击 确定 按钮添加文字，结果如图 5-70 所示。

图 5-70　添加文字“微笑”

② 添加文字 2。在界面右侧单击 T 按钮，弹出【文字】对话框。单击 添加新的文字 按钮，在上面的矩形框中输入“每一天”。设置【字体】为【华文新魏】，字体【大小】为【100】，字体【颜色】为【白色】。单击 确定 按钮添加文字，结果如图 5-71 所示。

图 5-71　添加文字“每一天”

③ 调整文字的位置。双击选中文字“微笑”，将文字拖动到人物的脚上方。双击选中文字“每一天”，将文字拖动到文字“微笑”的后面。单击 确定 按钮完成文字的调整，如图 5-72 所示，并返回主操作界面。

图 5-72　调整文字的位置

④ 单击工具栏上面的 另存为 按钮，将制作完成的艺术照片保存到指定文件夹中。

5.4 GIF 动画制作工具——Ulead GIF Animator

GIF 动画制作工具由于其“体型”小，使用方便灵活，在互联网上得到广泛使用。Ulead GIF Animator 是友立公司出版的动画 GIF 制作软件，可将 AVI 文件格式转成动画 GIF 文件格式，而且还能将动画 GIF 图片最佳化，给放在网页上的动画 GIF 图片“减肥”，以便让人能够更快速地浏览网页。本节将以 Ulead GIF Animator 5 为例进行详细介绍。

5.4.1 制作图像 GIF 动画

常见的 GIF 动画都是通过一张张的图片组合而成的。下面将介绍使用多张图片的组合来制作 GIF 动画的操作方法，操作效果如图 5-73 所示。

图 5-73 图像 GIF 动画效果

操作步骤

（1）设置场景。

① 启动 Ulead GIF Animator 5，进入其操作界面，如图 5-74 所示。

Ulead GIF Animator 第 1 次启动成功后会弹出图 5-75 所示的【启动向导】对话框，为用户提供动画制作方案，此处不使用该功能，所以在【启动向导】对话框中选中【下一次不显示这个对话框】复选框，下次运行时软件就不会再弹出【启动向导】对话框。

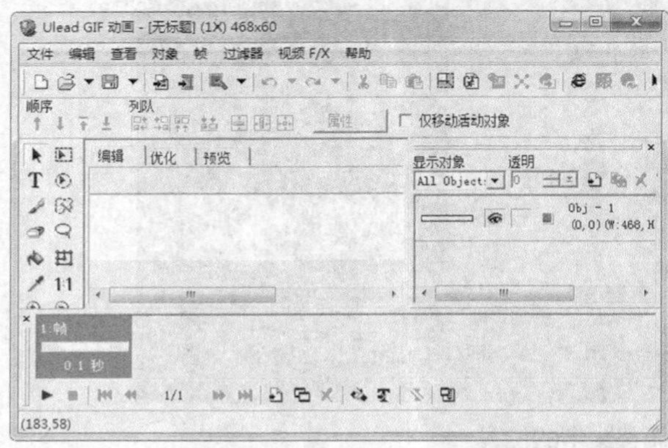

图 5-74 Ulead GIF Animator 5 操作界面

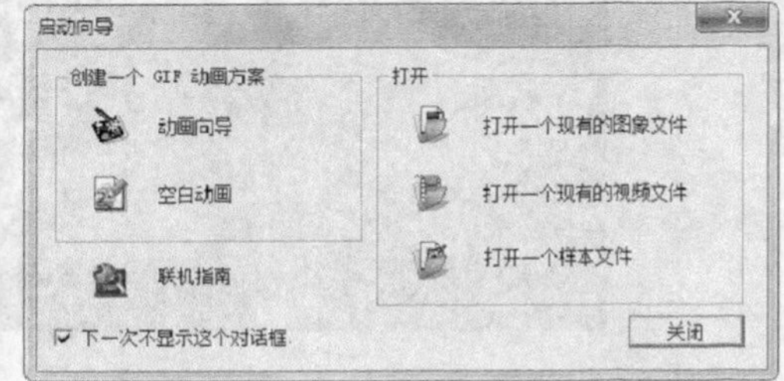

图 5-75 【启动向导】对话框

② 设置场景大小。按Ctrl+G组合键，弹出【画布尺寸】对话框，取消选中【保持外表比率】复选框，设置【宽度】为“550”，【高度】为“400”，如图 5-76 所示。最后单击 确定 按钮，完成设置。

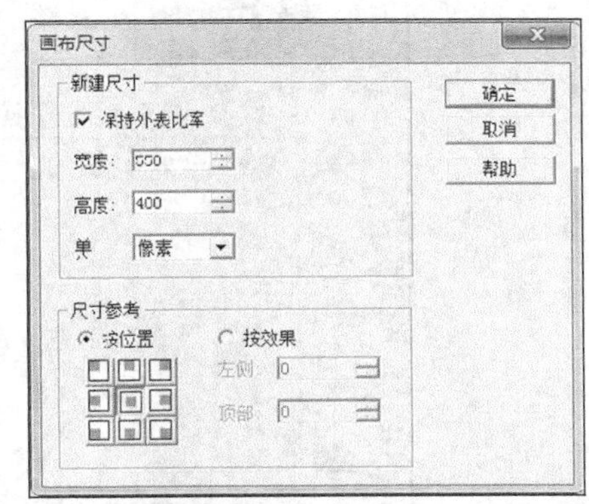

图 5-76　Ulead GIF Animator 5 操作界面

（2）添加图片 1。

① 单击标准工具栏上的按钮，弹出【添加图像】对话框。

② 在【添加图像】对话框中打开本书素材文件“素材\第 5 章\5.4.1\01.png”的图像文件。

③ 单击 打开(O) 按钮，将图片添加到舞台中，如图 5-77 所示。

④ 单击【帧】面板上的按钮，添加一个空白帧，如图 5-78 所示。

图 5-77　添加图片 1

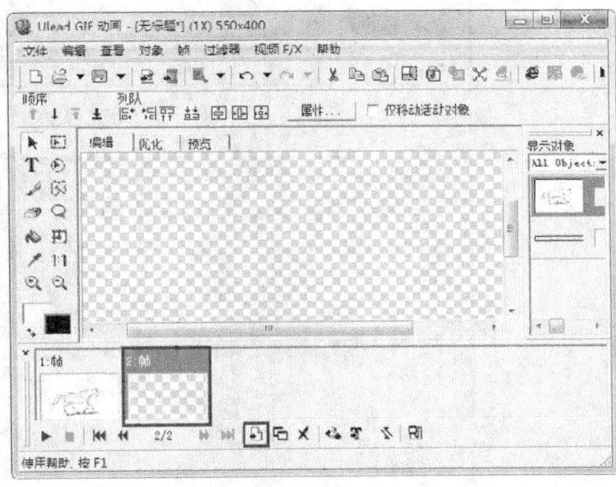
图 5-78　添加一个空白帧

要点提示

选中帧后，按Delete键可删除选中的帧。

（3）添加图片 2。

① 单击标准工具栏上的按钮，弹出【添加图像】对话框。

② 在【添加图像】对话框中打开本书素材文件“素材\第 5 章\5.4.1\02.png”的图像文件。

③ 单击 打开(O) 按钮，将图片添加到舞台中，如图 5-79 所示。

④ 用同样的方法添加图片“03.png”和“04.png”，如图 5-80 所示。

要点提示

单击场景右上角的 预览 按钮，切换至【预览】面板，可预览当前制作的动画。

图 5-79　添加图片 2

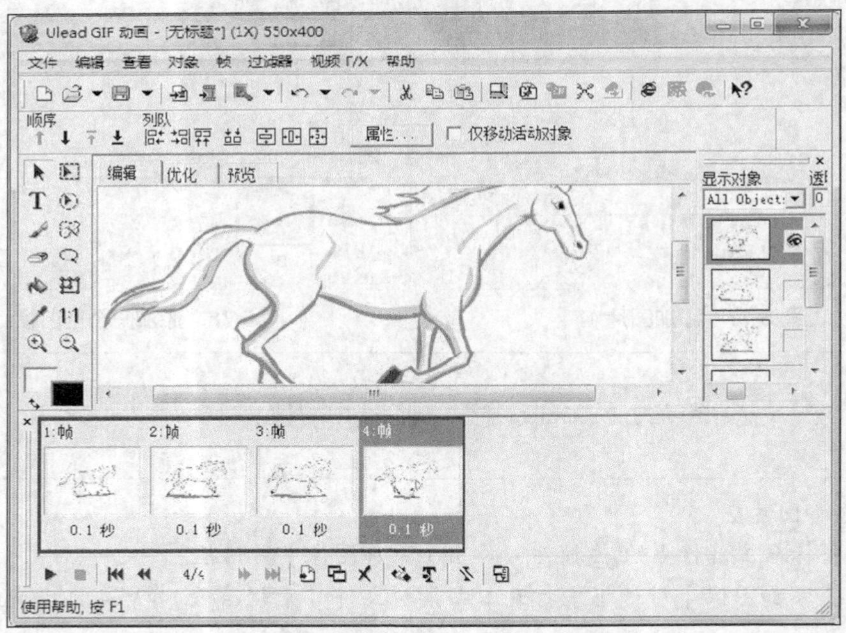

图 5-80　添加图片“03.png”和“04.png”

（4）设置帧属性。

① 在【帧】面板上双击第 1 帧的缩略图，弹出【画面帧属性】对话框。

② 在【画面帧属性】对话框中设置【延迟】为“20”。

③ 单击 确定 按钮，完成设置，如图 5-81 所示。

④ 用同样的方法设置其他帧的帧属性，如图 5-82 所示。

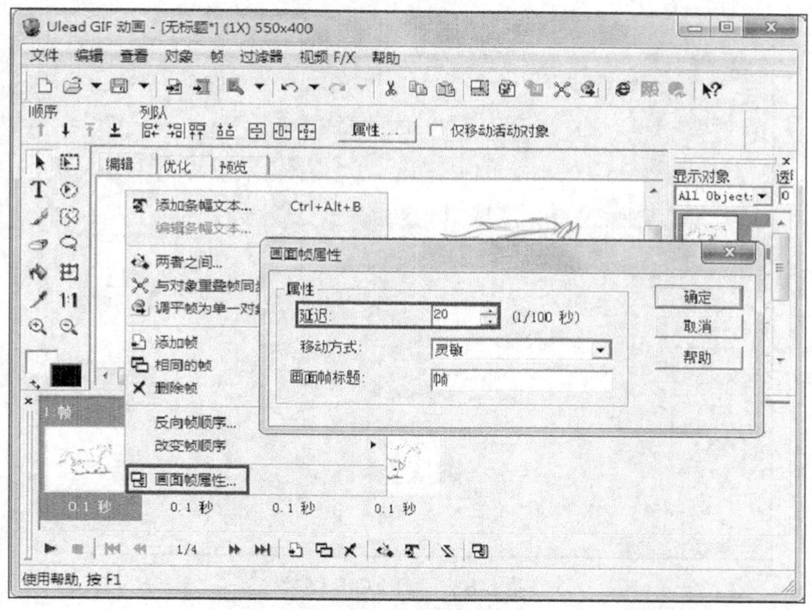

图 5-81 设置帧属性

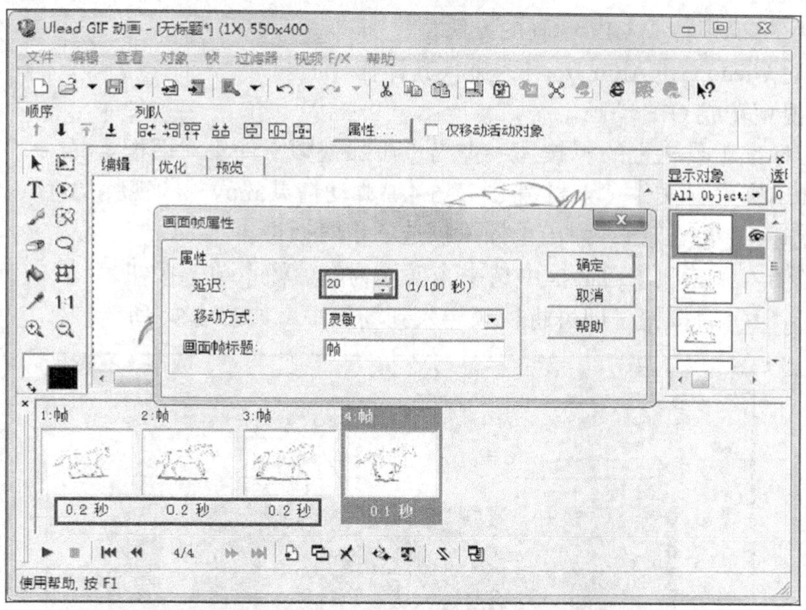

图 5-82 其他帧的帧属性

（5）导出 GIF 图片。

① 在主菜单栏中选择【文件】/【另存为】/【GIF 文件】命令，如图 5-83 所示，弹出【另存为】对话框。

② 在【另存为】对话框中设置【文件名】为"奔跑的马"。

③ 单击 保存(S) 按钮，将当前文件保存为 GIF 格式。

④ 按 Ctrl+S 组合键保存动画制作源文件，以便后期对动画进行修改。

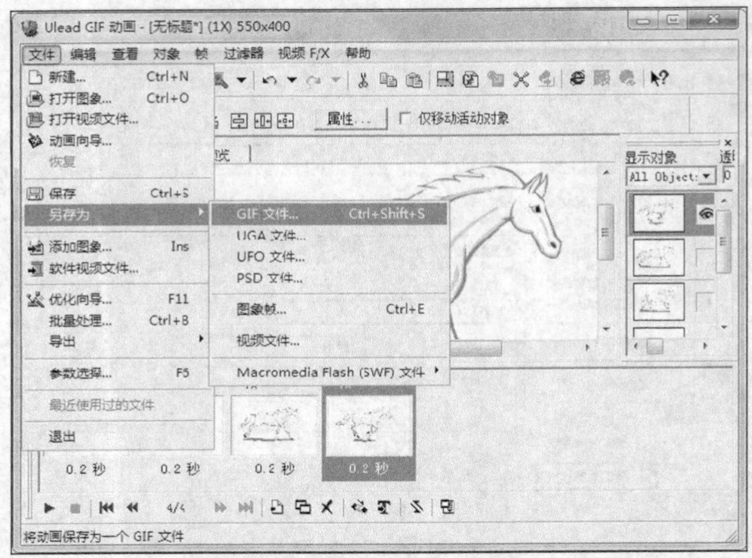

图 5-83　导出 GIF 图片

【知识链接】

下面介绍将视频转成 GIF 动画的方法。

（1）启动 Ulead GIF Animator 5，进入其操作界面。

（2）将视频转成 GIF 动画。

① 单击标准工具栏上的按钮，弹出【添加视频文件】对话框。

② 选择本书素材文件“素材\第 5 章\5.4.1\舞动精灵.mov”的视频文件。

③ 单击 打开(O) 按钮，弹出【插入帧选项】对话框。

④ 在【插入帧选项】对话框中选中【插入为新建帧】单选按钮。

⑤ 单击 确定 按钮，即可将视频导入到场景中，如图 5-84 所示。

图 5-84　将视频转成 GIF 动画

（3）导出 GIF 图片。

① 在主菜单栏中选择【文件】/【另存为】/【GIF 文件】命令，弹出【另存为】对话框。

② 在【另存为】对话框中设置【文件名】为“舞动精灵”。

③ 单击 保存(S) 按钮，将当前文件保存为 GIF 图片。

5.4.2　制作特效 GIF 动画

为了帮助用户快速地制作生动活泼的 GIF 动画，Ulead GIF Animator 提供了 3D、F/X、擦除、电影、滚动等特效，用户只需要经过简单的操作就能完成多彩的 GIF 动画效果。下面将具体介绍使用特效制作 GIF 动画的操作方法，制作效果如图 5-85 所示。

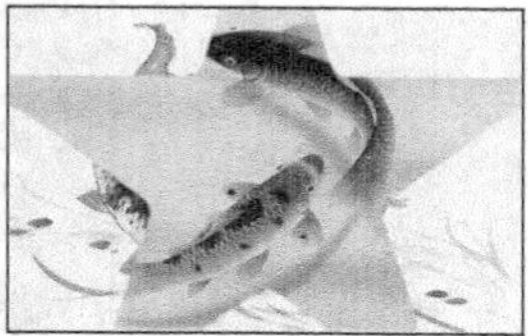

图 5-85　特效 GIF 动画效果

操作步骤

（1）设置场景。

① 启动 Ulead GIF Animator，进入其操作界面。

② 按 Ctrl+G 组合键，弹出【画布尺寸】对话框。

③ 在【画布尺寸】对话框中取消选中【保持外表比率】复选框。

④ 设置【宽度】为“400”，【高度】为“260”，如图 5-86 所示。

⑤ 单击 确定 按钮，完成设置。

（2）添加第 1 帧图片。

① 单击标准工具栏上的 按钮，弹出【添加图像】对话框。

② 选中本书素材文件“素材\第 5 章\5.4.2\01.jpg”的图像文件。

③ 单击 打开(O) 按钮，将图片添加到舞台中，如图 5-87 所示。

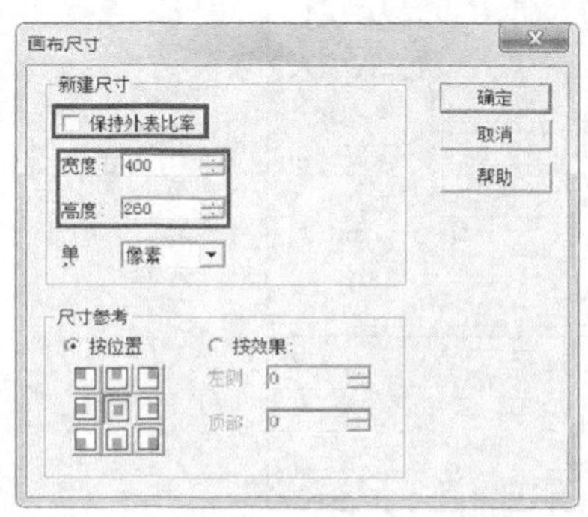

图 5-86　设置场景大小

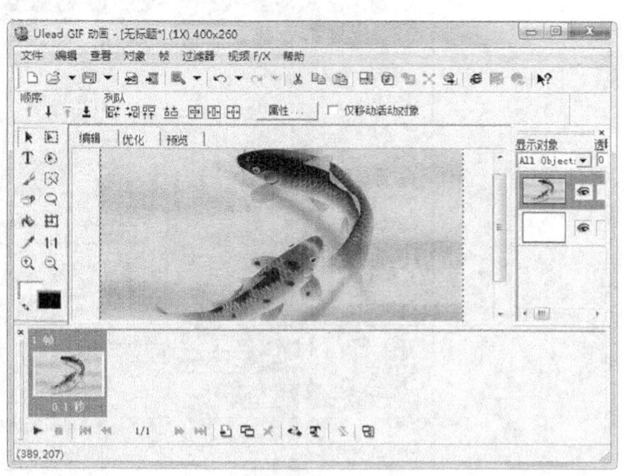

图 5-87　添加第 1 帧图片

（3）添加第 2 帧图片。

① 单击【帧】面板上的按钮，添加一个空白帧。

② 单击标准工具栏上的按钮，弹出【添加图像】对话框。

③ 打开本书素材文件“素材\第 5 章\5.4.2\02.jpg”的图像文件。

④ 单击 打开(O) 按钮，将图片添加到舞台中，如图 5-88 所示。

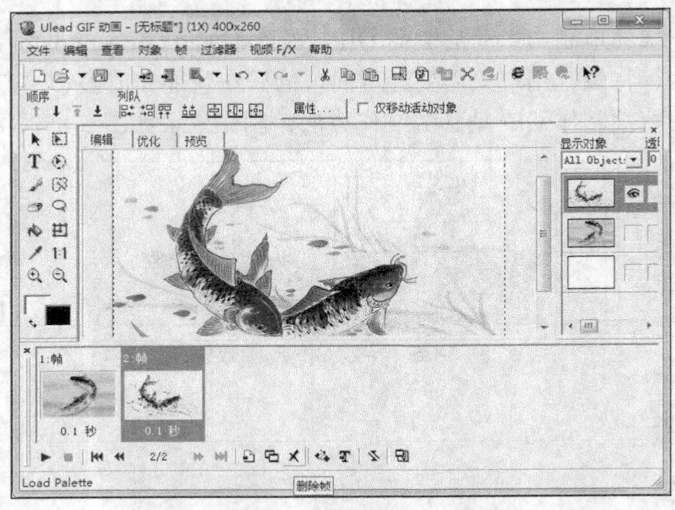

图 5-88 添加第 2 帧图片

（4）设置帧属性。

① 在【帧】面板上选中第 1 帧，按住 Shift 键单击第 2 帧，从而选中所有的帧。

② 右键单击选中的帧，在弹出的下拉菜单中选择【画面帧属性】命令，弹出【画面帧属性】对话框。

③ 设置【延迟】为“100”，如图 5-89 所示。

④ 单击 确定 按钮，完成设置。

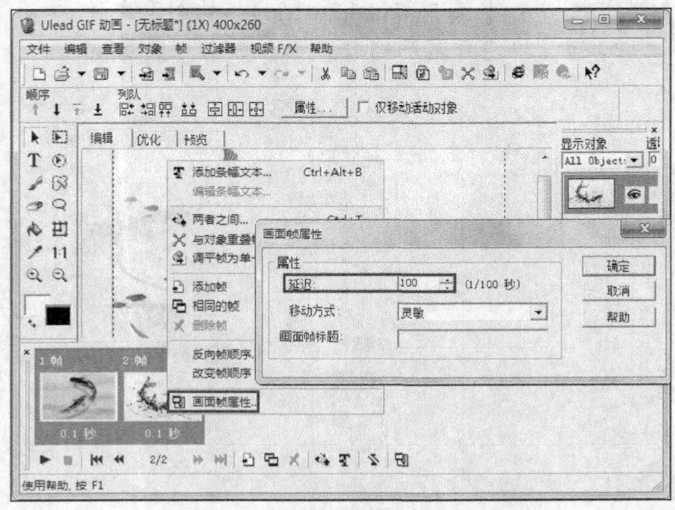

图 5-89 设置帧属性

（5）为第 1 张图片添加特效。

① 在【帧】面板上单击第 1 帧的缩略图，选中第 1 帧。

② 在主菜单栏中选择【视频 F/X】/【Clock】/【Sweep-Clock】命令，弹出【添加特效】对话框。

③ 在【添加特效】对话框中设置【画面帧】为“20”，【延迟时间】为“4”。

④ 设置【平滑边缘】为“小”，【边框】为“0”，如图 5-90 所示。

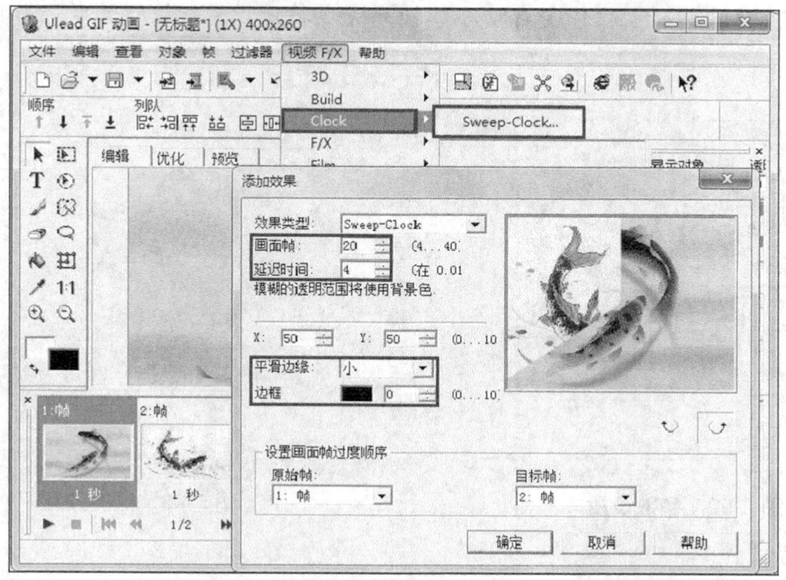

图 5-90　参数设置

⑤ 单击 确定 按钮，软件会自动添加帧来完成特效设置，如图 5-91 所示。

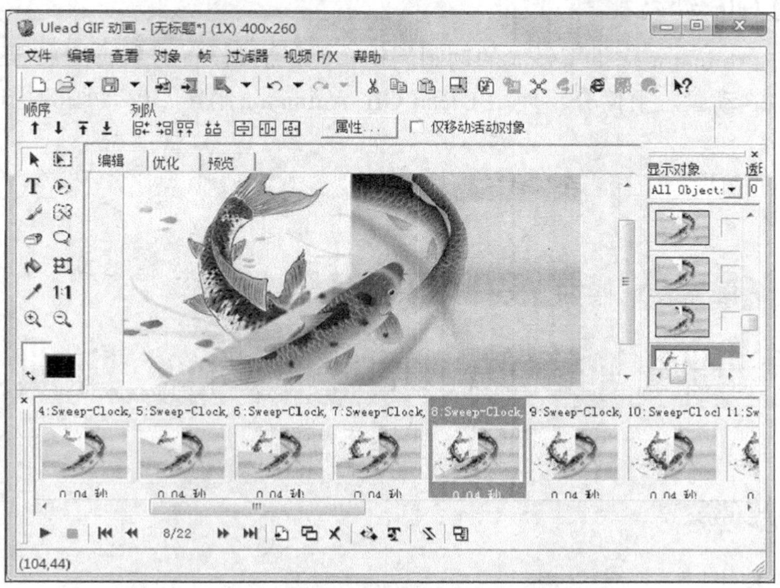

图 5-91　添加特效效果

（6）为第2张图片添加特效。

① 在【帧】面板上单击第22帧的缩略图，选中第22帧。

② 在主菜单栏中选择【视频F/X】/【擦除】/【星形-擦除】命令，弹出【添加特效】对话框。

③ 在【添加特效】对话框中设置【画面帧】为“20”,【延迟时间】为“4”。

④ 设置【平滑边缘】为“小”,【边框】为“0”，如图5-92所示。

⑤ 单击 确定 按钮，软件会自动添加帧来完成特效设置，最终的效果如图5-93所示。

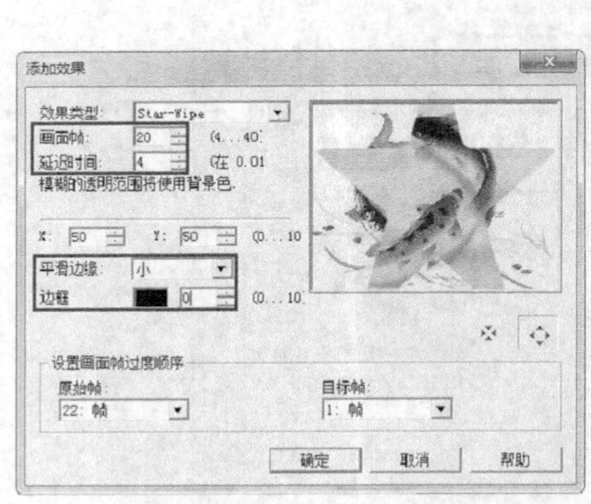

图5-92 参数设置

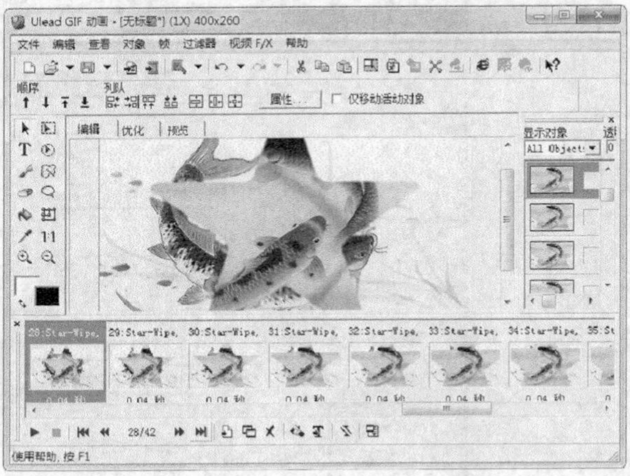

图5-93 最终效果

（7）保存文件。

① 按 Ctrl+Shift+S 组合键，将当前动画保存为GIF格式。

② 按 Ctrl+S 组合键，保存动画制作源文件。

5.4.3 自制GIF动画

Ulead GIF Animator提供了强大的动画制作功能，通过设置对象属性来帮助用户实现自己理想中的GIF动画。下面介绍使用Ulead GIF Animator制作GIF动画的操作方法，效果如图5-94所示。

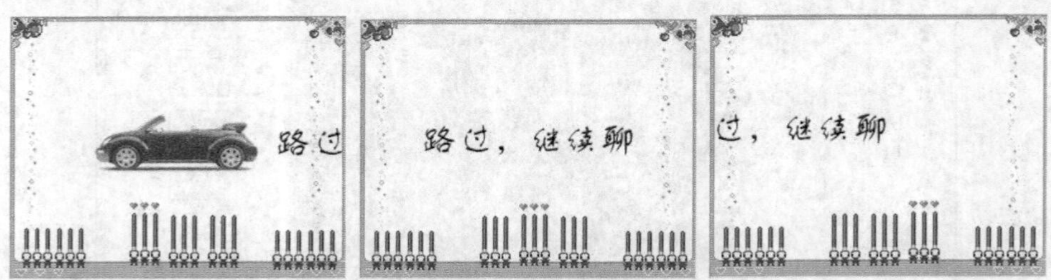

图5-94 自制GIF动画效果

操作步骤

（1）新建文件。

① 启动Ulead GIF Animator，进入其操作界面。

② 单击标准工具栏上的按钮，弹出【新建】对话框。

③ 在【新建】对话框中设置【宽度】为“280”，【高度】为“226”。

④ 选中【纯色背景对象】单选按钮，如图 5-95 所示。

⑤ 单击 确定 按钮，即可新建空白文件。

（2）添加图片。

① 添加汽车图片。单击标准工具栏上的按钮，添加本书素材文件“素材\第 5 章\5.4.3\跑车.jpg”的图像文件，效果如图 5-96 所示。

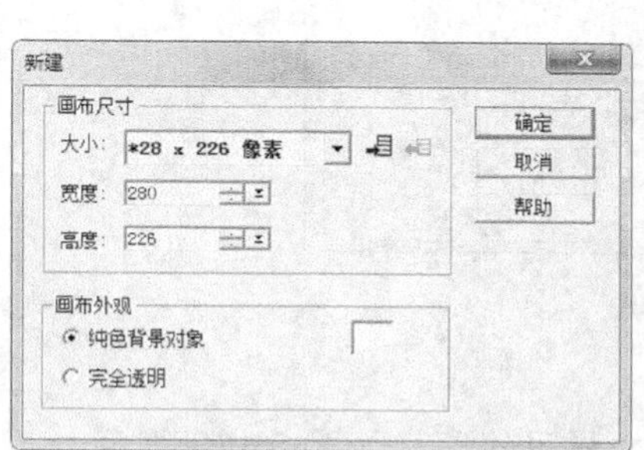

图 5-95　新建空白文件

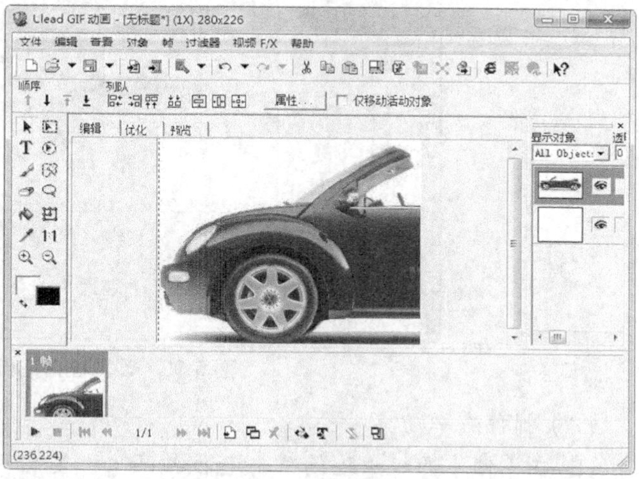

图 5-96　添加汽车图片

② 单击【工具】面板上的按钮，选中【选取】工具。

③ 在舞台中双击汽车图片，弹出【对象属性】对话框。

④ 切换到 位置及尺寸 选项卡。

⑤ 在【尺寸】选项区域中设置【宽度】为“140”，【高度】为“86”，如图 5-97 所示。

⑥ 单击 确定 按钮，完成图片大小设置，如图 5-98 所示。

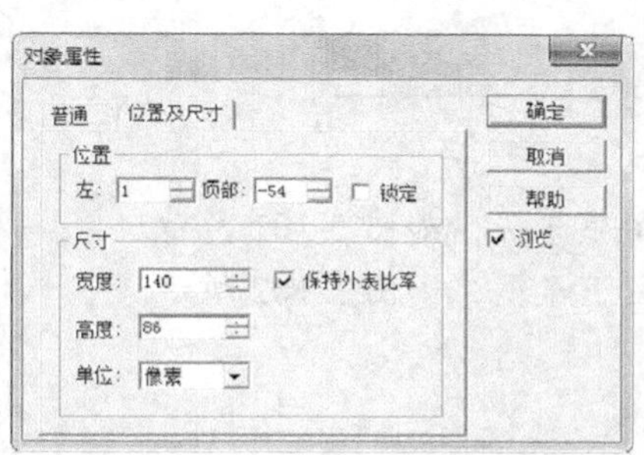

图 5-97　设置属性

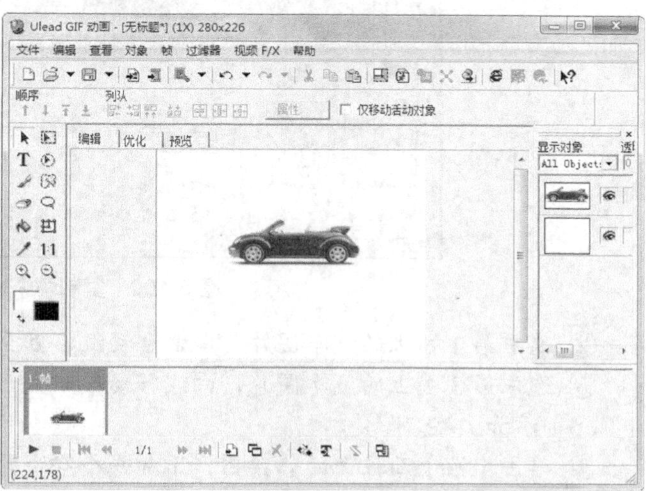

图 5-98　设置图片大小

（3）设置图片的位置。

① 选中舞台中的汽车对象。

② 在属性工具栏上单击▣按钮，使对象左右居中到舞台，如图 5-99 所示。

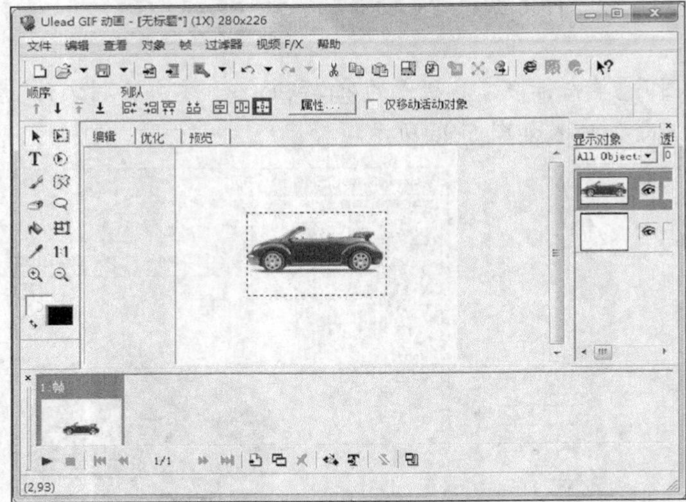

图 5-99　设置图片的位置

（4）制作汽车动画。

① 在【帧】面板上连续单击▣按钮两次，复制两个相同的帧，如图 5-100 所示。

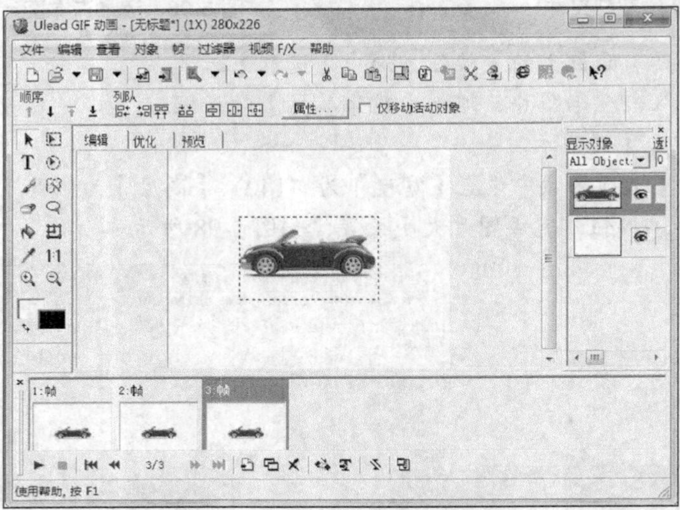

图 5-100　复制两个帧

② 选中第 1 帧上的汽车图片，向右移动汽车直至留下车头，如图 5-101 所示。

③ 选中第 3 帧上的汽车图片，向左移动汽车直至留下车尾，如图 5-102 所示。

（5）添加文字。

① 单击【帧】面板上的▣按钮，添加一个空白帧。

② 单击【工具】面板上的 T 按钮，选中【文字】工具。

③ 单击舞台，弹出【文本条目框】对话框。

④ 设置【字体】为“方正舒体”，【大】为“30”。

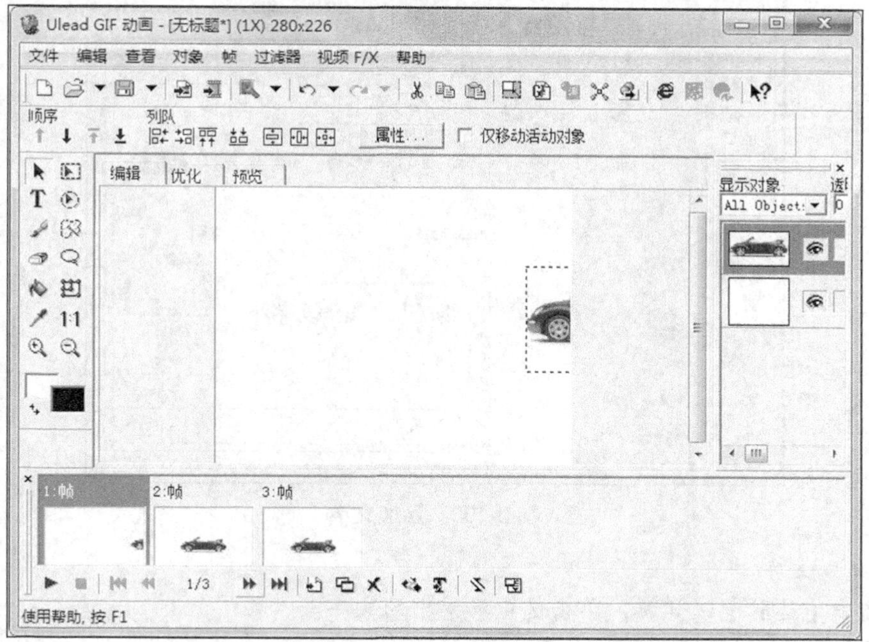

图 5-101　第 1 帧的汽车位置

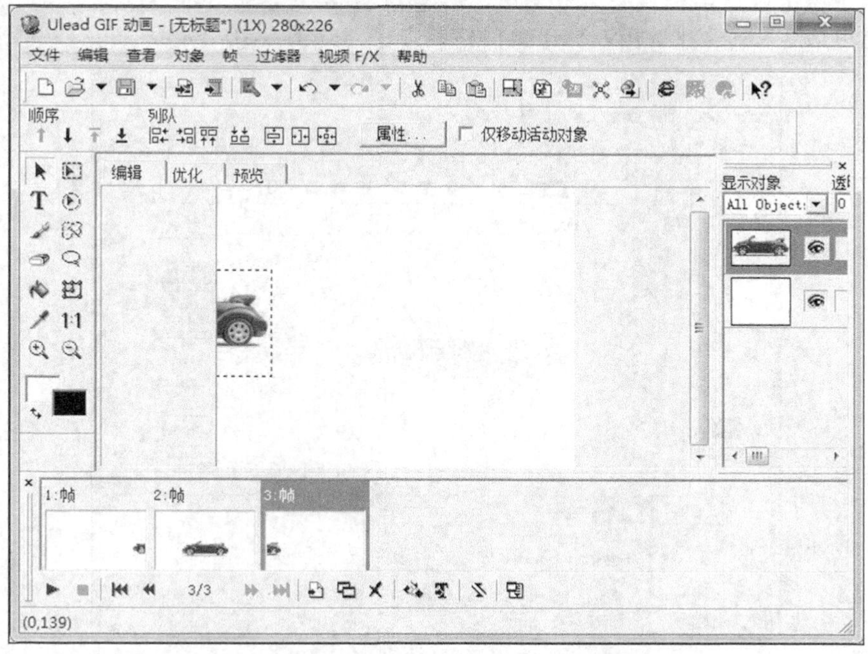

图 5-102　第 3 帧的汽车位置

⑤ 在文本框中输入文字“路过，继续聊”。

⑥ 单击 确定 按钮，添加文字，如图 5-103 所示。

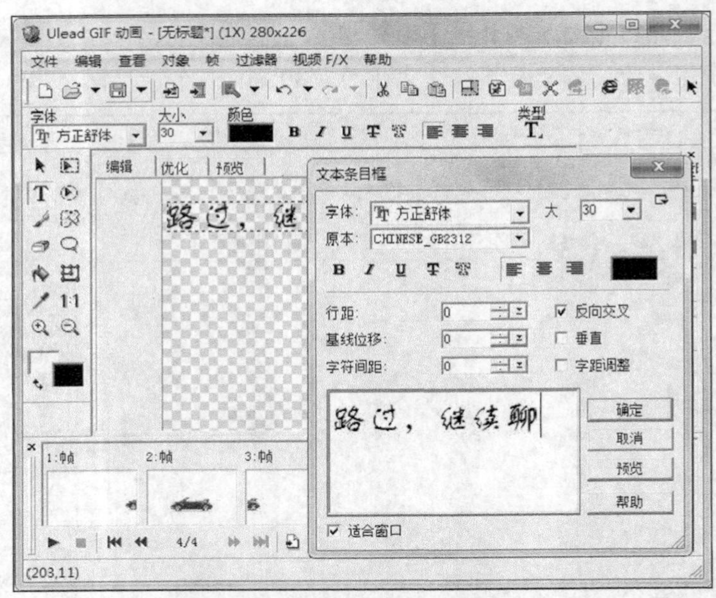

图 5-103　添加文字

（6）复制文字。

① 选中【选取】工具，单击选中场景中的文字。

② 按 Ctrl+C 组合键，复制文字。

③ 在【帧】面板上单击选中第 2 帧，按 Ctrl+V 组合键，粘贴文字。

④ 选中第 3 帧，按 Ctrl+V 组合键，粘贴文字，如图 5-104 所示。

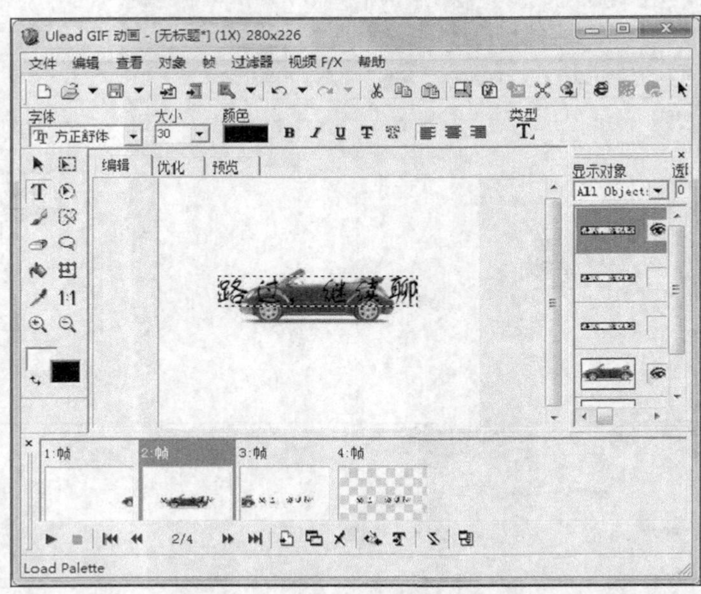

图 5-104　粘贴文字

⑤ 选中第 2 帧场景中的文字，向右移至车尾的后面，如图 5-105 所示。

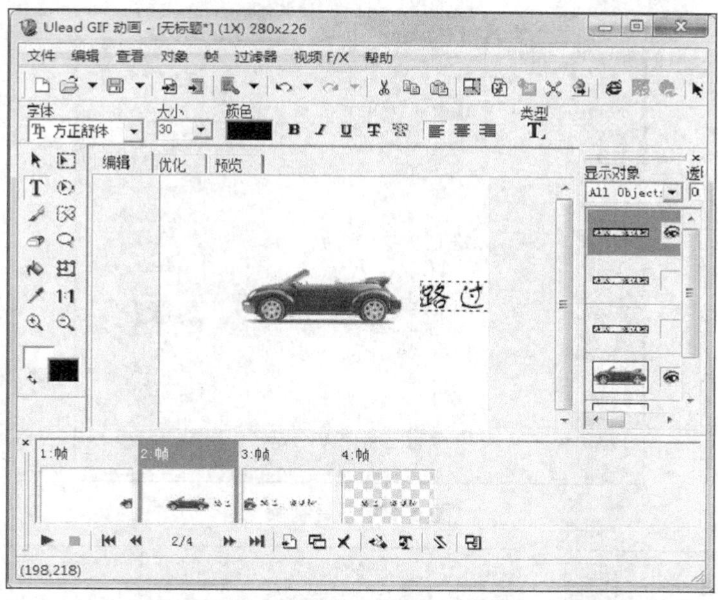

图 5-105　第 2 帧的文字位置

⑥ 选中第 3 帧场景中的文字，向右移至车尾的后面，如图 5-106 所示。

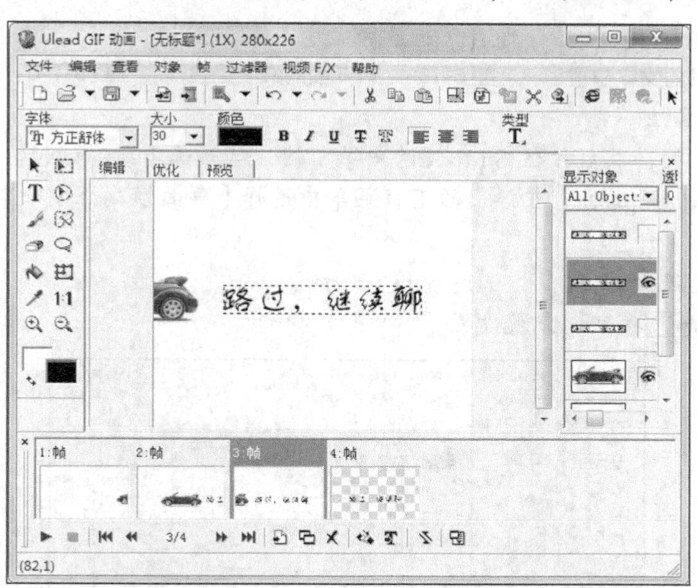

图 5-106　第 3 帧的文字位置

（7）复制文字帧。

① 在【帧】面板上单击选中第 4 帧。

② 连续单击按钮 3 次，复制 3 个相同的帧，如图 5-107 所示。

③ 选中第 5 帧场景中的文字，向左移动文字，如图 5-108 所示。

④ 选中第 6 帧场景中的文字，向左移动文字，如图 5-109 所示。

⑤ 选中第 7 帧场景中的文字，向左移动文字，如图 5-110 所示。

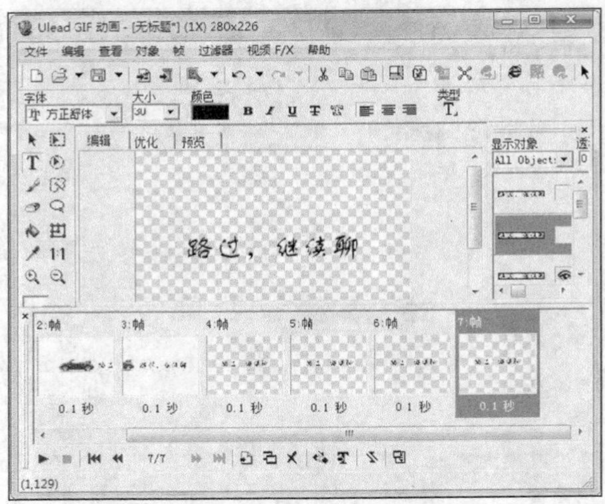

图 5-107　复制帧

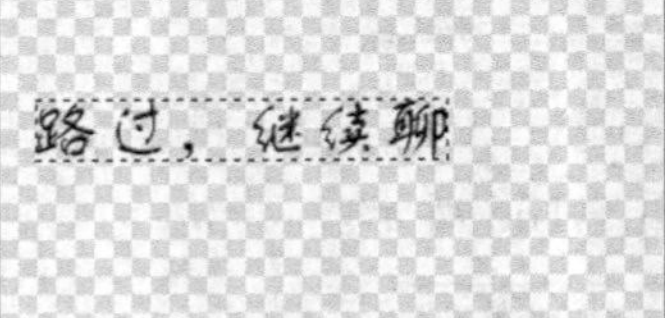

图 5-108　第 5 帧的文字位置

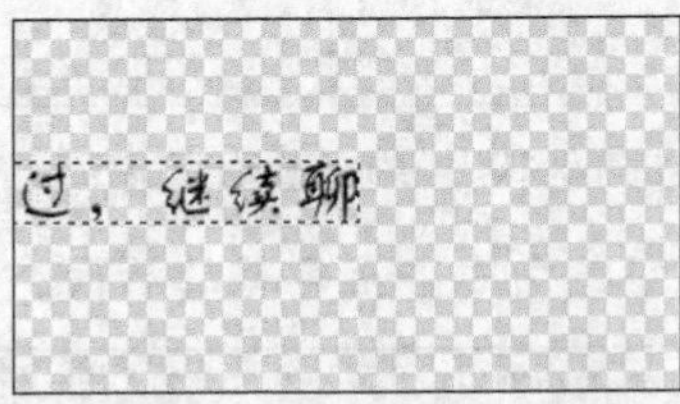

图 5-109　第 6 帧的文字位置

图 5-110　第 7 帧的文字位置

（8）设置帧属性。

① 选中第 1 帧，然后按住 Shift 键选中第 7 帧，从而选中所有的帧。

② 右键单击选中的帧，在弹出的下拉菜单中选择【画面帧属性】命令，弹出【画面帧属性】对话框。

③ 设置【延迟】为“25”，如图 5-111 所示。

④ 单击 确定 按钮，完成设置。

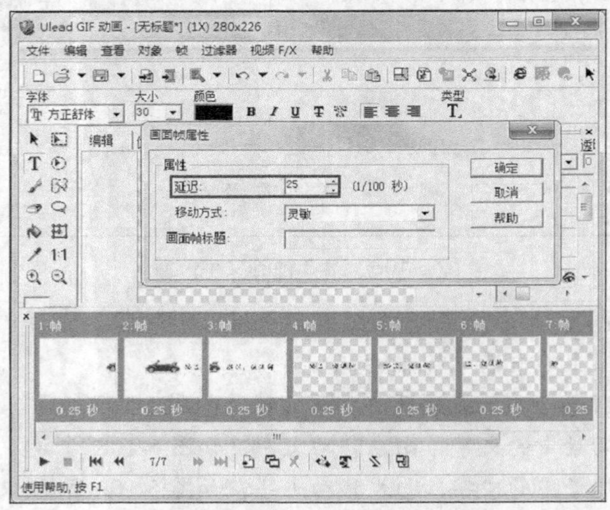

图 5-111　设置所有帧的帧属性

⑤ 在【帧】面板中双击第 4 帧，弹出【画面帧属性】对话框，设置【延迟】为“100”，如图 5-112 所示。

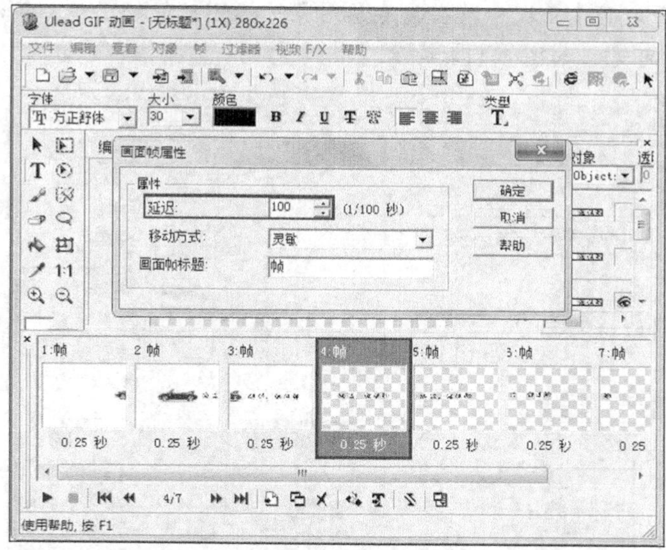

图 5-112　设置第 4 帧的帧属性

（9）添加动态边框。

① 在【帧】面板上选中第 7 帧，单击按钮，添加一个空白帧，设置【延迟】为“25”。

② 选中第 1 帧。

③ 单击标准工具栏上的按钮，弹出【添加图像】对话框。

④ 选中本书素材文件“素材\第 5 章\5.4.3\边框.gif”的图像文件。

⑤ 单击 打开(O) 按钮，将动态边框添加到舞台中，如图 5-113 所示。

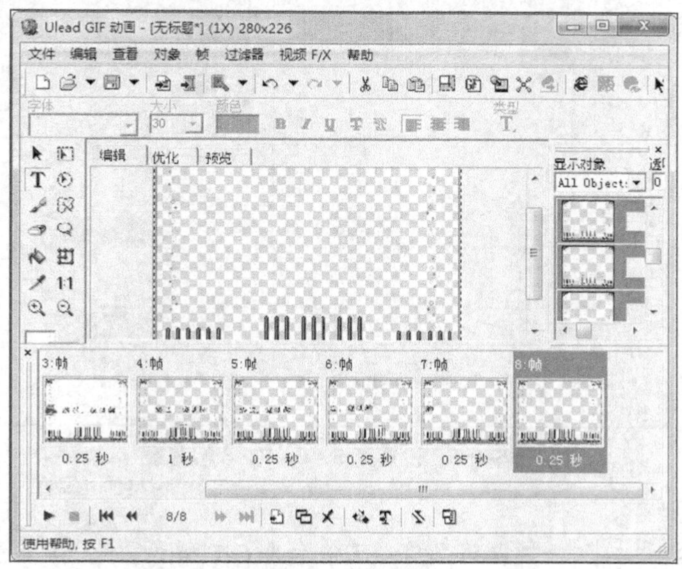

图 5-113　添加动态边框

（10）显示白色背景。

① 选中第4帧。

② 在【对象管理器】面板中单击最底层对象缩略图后面的小框，显示眼睛图形，代表该层对象在场面中可见，如图5-114所示。

图5-114　设置第4帧的背景

③ 用同样的方法设置第5、6、7、8帧的背景，最终的效果如图5-115所示。

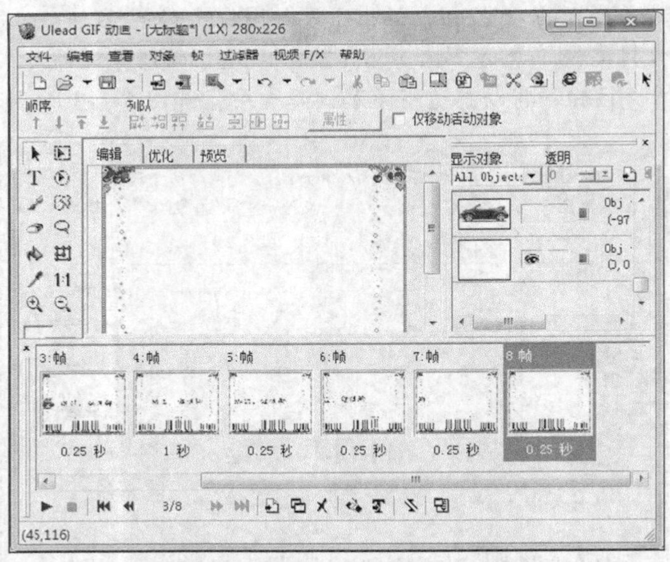

图5-115　设置第5、6、7、8帧背景

（11）保存文件。

① 按Ctrl+Shift+S组合键，将当前动画保存为GIF格式。

② 按Ctrl+S组合键，保存动画制作源文件。

习题

一、简答题

1．如何使用 ACDSee 浏览图片？

2．如何简单便捷地使用 SnagIt 抓取对话框窗口？

3．光影魔术手的模糊与锐化功能有何用途？

4．Ulead GIF Animator 的主要用途是什么？

二、操作题

1．练习使用 ACDSee 采用幻灯片方式播放自己相册中的照片。

2．练习使用 SnagIt 采用全屏模式抓图。

3．练习使用光影魔术手修正自己照片中的缺陷。

4．练习使用 Ulead GIF Animator 制作一个简单的 GIF 动画。

第 6 章 磁盘光盘工具

通常，用户为了满足需求，会在计算机硬盘上安装各种各样的应用软件。然而，在实际使用时，人们会因各种误操作、病毒等因素造成硬盘损伤。同时，因频繁使用而产生的大量磁盘碎片，轻则导致计算机软件不能正常运行，运行速度下降，或有用数据丢失，重则使计算机无法启动，甚至影响磁盘的使用寿命，严重影响计算机系统。本章将介绍 5 款优秀的磁盘和光盘工具。

学习目标

- 掌握数据恢复工具——EasyRecovery 的使用方法。
- 掌握磁盘整理工具——Vopt 的使用方法。
- 掌握虚拟光驱工具——Daemon Tools 的使用方法。
- 掌握系统备份和还原工具——Symantec Ghost 的使用方法。
- 掌握网络存储工具——微云的使用方法。

6.1 数据恢复工具——EasyRecovery

EasyRecovery 是一款很强大的数据恢复软件，可以恢复用户删除或者格式化后的数据。EasyRecovery 支持从各种各样的存储介质恢复删除或者丢失的文件，支持的媒体介质包括：硬盘驱动器、光驱、闪存、硬盘、光盘、U 盘、移动硬盘、数码相机、手机以及其他多媒体移动设备，能恢复包括文档、表格、图片、音频、视频等各种数据文件，同时发布了适用于 Windows 系统及 MacOS 系统的软件版本，拥有自动化的向导步骤，用于快速恢复文件。

6.1.1 恢复被删除后的文件

恢复被删除后的文件是 EasyRecovery 最基本的用法。

操作步骤

（1）下载安装软件。

下载并安装 EasyRecovery 软件，双击 EasyRecovery 图标打开软件，如图 6-1 所示。

图 6-1　打开 EasyRecovery

（2）扫描文件。

① 在 EasyRecovery 主界面的左侧栏选择【数据恢复】选项，如图 6-2 所示。

② 右侧栏会出现【数据恢复】选项组，选择【删除恢复】选项，如图 6-3 所示。

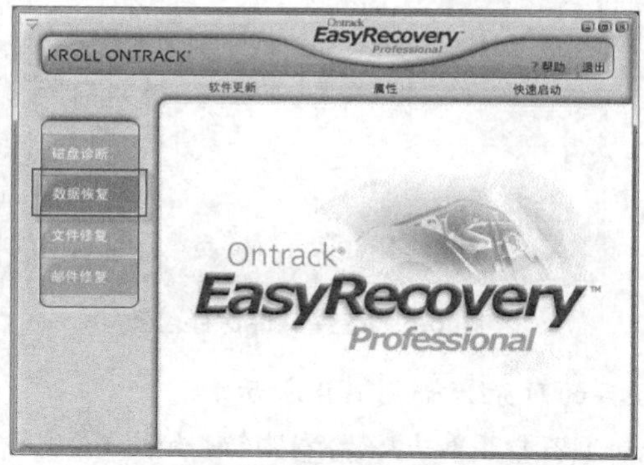

图 6-2　选择【数据恢复】选项

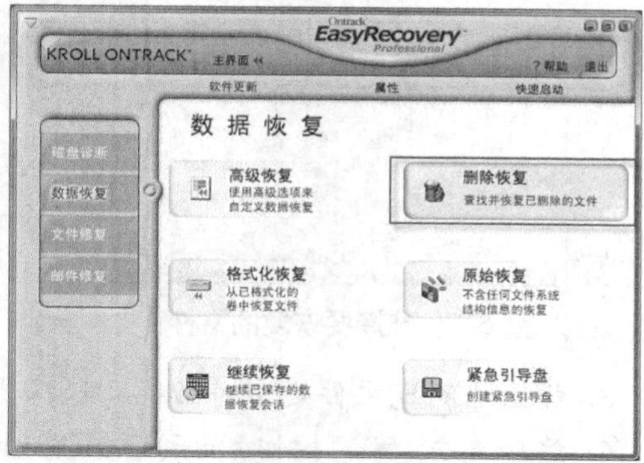

图 6-3　选择【删除恢复】选项

③ 弹出【目的地警告】窗口，阅读提示内容并单击确定按钮，如图 6-4 所示。

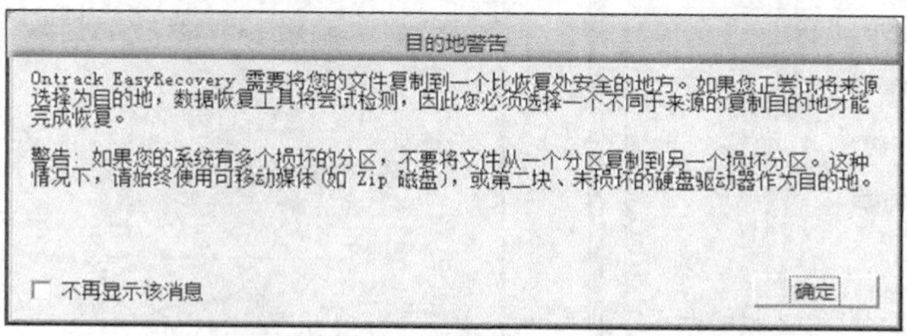

图 6-4 【目的地警告】窗口

④ 在左侧选择要恢复的分区盘，然后单击下一步按钮，如图 6-5 所示。

⑤ 恢复程序将扫描该分区上面的文件，如图 6-6 所示。

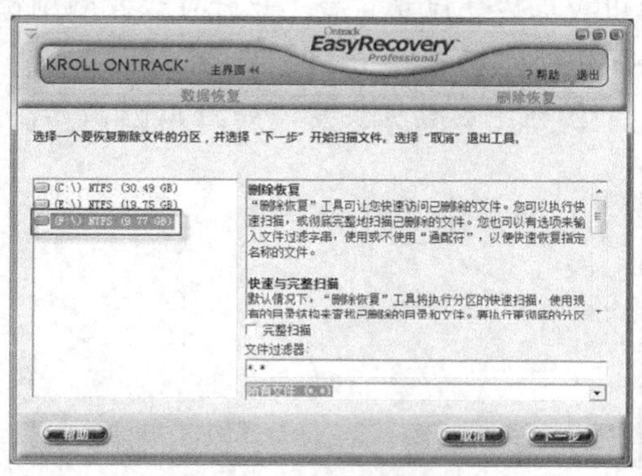

图 6-5　选择恢复的分区

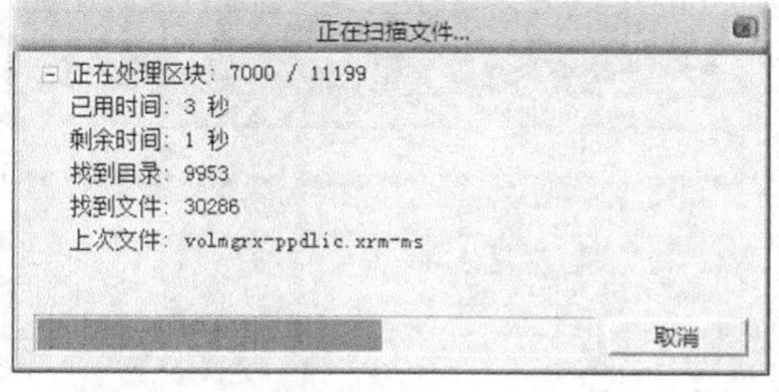

图 6-6　扫描分区文件

（3）恢复数据。

① 一段时间后，被删除的文件显示出来，左侧显示被删除文件的目录，右侧显示该目录下的文件，选中要恢复的文件或目录复选框，单击下一步按钮，如图 6-7 所示。

② 在【恢复目的地选项】选项区域中单击浏览按钮，如图 6-8 所示。

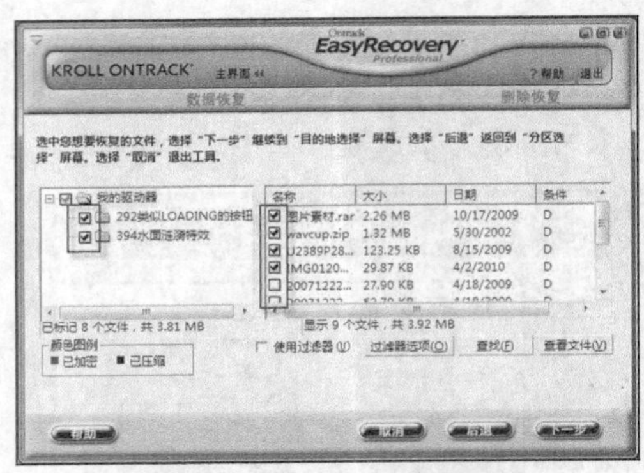

图 6-7　选择要恢复的文件

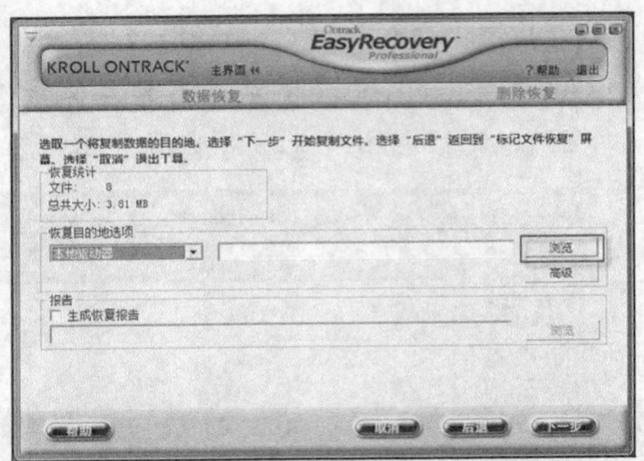

图 6-8　选择文件保存位置

③ 弹出【浏览文件夹】对话框，选择要保存的目录，如图 6-9 所示。

④ 然后单击确定按钮，回到 EasyRecovery 主窗口，单击下一步按钮，如图 6-10 所示。

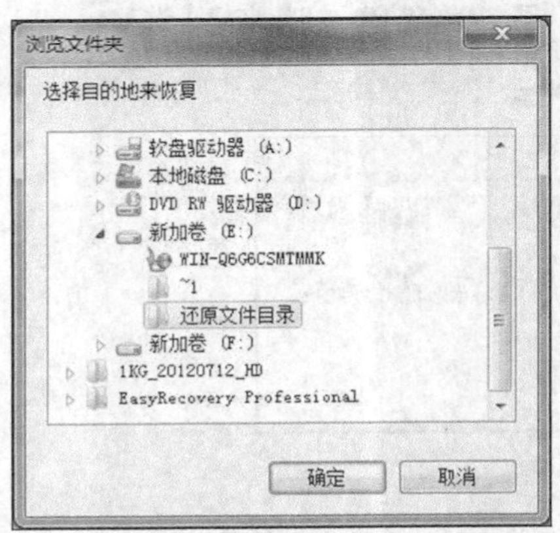

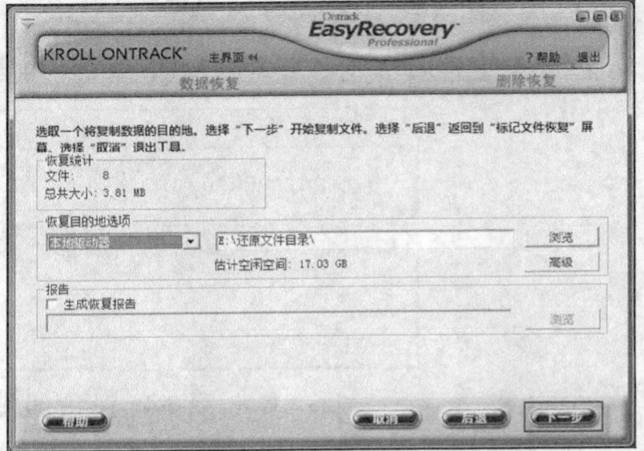

图 6-9　选择保存目录

图 6-10　完成目录设置

⑤ 一段时间后，安装向导完成恢复，并弹出数据恢复成功窗口，此时可以在刚刚选择的目录下看到还原的文件，单击完成按钮，如图 6-11 所示。

⑥ 出现【保存恢复】提示窗口，单击否按钮完成数据恢复，如图 6-12 所示。

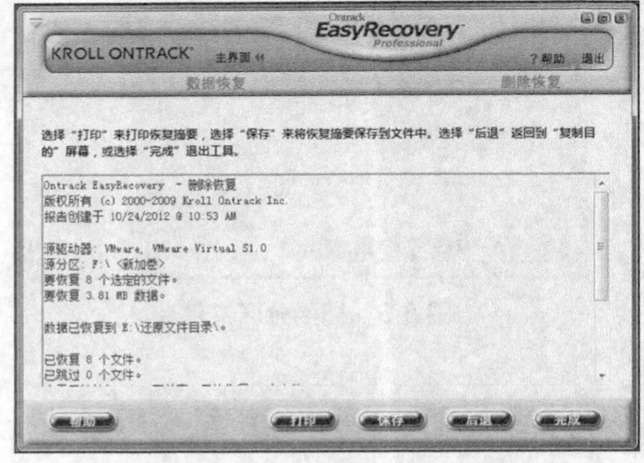

图 6-11　完成数据恢复

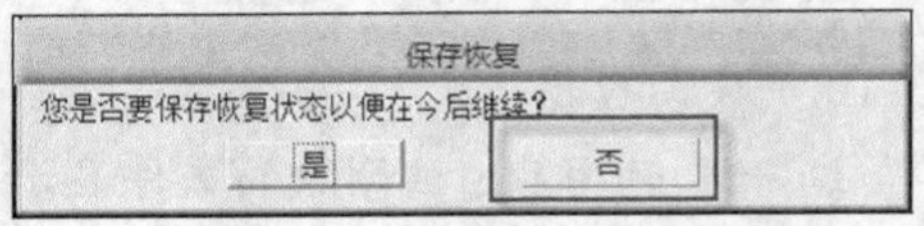

图 6-12　保存恢复提示

6.1.2　恢复被格式化的硬盘

EasyRecovery 还能恢复硬盘上被格式化的数据。

操作步骤

（1）扫描文件。

① 进入 EasyRecovery 主界面，在左侧窗口选择【数据恢复】选项，在右侧选择【格式化恢复】选项，如图 6-13 所示。

② 在左侧栏选择要恢复的分区，单击下一步按钮，如图 6-14 所示。

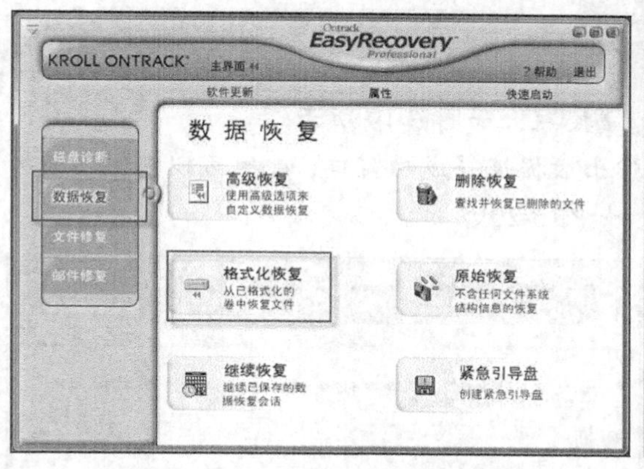

图 6-13　EasyRecovery 主界面

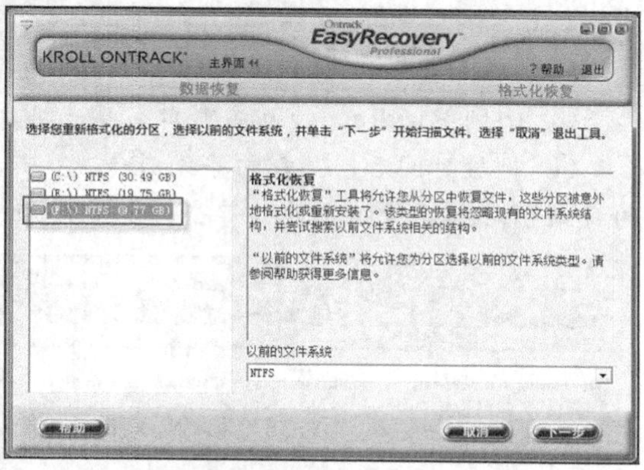

图 6-14　选择要恢复的分区

③ 恢复程序会自动扫描格式化硬盘的文件，如图 6-15 所示。

④ 一段时间后，扫描结束，所有丢失的文件将全部显示出来，选择要恢复的文件或文件夹，单击下一步按钮，如图 6-16 所示。

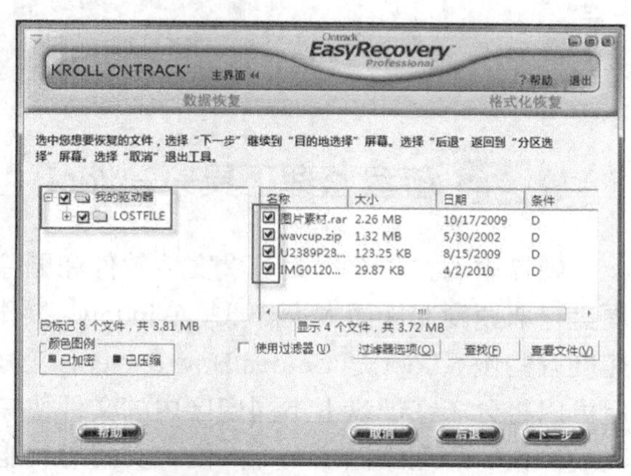

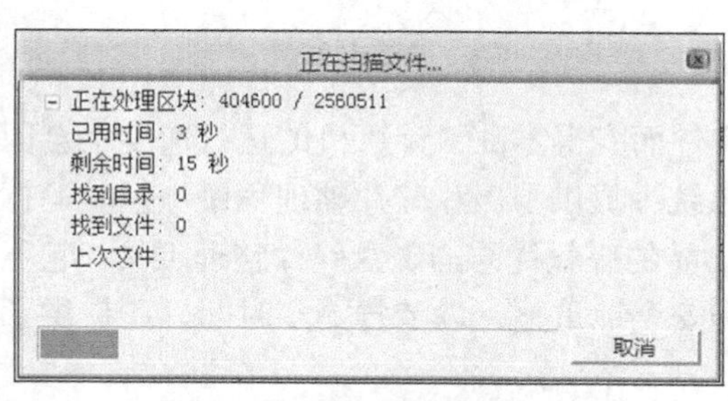

图 6-15　扫描格式化分区文件

图 6-16　选择要恢复的文件

（2）恢复数据。

① 在【恢复目的地选项】区域中单击浏览按钮，如图 6-17 所示。

② 弹出【浏览文件夹】对话框，选择要保存的目录，单击确定按钮，如图 6-18 所示。

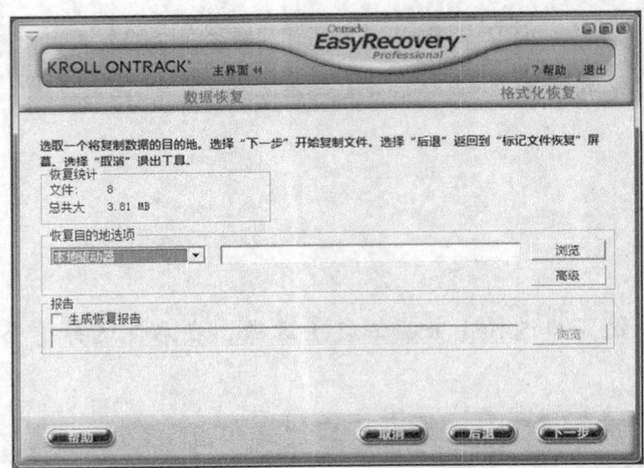

图 6-17　选择恢复目标

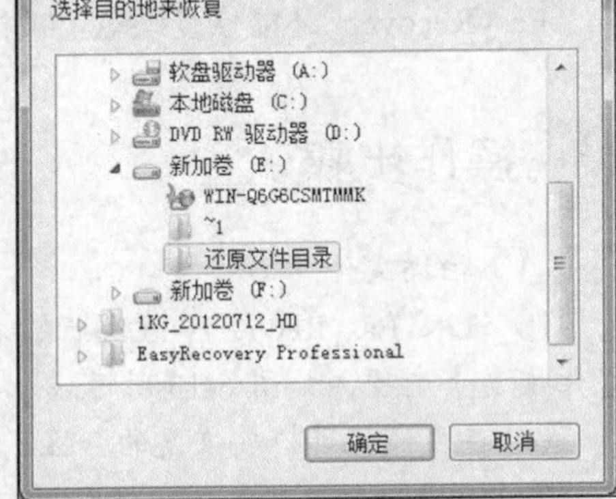

图 6-18　选择恢复目录

③ 回到 EasyRecovery 主窗口，单击下一步按钮，如图 6-19 所示。

④ 一段时间后，安装向导完成恢复，并弹出数据恢复成功窗口，此时可以在刚刚选择的目录下看到还原的文件，单击完成按钮，如图 6-20 所示。

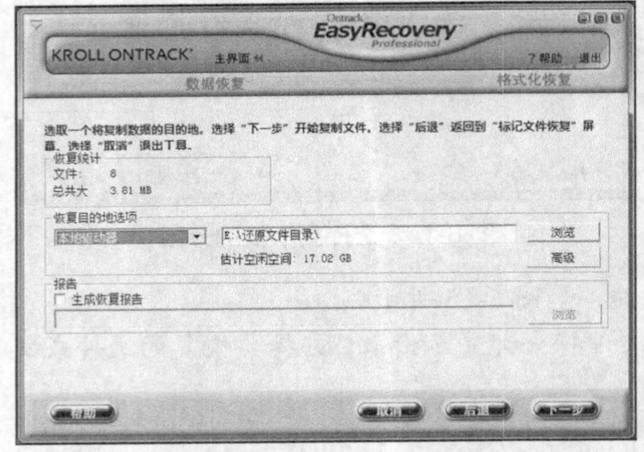

图 6-19　完成目录选择

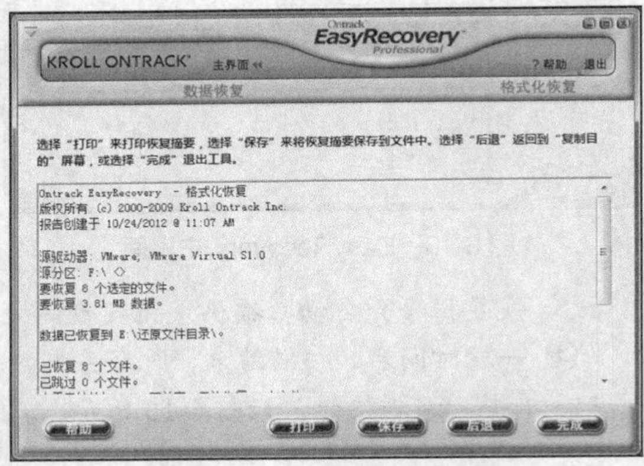

图 6-20　完成格式化恢复

6.2 磁盘整理工具——Vopt

硬盘中的文件会因为多次安装软件和删除文件而变得零乱，计算机的运行速度也会因硬盘存取速度变慢而大大降低。Windows 操作系统中提供了磁盘碎片整理程序，但其运行速度有些慢。Vopt 是 Golden Bow Systems 公司出品的一款优秀的磁盘碎片整理工具。它不但可以将分布在硬盘上不同扇区内的文件快速和安全地重整，以节省更多时间，还提供了磁盘检查、清理磁盘垃圾等方便、实用的功能。

6.2.1 整理磁盘碎片

下面将介绍如何使用 Vopt 对磁盘进行快速的碎片整理，从而获得更多磁盘空间，加快系统运行效率。

操作步骤

Vopt 当前的较新版本是 V9.21，官方提供试用版本下载，也可以在网上下载其汉化版本。V9.21 版本相比前一版本做了一些改进，界面更加简洁。

（1）启动 Vopt。

Vopt 的启动界面如图 6-21 所示。界面上方是菜单和工具按钮，界面中间的小方格表示磁盘的使用情况。

（2）整理碎片。

① 单击分卷按钮，在弹出的菜单中选择要进行碎片整理的磁盘，如图 6-22 所示。

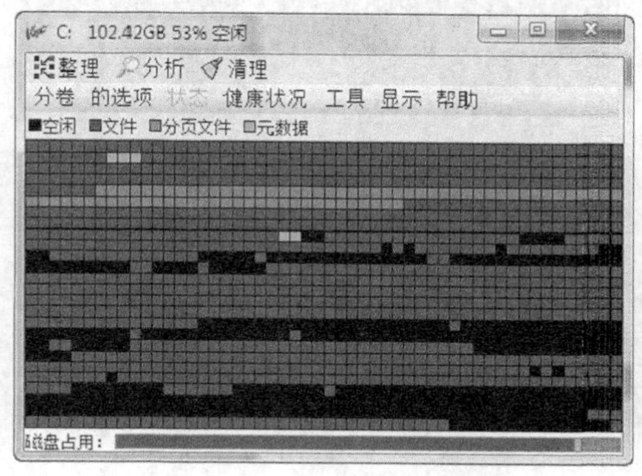

图 6-21　启动 Vopt

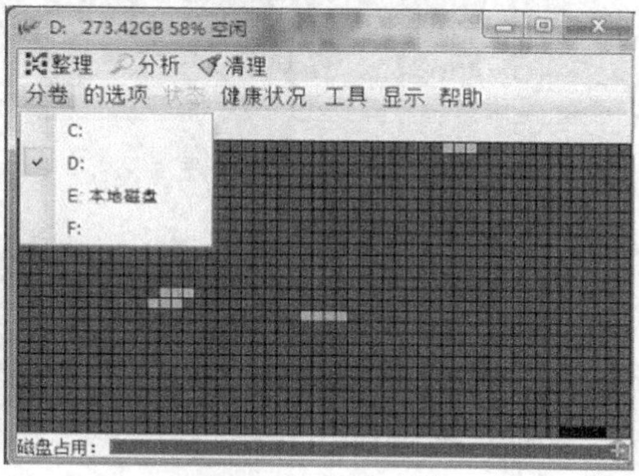

图 6-22　选择磁盘

② 选择 D 盘进行碎片整理，单击整理选项，选择【分析】命令，然后开始对磁盘进行分析。分析完成后，在状态按钮下会弹出一个菜单，其中显示了磁盘空间状况，如图 6-23 所示。

③ 在菜单中选择清理选项，单击【清理】命令，弹出【清理】对话框，选中不再使用的临时文件和缓存文件，如图 6-24 所示，单击 应用 按钮进行清理。

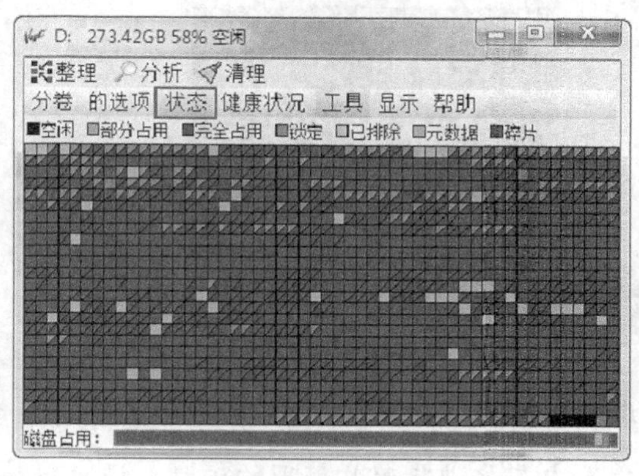

图 6-23　分析结果

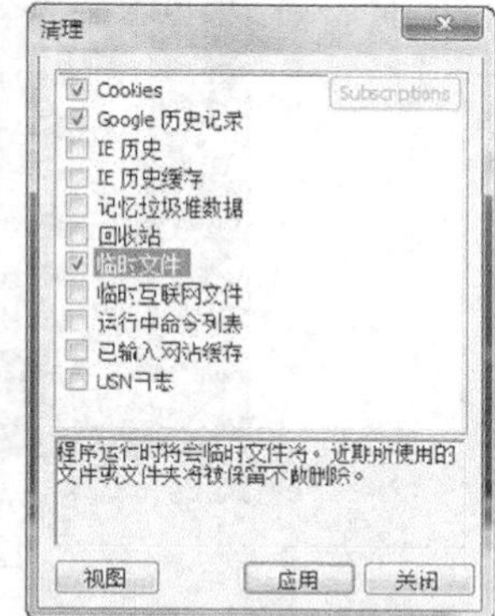

图 6-24　【清理】对话框

④ 清理完成后回到主界面，单击整理选项，选择【整理】命令，经过快速分析后即开

始对磁盘进行碎片整理，如图 6-25 所示。

⑤ 碎片整理的时间长短由计算机性能、碎片数量以及硬盘读取速度而定。建议在碎片整理过程中关闭所有应用程序。碎片整理完成后如图 6-26 所示，可以看出碎片文件明显减少。

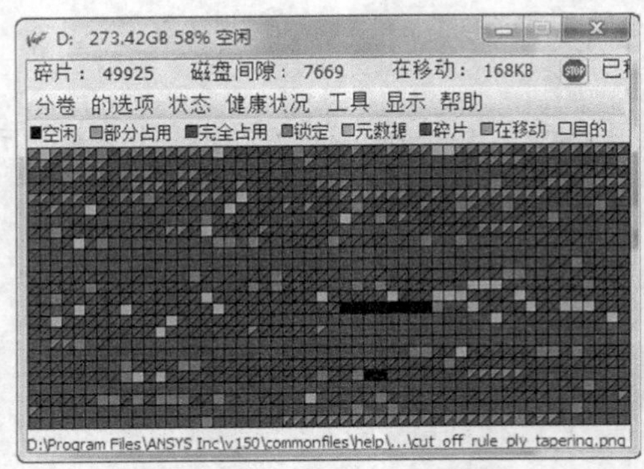

图 6-25 进行碎片整理

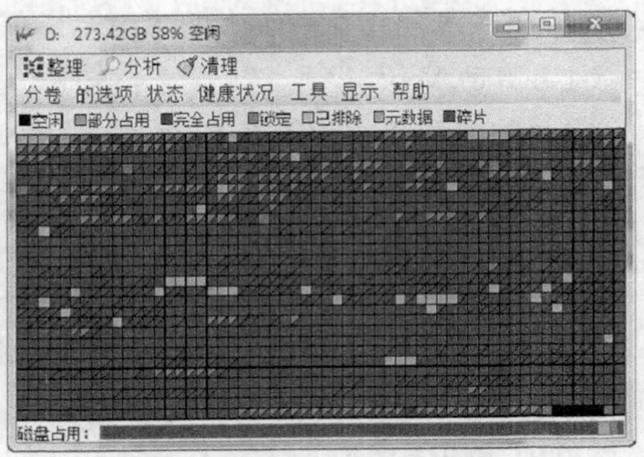

图 6-26 完成碎片整理

6.2.2 使用附带功能

Vopt 还附带了一些实用的功能，用户使用这些功能可以更好地对磁盘进行维护。

操作步骤

因为磁盘整理一般需要比较长的时间，所以用户希望利用空闲时间让软件自动对所有磁盘进行整理。

（1）单击 的选项 选项，在弹出的菜单中选择【批量整理】命令，如图 6-27 所示。

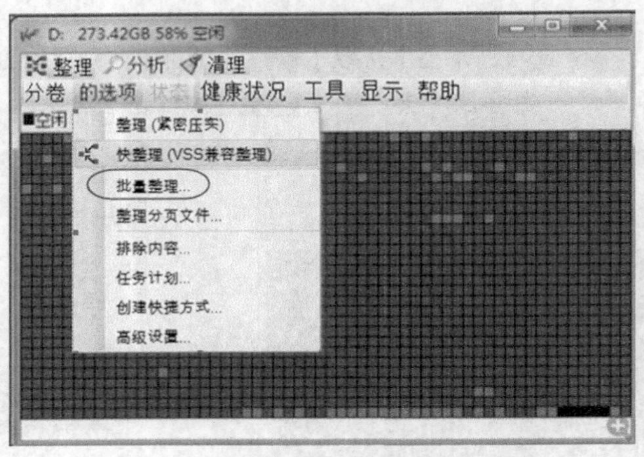

图 6-27 选择【批量整理】命令

（2）在打开的【批量整理】对话框中选中需要进行碎片整理的磁盘，还可以选中【完成后关闭系统】复选框，让软件在整理完成后自动关闭计算机，如图 6-28 所示。单击 整理 按钮执行。

（3）根据用户对整理结果和效率要求的不同，可以选择不同的整理方式。单击 的选项 选项，在弹出的菜单中选择整理方式，有整理（紧密压实）和快整理（VSS 兼容整理）两种，在此选择【快整理（VSS 兼容整理）】方式，如图 6-29 所示。

（4）Vopt 提供了一个快速检查磁盘的功能，可以检查并修复磁盘中的错误。单击 健康状况 选项，在弹出的菜单中选择【检查磁盘错误】命令，即可开始磁盘检查，如图 6-30 所示。

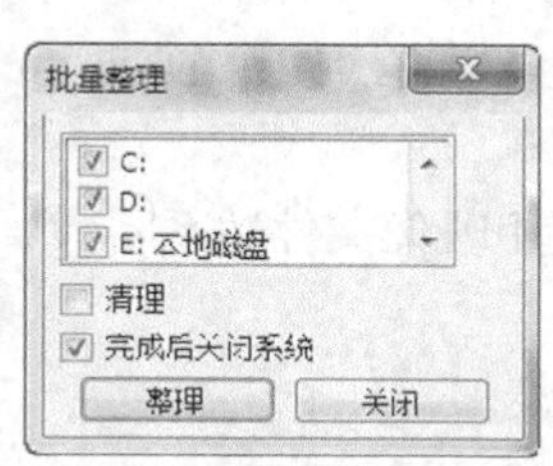

图 6-28　批量整理

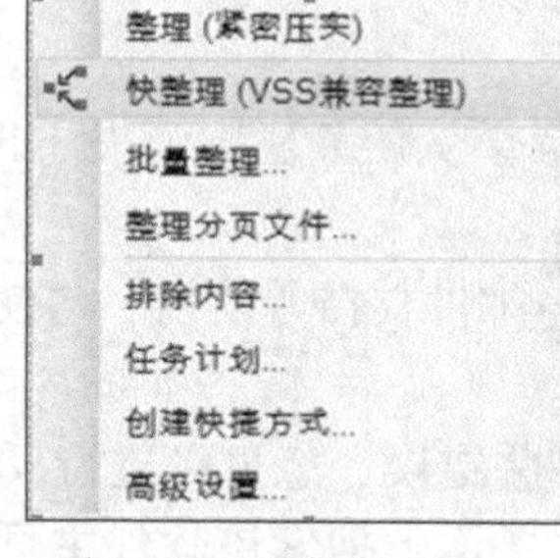

图 6-29　选择整理方式

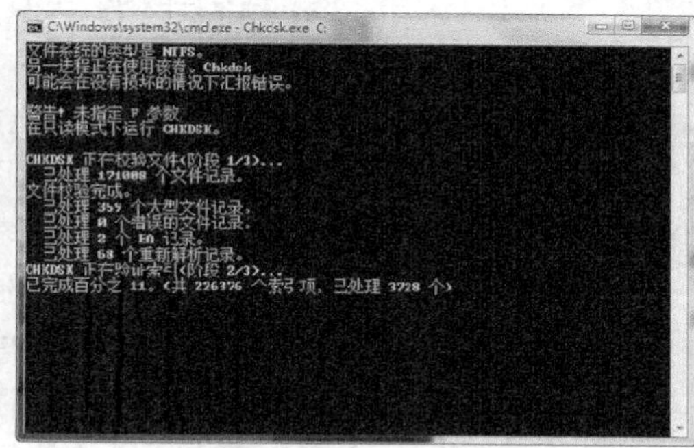
图 6-30　检查磁盘

6.3　虚拟光驱工具——Daemon Tools

虚拟光驱是一种模拟（CD-COM）光驱的工具软件，可以生成和计算机上所安装的光驱功能一模一样的虚拟光驱，一般光驱能做的事虚拟光驱也可以做。它的工作原理是先虚拟出一部或多部虚拟光驱，然后将光盘上的应用软件映像存放在硬盘上，并生成一个虚拟光驱的映像文件，最后就可以在 Windows 操作系统中将此映像文件放入虚拟光驱中使用了。

Daemon Tools 是一款免费软件，其较新版本为 10.4。下面就来学习使用这个神奇的虚拟光驱软件吧。

6.3.1　认识 Daemon Tools

在日常的工作、学习中，很多时候用户在网上下载的 ISO、CCD、CUE、MDS 等文件无法打开，当了解了 Daemon Tools 后，这些问题都会迎刃而解了。下面将对 Daemon Tools 这款软件的界面和基本用法进行介绍。

操作步骤

（1）认识 Daemon Tools 的界面。

① 启动 Daemon Tools（如果是第一次安装完成，系统重新启动后会自动加载），在屏幕右下角的任务栏中会有一个 Daemon Tools 的图标，如图 6-31 所示。

② 右键单击任务栏中的图标，弹出一个快捷菜单，其中有 7 个子菜单，如图 6-32 所示。

图 6-31　任务栏图标

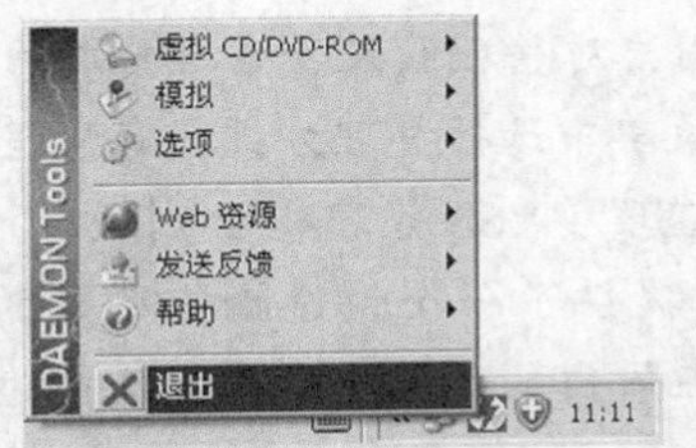

图 6-32　Daemon Tools 的快捷菜单

【知识链接】

Daemon Tools 快捷菜单中的命令功能如下。

- 退出：退出 Daemon Tools，退出后图标会从任务栏中消失。如果想再次使用 Daemon Tools，可以双击桌面上的 Daemon Tools 图标。
- 帮助：开发人员介绍 Daemon Tools 与邮件支持等功能，与使用映像文件关系不大，有兴趣的读者可以尝试操作、体验此项功能。
- 发送反馈：主要用于用户对软件的一些错误、意见等进行反馈。
- Web 资源：主要为用户提供软件信息、网上搜索该软件主页和论坛等功能。

（2）虚拟 CD/DVD-ROM 菜单。

① 首先设定虚拟光驱的数量，单击按钮，添加 DT 虚拟光驱，单击按钮，添加 SCSI 虚拟光驱。Daemon Tools 最多可以支持 4 个虚拟光驱，一般设置一个就够用。在特殊情况下，如安装游戏时，安装程序中共有 4 个映像文件，那么用户可以设定虚拟光驱的数目为 4，这样就避免了在安装时要调入光盘映像文件的情况，如图 6-33 所示。

要点提示

DT 虚拟光驱与 SCSI 虚拟光驱的区别：部分软件对光盘有防拷贝检测，DT 虚拟光驱如果没有 SPTD，则通不过检测，而 SCSI 是使用 SPTD 功能的，所以可以通过低版本的防拷贝检测。

② 设置完虚拟光驱的数量后，在【我的计算机】窗口中可以看到新的光驱图标，如图 6-34 所示。

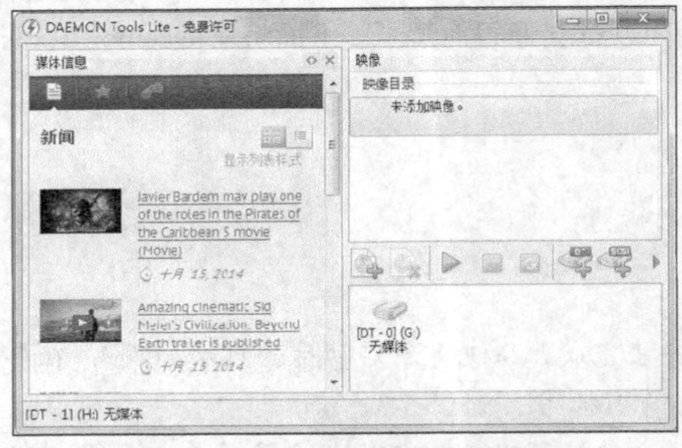

图 6-33　设置虚拟光驱数目

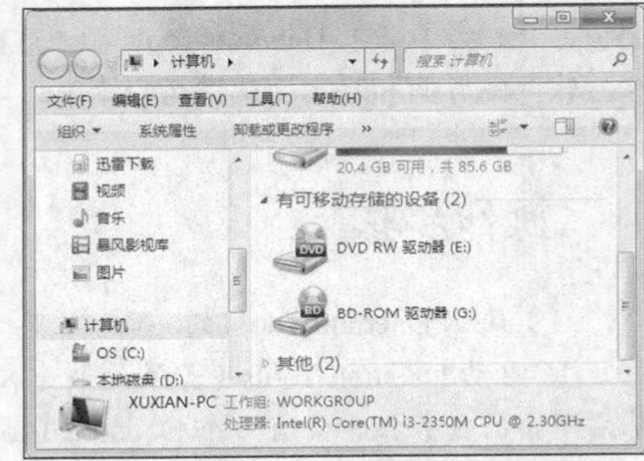

图 6-34　虚拟光驱图标

"DVD 驱动器（F:）"是本机的物理光驱，也就是安装在计算机上的真实光驱，"BD 驱动器（G:）"是新生成的虚拟光驱。

6.3.2　加载和卸载映像文件

上面对虚拟光驱的数目进行了设置，下面介绍虚拟光驱的主要功能——加载映像文件。

操作步骤

（1）启动 Daemon Tools 软件。

（2）装载映像文件。

① 添加映像有以下两种方式。

- 右键单击【未添加映像】选项，在弹出的下拉菜单中选择【添加映像】命令，如图 6-35 所示，弹出【打开】对话框，选择映像文件。单击 打开(O) 按钮，即可添加映像。
- 单击按钮，弹出【打开】对话框，选择映像文件，如图 6-36 所示。单击 打开(O) 按钮，即可添加映像。

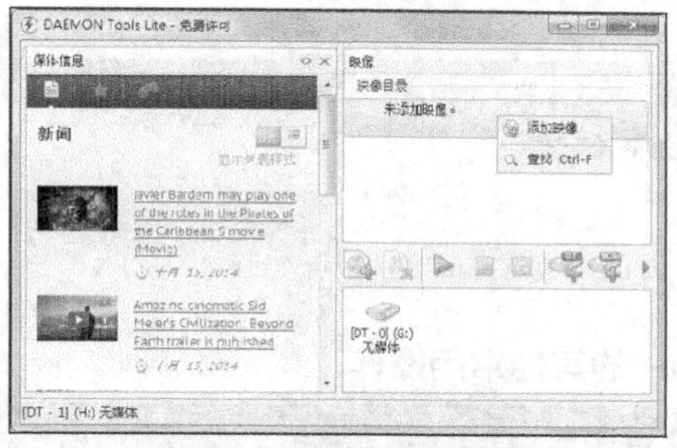

图 6-35　【添加映像】方式 1

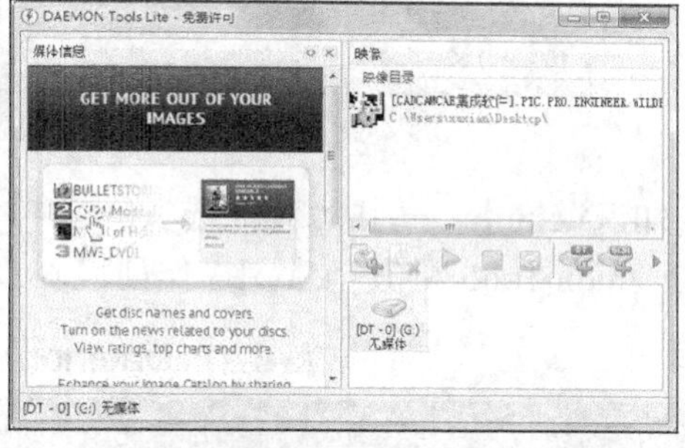

图 6-36　【添加映像】方式 2

② 选中添加的映像，单击虚拟光驱，再单击按钮把映像添加到虚拟光驱，如图 6-37 所示。

③ 在【计算机】窗口中可以看到，虚拟光驱产生的效果和真实光驱产生的效果完全一样，用户可以查看里面的文件，如图 6-38 所示，也可以对虚拟光驱中的文件进行复制和粘贴操作，还可以双击自动运行虚拟光驱中的文件。

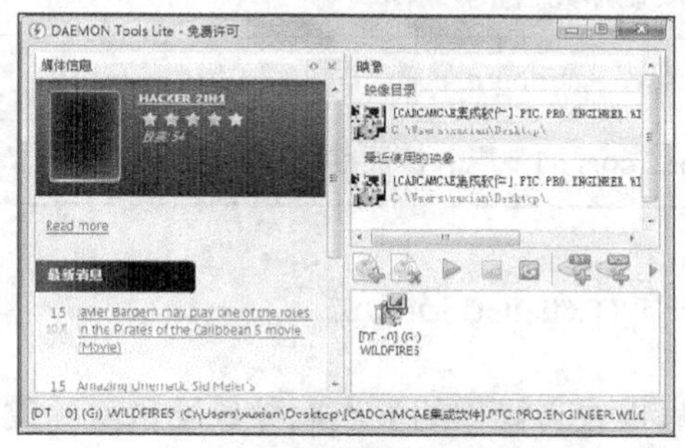

图 6-37　虚拟光驱的显示

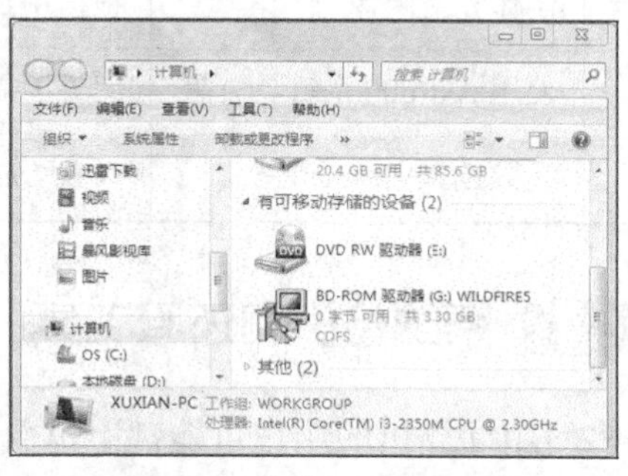

图 6-38　光盘中显示的内容

（3）卸载映像文件。

如果想更换光盘中的映像文件，可以选中虚拟光驱，单击鼠标右键，选择【卸载】命令即可卸载此光驱里面的映像。但此映像依然在 Daemon Tools 里面，用户可以根据需要把此映像加载到另外的光驱里，如图 6-39 所示。

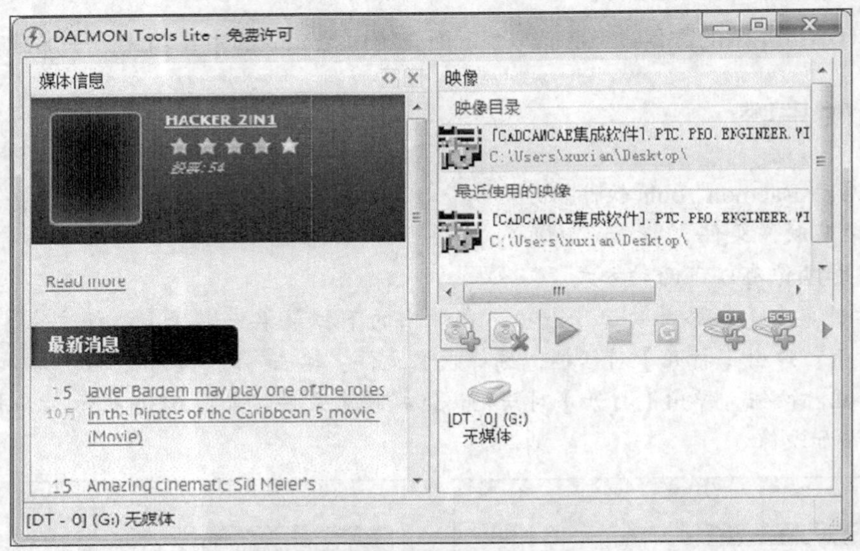

图 6-39　卸载映像文件

【知识链接】——熟悉其他选项。

Daemon Tools 的其他常用操作如表 6-1 所示。

表 6-1　Daemon Tools 的其他常用操作

按钮	名称	含义
	移除项目	移除 Daemon Tools 里面的映像，不影响光驱里面的映像
	卸载	卸载光驱里面的映像，不影响 Daemon Tools 里面的映像
	卸载所有光驱	卸载 Daemon Tools 里面的所有虚拟光驱
	移除虚拟光驱	手动卸载虚拟光驱
	制作光盘映像	根据用户需要制作光盘映像
	使用 Astroburn 刻录映像	此选项需要安装 Astroburn 软件
	参数选择	设置 Daemon Tools 的常规、快捷键等参数

6.4 系统备份和还原工具——Symantec Ghost

许多使用计算机的用户可能都有过由于病毒或者操作的失误而导致硬盘上的数据丢失和系统崩溃的经历，如果事先未做好备份工作，就会带来无法弥补的损失。因此，用户最好经常对计算机进行备份，以便提高系统的安全性。这里向读者推荐一款操作方便、功能强大的工具软件——Symantec Ghost。

Symantec Ghost 是 Symantec（赛门铁克）公司出品的一款极为优秀的系统备份软件。Ghost（General Hardware Oriented Software Transfer）的意思是“面向通用型硬件传送软件”。作为最著名的硬盘复制备份工具，Symantec Ghost 不但具有将一个硬盘中的数据完全相同地复制到另一个硬盘中的硬盘“克隆”功能，而且附带硬盘分区、硬盘备份、系统安装、网络安装、升级系统等功能。其全面的功能介绍如下。

6.4.1 备份磁盘分区

只有事先做好应对数据丢失的准备，才能在面对数据丢失的情况时将损失降到最小。下面将介绍如何使用 Symantec Ghost 对磁盘分区进行备份。

操作步骤

（1）运行 Symantec Ghost。

Symantec Ghost 要求运行在 DOS 环境下，这样才能正确地对任何分区进行备份操作。一般使用 Windows 启动盘进入 DOS 环境，运行 ghost.exe 后进入 Symantec Ghost 界面，如图 6-40 所示。

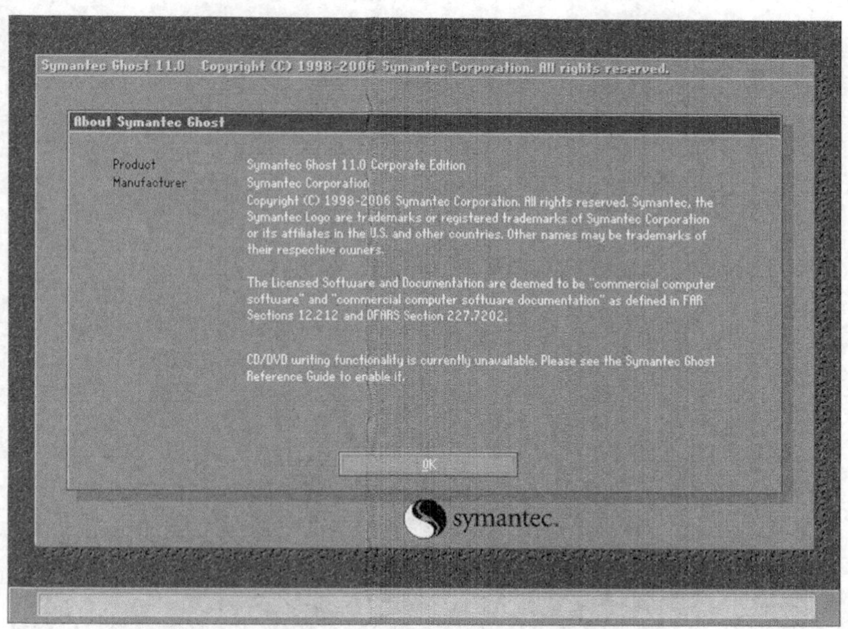

图 6-40 Symantec Ghost 界面

（2）选择备份菜单项。

这里对单个硬盘上的单个分区进行备份。选择【Local】/【Partition】/【To Image】命令，如图 6-41 所示。

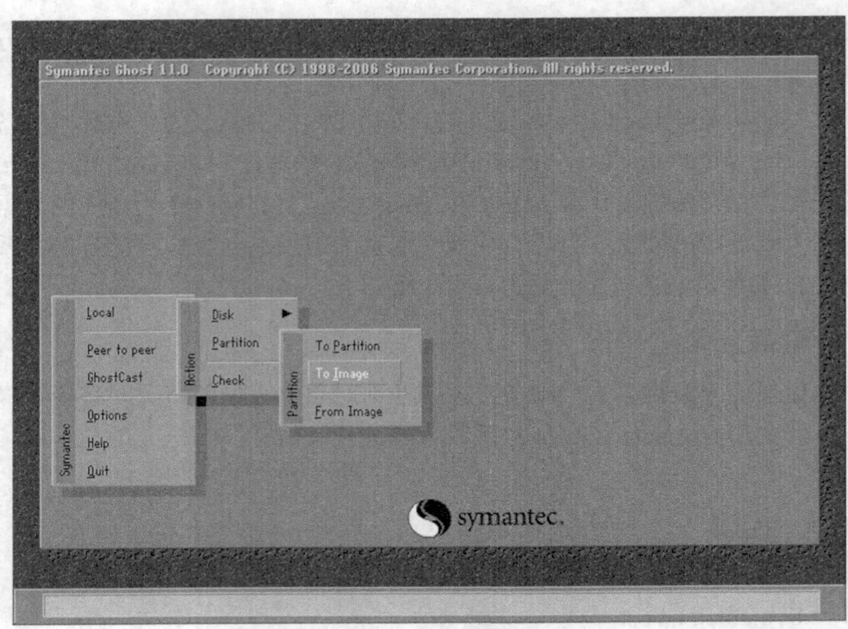

图 6-41 备份菜单项

（3）选择备份分区。

① 选择该命令后，出现硬盘选择界面，如图 6-42 所示。如果计算机上有多个硬盘，则这里将列出所有硬盘。

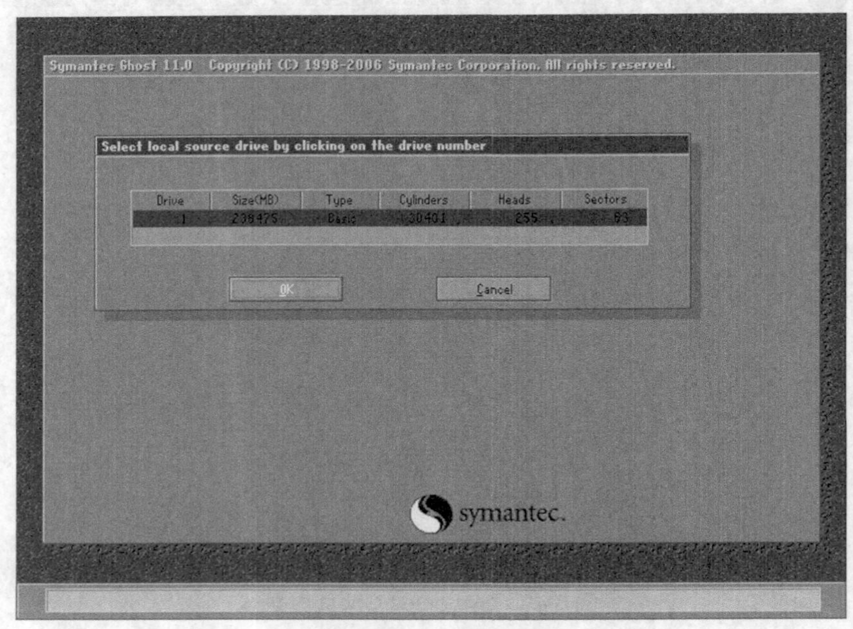

图 6-42 选择硬盘

② 选择备份分区所在的硬盘，单击 OK 按钮，进入分区选择界面，如图 6-43 所示。

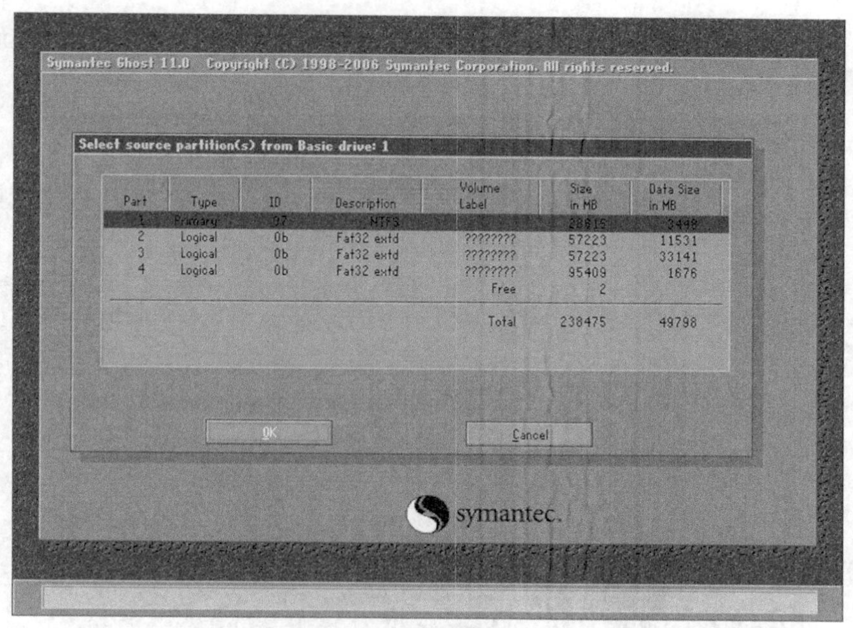

图 6-43 选择分区

③ 在分区选择界面中选择将做备份的分区，可以多选，但为了方便和安全，一般一个备份只选择一个分区。这里选择系统所在的 C 盘，选择好分区后单击 OK 按钮。

（4）确定备份文件的存放目录和名称。

① 选择备份文件存放的分区及目录，如图 6-44 所示。这里选择 F 盘的根目录作为备份文件的存放目录。

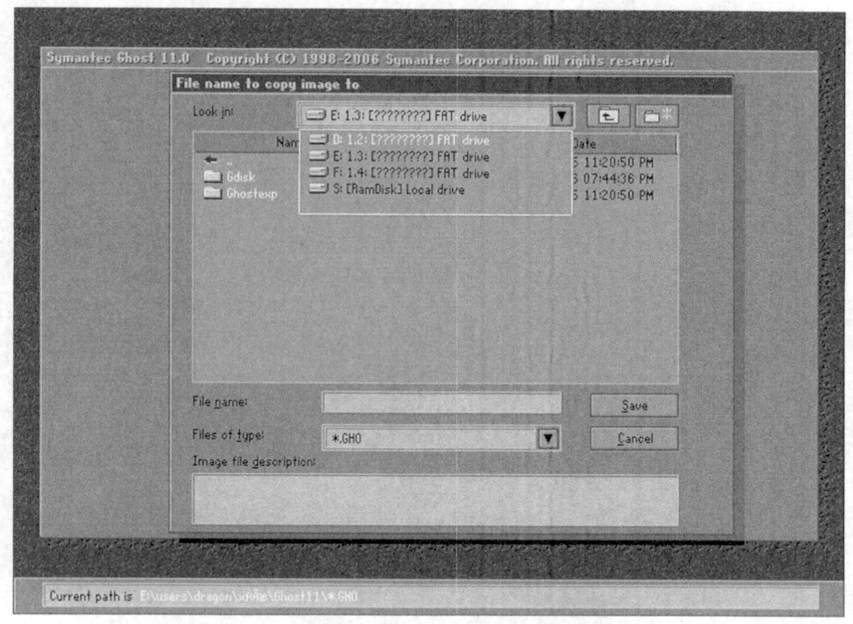

图 6-44 选择存放位置

② 在【File name】文本框中输入备份文件名称，这里输入“bak_C”，如图 6-45 所示。单击 Save 按钮。

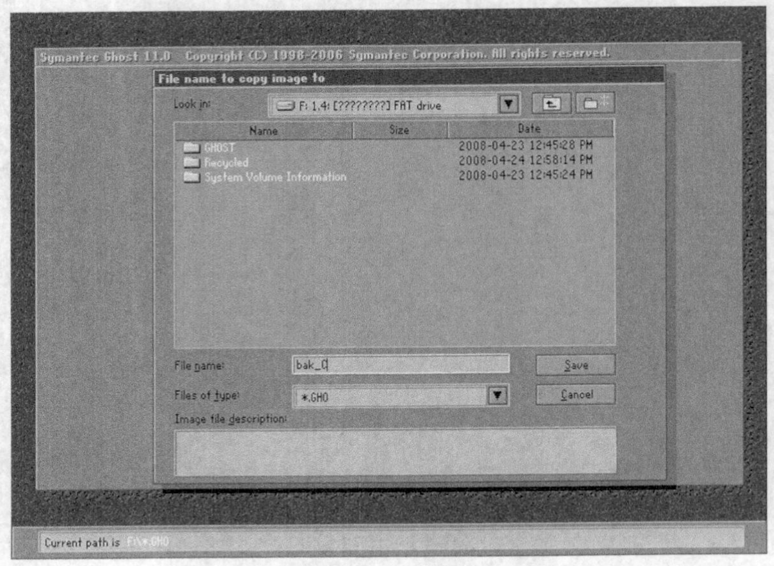

图 6-45　输入名称

（5）选择压缩方式并开始备份。

① 开始备份之前要选择备份文件的压缩方式，如图 6-46 所示。单击 No 按钮表示不压缩，单击 Fast 按钮表示进行快速压缩，单击 High 按钮表示进行高比例压缩。一般在磁盘空间充足的情况下单击 No 按钮，选择不压缩方式，这样可以大大节省备份和还原的时间。

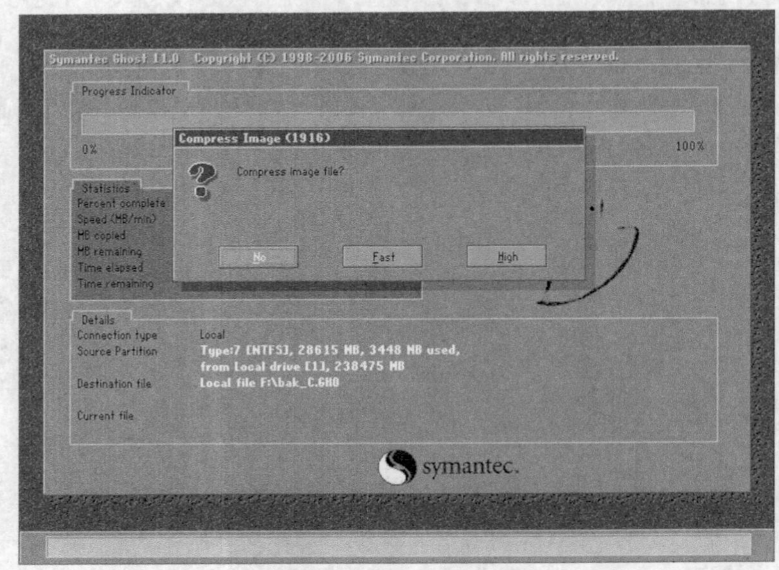

图 6-46　选择压缩方式

② 选择压缩方式后，弹出备份确认对话框，单击 Yes 按钮开始备份，如图 6-47 所示。

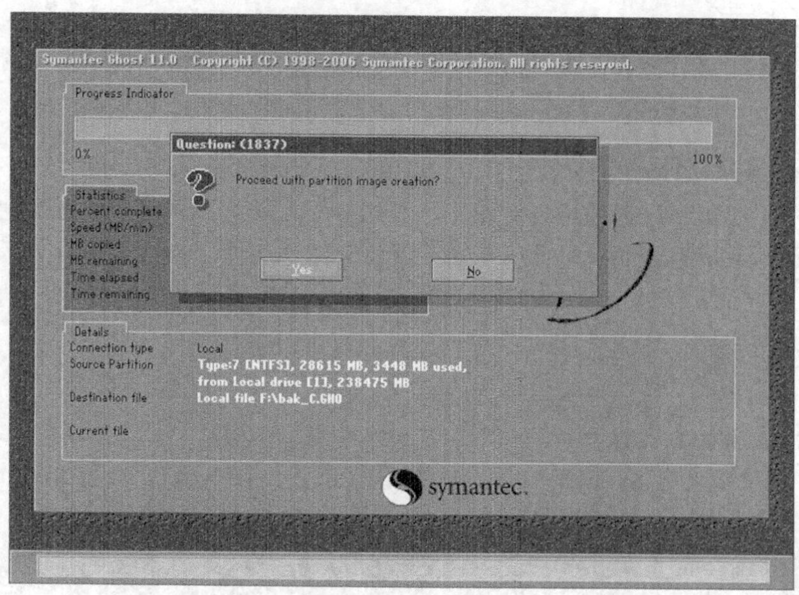

图 6-47　确认备份

③ 进入备份过程，如图 6-48 所示，一般需要几分钟到十几分钟完成备份。

- Speed（MB/min）：表示每秒复制的字节数。
- MB copied：表示已经完成的字节数。
- MB remaining：表示需要复制的字节数。
- Time elapsed：表示已经进行的时间。
- Time remaining：表示还需要的时间。

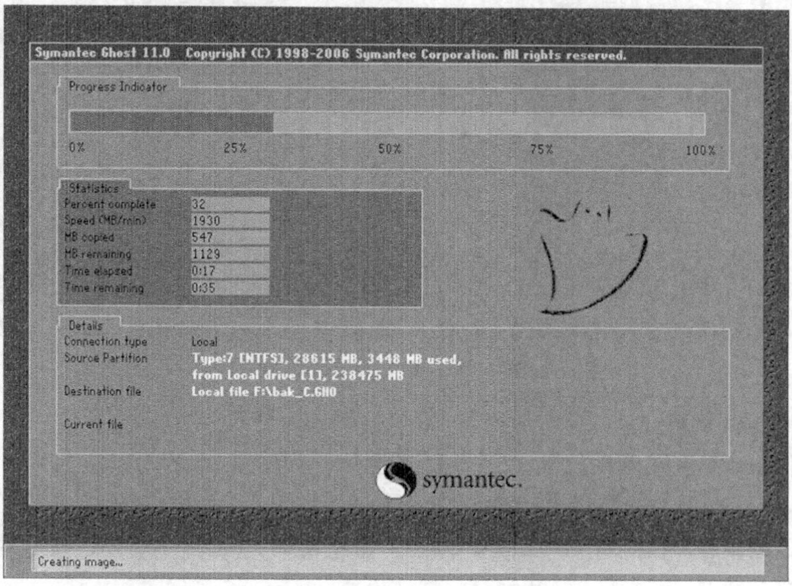

图 6-48　备份过程

（6）完成备份。

完成备份后，重新启动系统，进入系统后就会看到存放目录中有一个 GHO 文件，这个就是备份文件。用户要妥善保存好这个文件，以便在系统出现问题的时候可以用这个文件来还原系统。

6.4.2 还原磁盘分区

尽管用户平时很小心地使用计算机，但系统还是可能会出现问题。如果之前做好了备份，就不会因为系统问题而一筹莫展了。下面将介绍如何使用备份文件对分区进行还原。

操作步骤

（1）选择还原菜单项。

在 DOS 环境下运行 Symantec Ghost，选择【Local】/【Partition】/【From Image】命令，如图 6-49 所示。

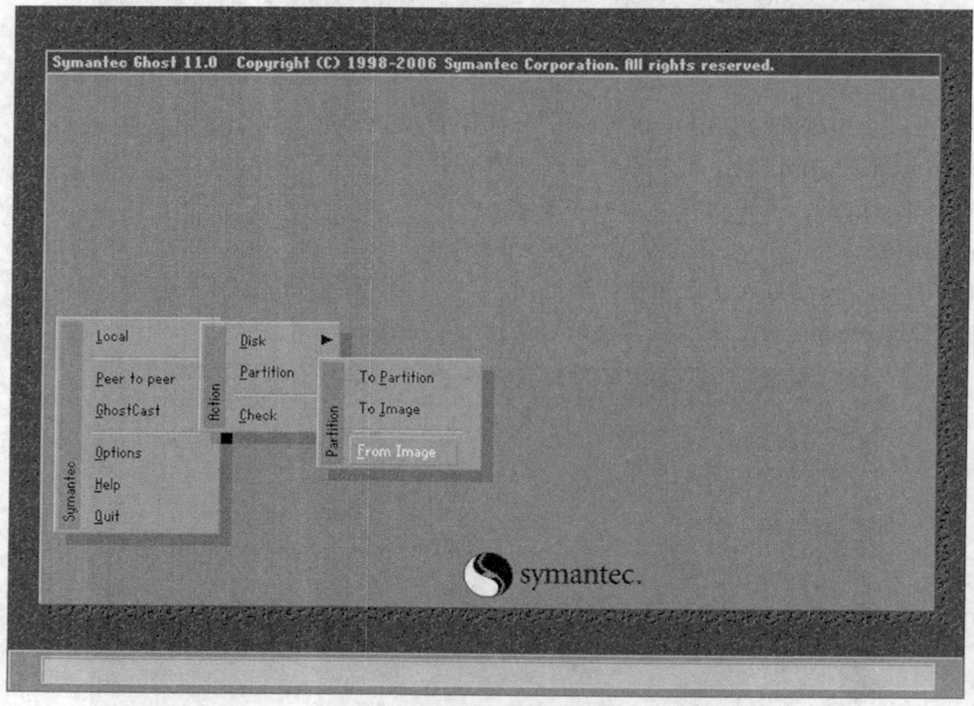

图 6-49 选择还原菜单项

（2）选择备份文件。

① 找到并选择备份文件，单击 Open 按钮，如图 6-50 所示。

② 在弹出的界面中选择备份文件所包含的分区，如图 6-51 所示。如果在备份时选择了多个分区，则这里就有多个分区提供选择。由于前面只选择一个分区进行备份，所以这里只有一个分区供选择。

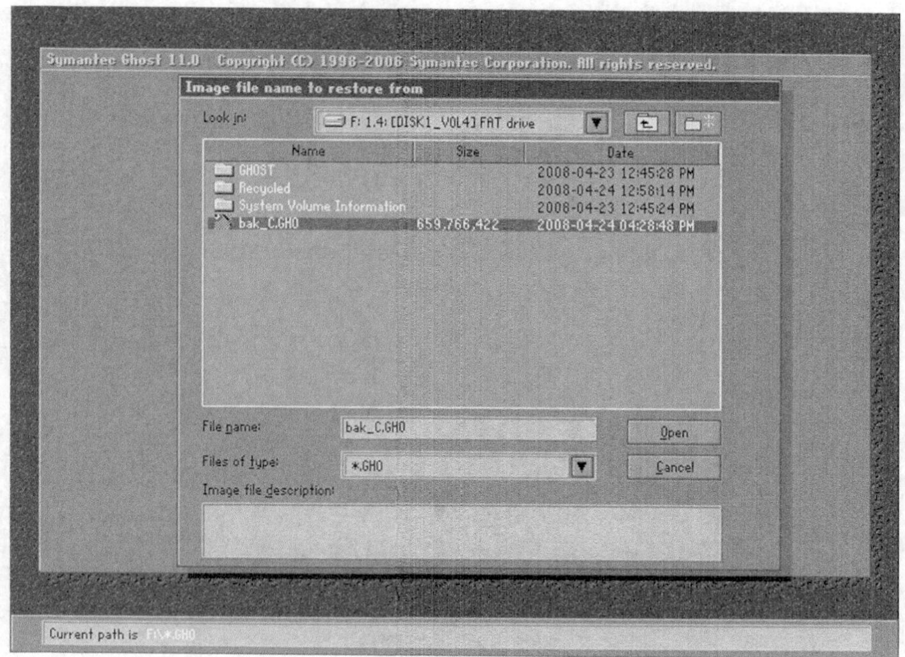

图 6-50　选择备份文件

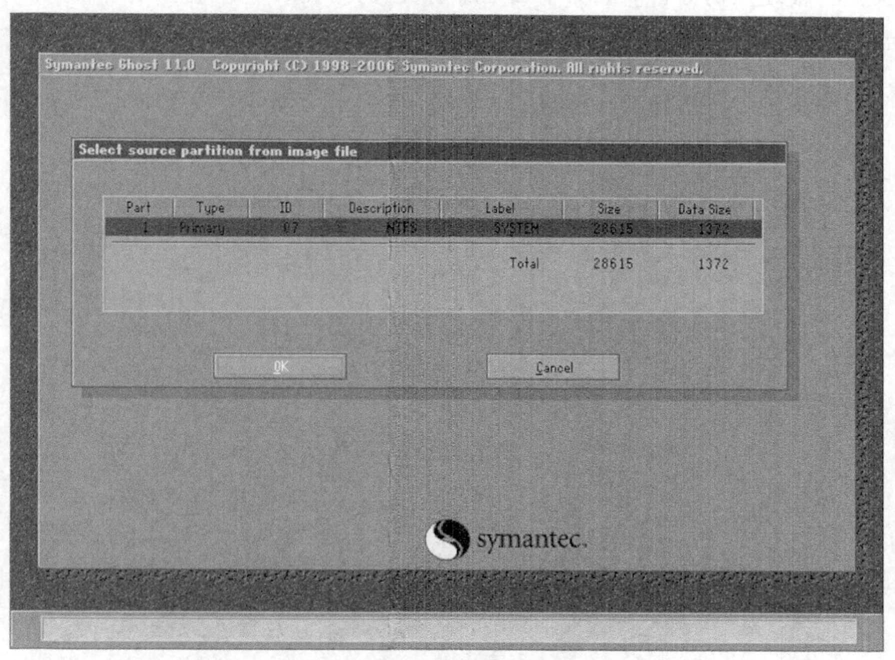

图 6-51　选择分区

（3）选择还原分区。

① 选择还原分区所在的硬盘，这里是单硬盘，只有一个选择，单击 OK 按钮，如图 6-52 所示。

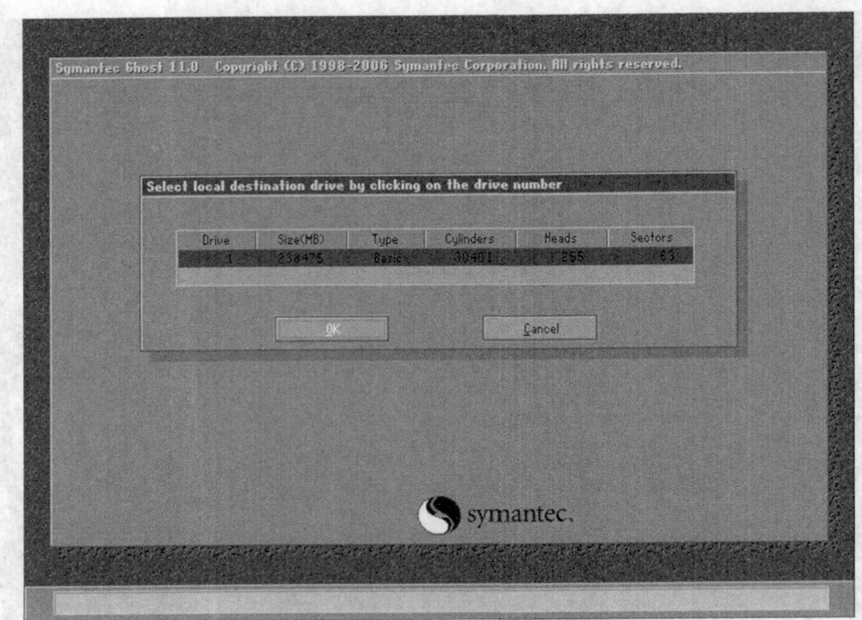

图 6-52　选择硬盘

② 选择将被还原的分区。因为前面的备份文件是为系统 C 盘做的备份，所以在这里选择第一个分区，如图 6-53 所示。

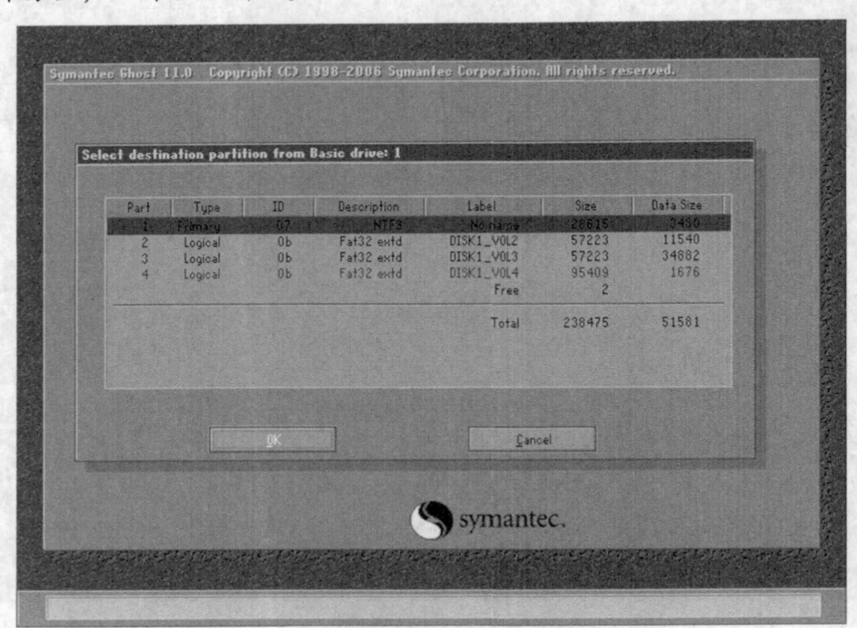

图 6-53　选择还原分区

（4）确认并进行还原。

① 在弹出的确认对话框中单击 Yes 按钮，如图 6-54 所示。系统开始进行还原，同时，还原分区上的原内容将被全部删除。

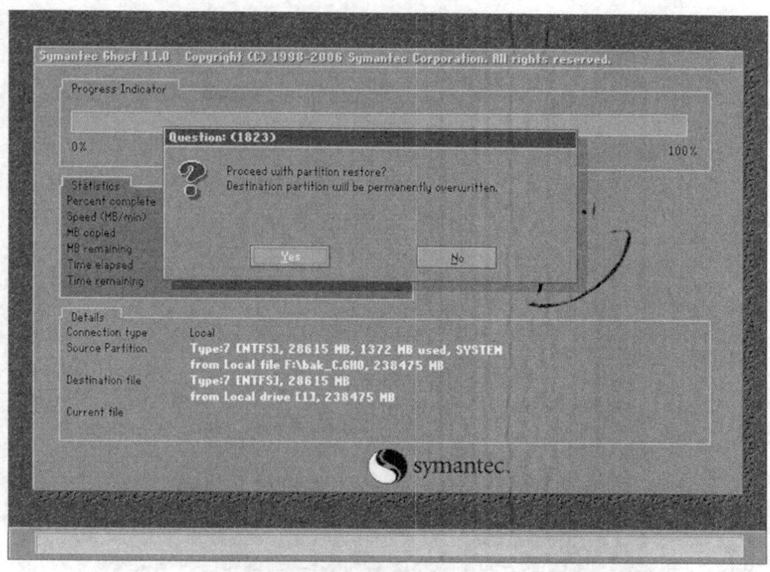

图 6-54 删除原内容

② 系统还原的过程需要几分钟到十几分钟，如图 6-55 所示。

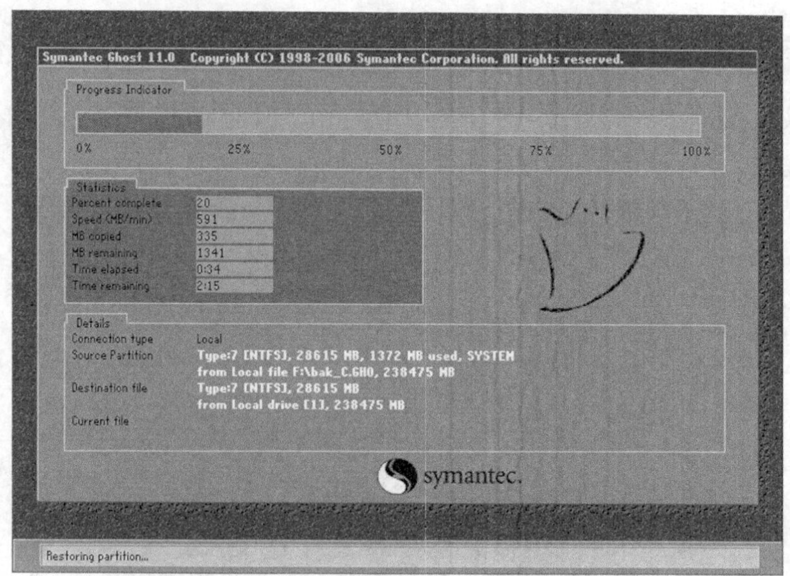

图 6-55 还原过程

（5）完成还原。

还原过程完成后，弹出一个对话框，用户可以选择继续或重新启动计算机，如图 6-56 所示。

6.4.3 校验 GHO 备份文件

如果备份文件被意外地损坏，则系统在还原过程中可能会发生意想不到的后果，所以在不确定备份文件是否完好的情况下，对备份文件进行校验就显得非常重要。下面将介绍如何对备份文件进行校验检查。

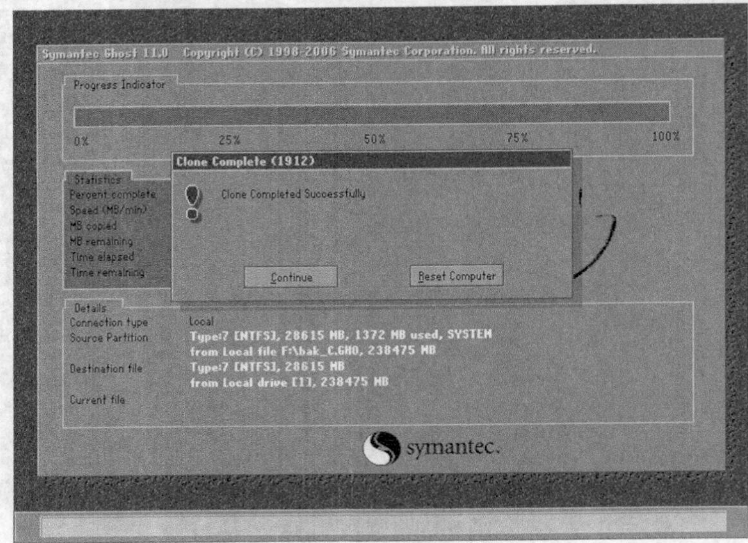

图 6-56　完成还原

操作步骤

（1）进入 Symantec Ghost 界面，选择【Local】/【Check】/【Image File】命令，如图 6-57 所示。

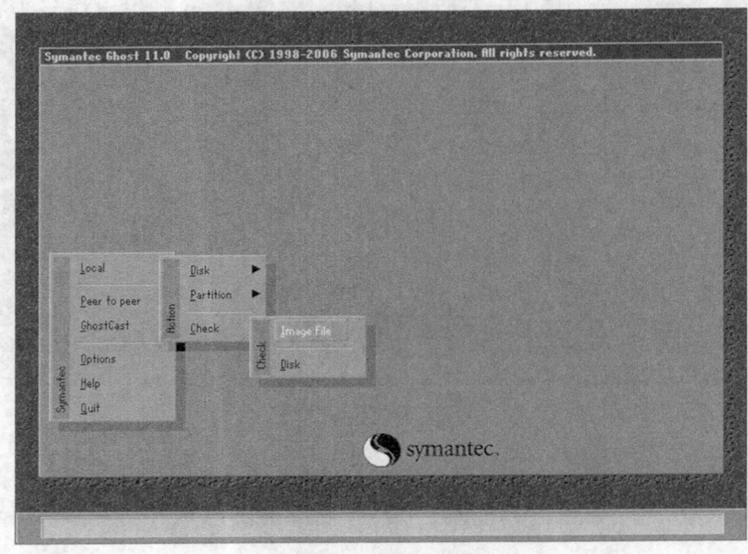

图 6-57　选择校验菜单项

（2）在打开的对话框中选择需要进行校验的备份文件，如图 6-58 所示，单击 Open 按钮将其打开。

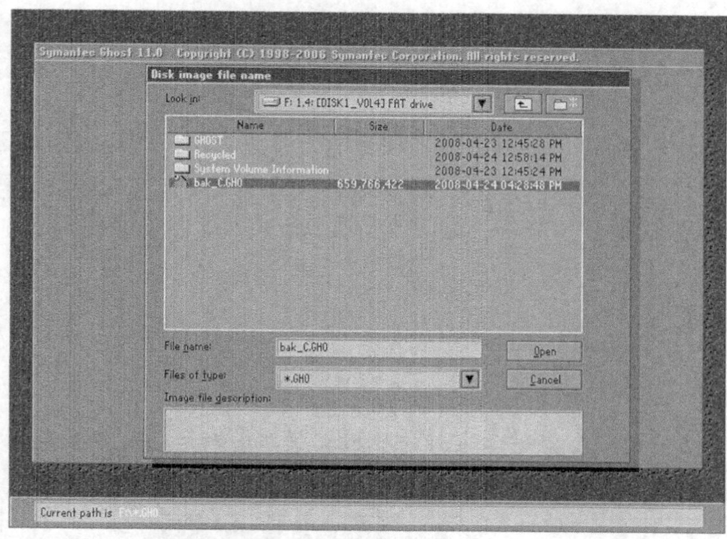

图 6-58　打开备份文件

（3）在弹出的确认对话框中单击 Yes 按钮即可开始校验备份文件。

（4）校验过程一般比较快，如果校验过程中发现备份文件有问题，则会弹出对话框提示出错，这样此备份文件就不能再使用了。如果备份文件没有问题，则校验完成后会弹出对话框提示校验通过，如图 6-59 所示。

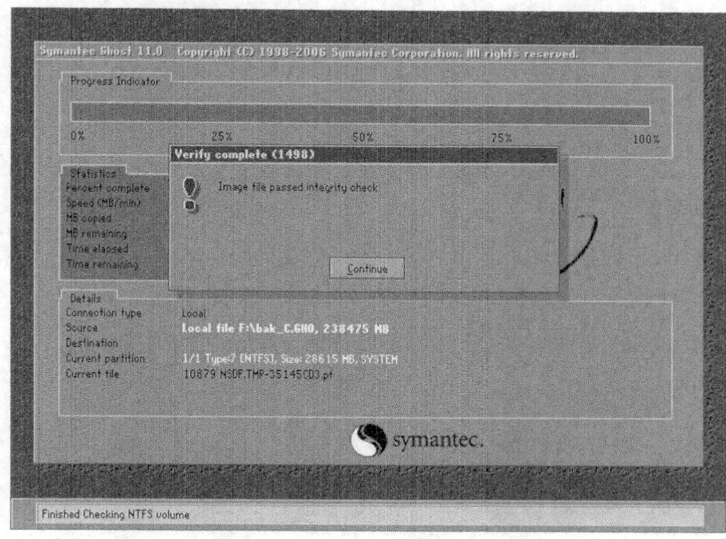

图 6-59　校验通过

【知识链接】

Symantec Ghost 除了可以对磁盘分区进行备份、还原操作外，还可以实现以下操作。

- 对整个硬盘进行备份和还原。
- 通过网络对其他计算机进行备份和还原。
- 使用命令行操作的形式进行备份和还原。

6.5 网络存储工具——微云

微云是腾讯公司为用户精心打造的一项智能云服务，用户可以通过微云方便地在手机和计算机之间同步文件、推送照片和传输数据。该工具支持文件、照片一键分享到微信，微信支持微云插件发送照片、文件，同时支持在2G/3G/4G网络下推送照片。

操作步骤

（1）添加应用。

① 打开QQ软件，在下方单击【打开应用管理器】按钮，如图6-60所示。

② 弹出【应用管理器】对话框，双击【微云】图标，如图6-61所示。

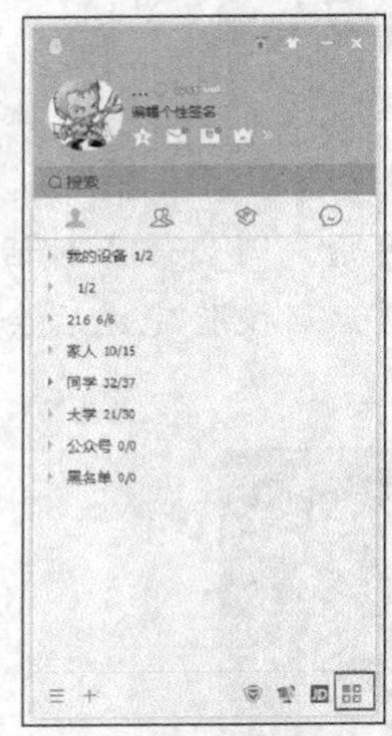

图6-60 QQ面板

图6-61 添加微云

（2）添加文件/文件夹/笔记。

① 打开微云，其界面如图6-62所示。

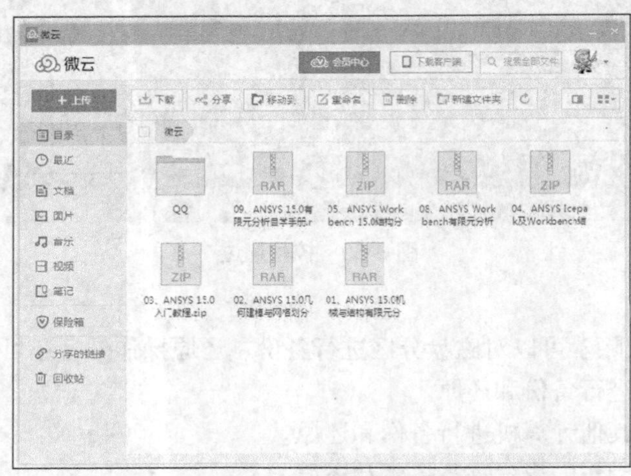

图6-62 微云界面

② 单击面板的 + 上传 按钮，选择【文件】命令，选择需要上传的文件，弹出【上传文件】对话框，单击 开始上传 按钮即可开始上传，如图 6-63 所示。

③ 单击面板的 + 上传 按钮，选择【文件夹】命令，选择需要上传的文件夹，弹出【上传文件】对话框，单击 开始上传 按钮即可开始上传，如图 6-64 所示。

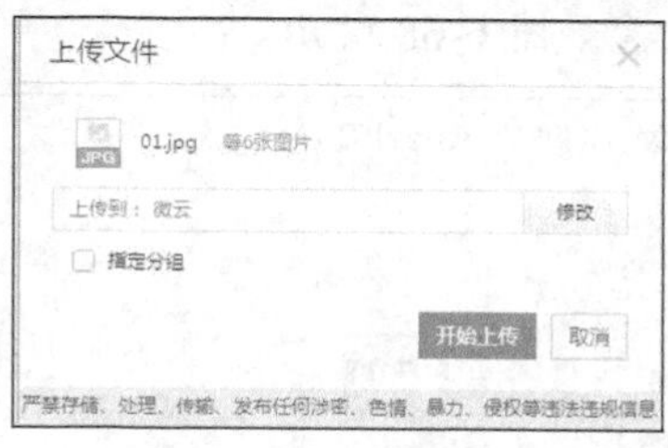

图 6-63　上传文件

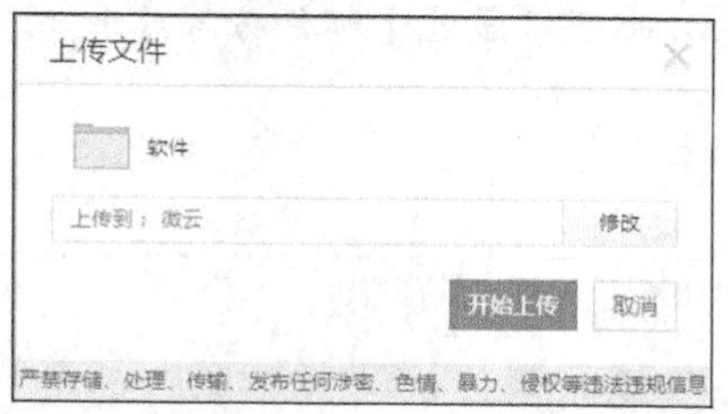

图 6-64　上传文件夹

④ 单击面板上的 + 上传 按钮，选择【笔记】命令，新建笔记，如图 6-65 所示，单击 保存 按钮可保存笔记，单击 按钮可分享笔记。

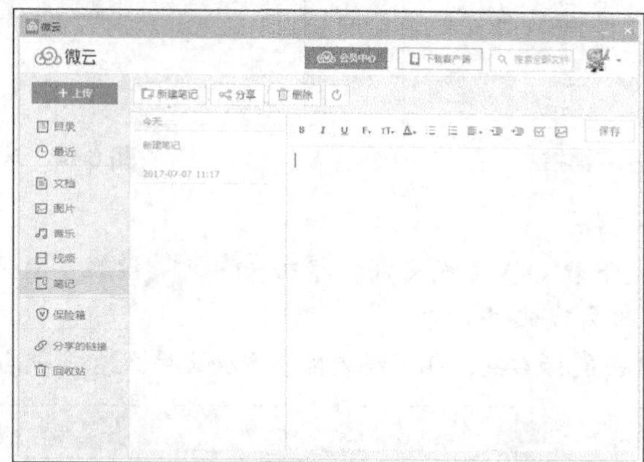

图 6-65　新建笔记

（3）下载文件。

① 将鼠标指针移至需要下载的文件上，单击【下载】按钮，如图 6-66 所示。设置保存地址，即可开始下载文件。

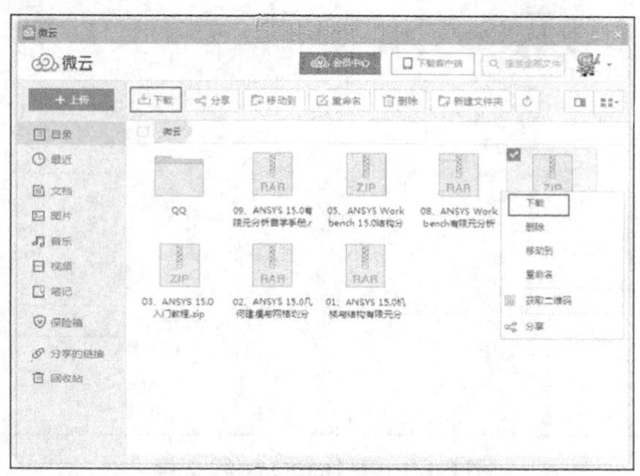

图 6-66　下载文件

② 在需要下载的文件上单击鼠标右键，选择【下载】命令也可下载文件，设置保存地址。

（4）分享文件。

① 单击 按钮可以分享此链接给好友，好友可以通过链接下载此文件，如图 6-67 所示。

② 也可以通过【邮件分享】把此链接分享给好友，如图 6-68 所示。

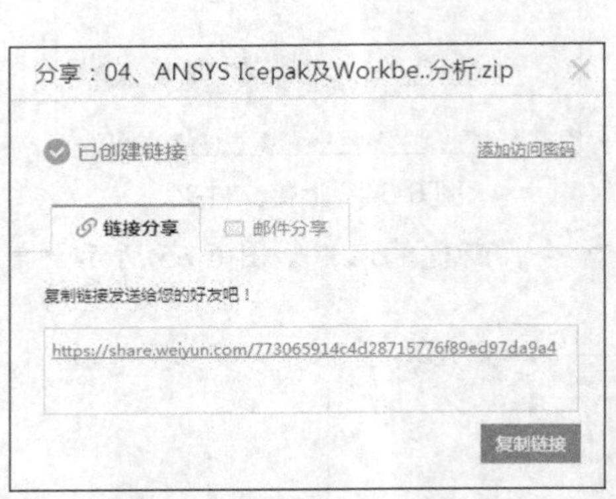

图 6-67　分享链接

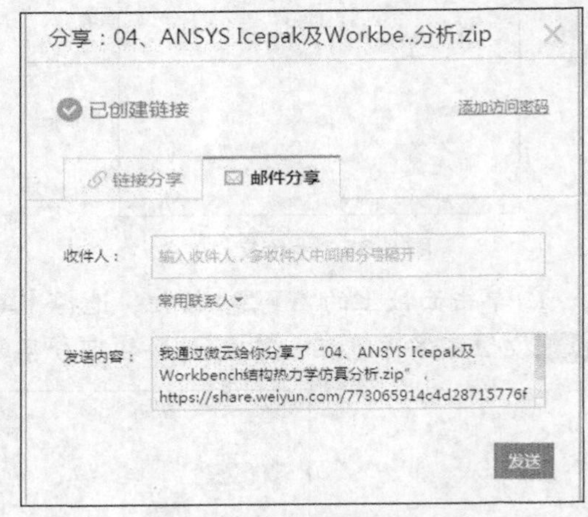

图 6-68　发送链接

（5）下载 QQ 离线文件。

① 微云还可以接受下载 QQ 离线文件。单击 目录 按钮，打开 QQ 文件夹，即可打开 7 天之内 QQ 接收到的离线文件。

② 在选定文件上单击鼠标右键，可下载文件、删除文件或者重命名文件，如图 6-69 所示。

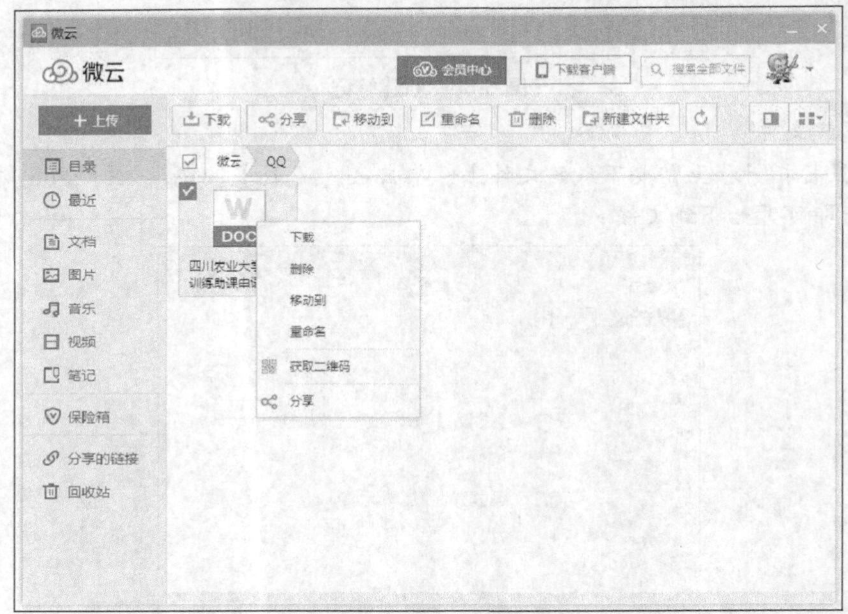

图 6-69　下载 QQ 离线文件

要点提示

如果用户想要使用手机同步管理计算机上的微云网盘的文件，就必须安装微云软件手机客户端软件，然后进行文件同步、上传、下载等操作。

习题

一、简答题

1. EasyRecovery 能恢复被格式化的数据么？
2. 简要说明 Vopt 的用途。
3. 如何使用 Daemon Tools 创建虚拟光驱？
4. 使用 Symantec Ghost 能备份和还原哪些类型的数据？
5. 什么是微云？有何用途？

二、操作题

1. 练习使用 EasyRecovery 恢复 U 盘中删除的文件。
2. 练习使用 Vopt 整理磁盘中的碎片。
3. 练习使用 Daemon Tools 创建虚拟光驱，安装一个网上下载的软件映像文件。
4. 练习使用 Symantec Ghost 备份和还原自己的操作系统。
5. 练习使用微云在网络上存储数据。